Michał Bernardelli

Rozwiązywanie dyskretyzacji zagadnień eliptycznych

Michał Bernardelli

Rozwiązywanie dyskretyzacji zagadnień eliptycznych

Równoległe metody Dirichleta-Neumanna

Wydawnictwo Bezkresy Wiedzy

Impressum / Imprint
Bibliografische Information der Deutschen Nationalbibliothek: Die Deutsche Nationalbibliothek verzeichnet diese Publikation in der Deutschen Nationalbibliografie; detaillierte bibliografische Daten sind im Internet über http://dnb.d-nb.de abrufbar.

Informacja bibliograficzna Niemieckiej Biblioteki Narodowej: Niemiecka Biblioteka Narodowa rejestruje tę publikację w Niemieckiej Bibliografii Narodowej; szczegółowe informacje bibliograficzne dostępne są w Internecie na stronie http://dnb.d-nb.de.

Coverbild / Okładka: www.ingimage.com

Verlag / Wydawnictwo:
Wydawnictwo Bezkresy Wiedzy
ist ein Imprint der / jest znakiem handlowym
OmniScriptum GmbH & Co. KG
Bahnhofstraße 28, 66111 Saarbrücken, Deutschland / Niemcy
Email: info@bezkresywiedzy.com

Herstellung: siehe letzte Seite /
Druk: patrz ostatnia strona
ISBN: 978-3-639-89223-9

Spis treści

1 Wstęp

1.1 Wprowadzenie

Szybkie i dokładne algorytmy komputerowe stanowią współcześnie nieodłączną część każdej dziedziny nauki. Dotyczy to szczególnie działów, w których obecne są złożone obliczeniowo zadania. Do takich obszarów z pewnością można zaliczyć rozwiązywanie równań różniczkowych cząstkowych. Niniejsza monografia poświęcona jest klasie metod, określanych mianem Dirichleta-Neumanna, które służą do rozwiązywania dyskretyzacji zagadnień eliptycznych w sposób równoległy. Specyficzne własności tej klasy metod pozwalają na wykorzystanie architektury sprzętu komputerowego opartej na wielu procesorach lub rdzeniach. Z powodzeniem również mogą być wykorzystywane na maszynach bez współdzielonej pamięci, na przykład na klastrach lub gridach komputerowych. Opisywane metody zaprojektowane zostały pod kątem zagadnień eliptycznych, jednak ich przydatność wykracza poza te zastosowania. Zaprezentowane algorytmy mogą stanowić efektywny element bardziej złożonych metod. Jako przykład takiej generalizacji, w ostatnim rozdziale przedstawiona zostanie idea wykorzystania metod Dirichleta-Neumanna do rozwiązywania dyskretyzacji zagadnień parabolicznych.

Metoda Dirichleta-Neumanna równoległego rozwiązywania dyskretyzacji zagadnień eliptycznych należy do klasy metod dekompozycji obszaru (ang. *Domain Decomposition Methods*). Metody dekompozycji obszaru polegają na rozbiciu zagadnienia różniczkowego cząstkowego określonego na pewnym obszarze na możliwie słabo ze sobą powiązane zagadnienia na mniejszych podobszarach (rozłącznych lub nie). Dekompozycja może nastąpić na poziomie zagadnień różniczkowych bądź na etapie rozwiązywania układów równań algebraicznych (liniowych lub nieliniowych) powstałych z aproksymacji rozpatrywanych dyskretyzacji. Stosując różne dekompozycje otrzymujemy różne metody, charakteryzujące się różnorodnymi własnościami. Dostępna jest obszerna literatura poświęcona metodzie dekompozycji obszaru. Z monografii, w których zebrane zostały jej podstawy z pewnością należy wymienić [41] i [44], a przede wszystkim [45]. Ich uzupełnienie stanowią artykuły konferencyjne (ang. *proceedings*) opublikowane w formie książkowej (*www.ddm.org*). Metodom dekompozycji obszaru poświęcone są również międzynarodowe konferencje odbywające się co dwa lata, począwszy od roku 1987 (patrz *www.ddm.org/conferences.html*).

Jedną z najczęściej stosowanych metod dyskretyzacji, ze względu na jej szybkość zbieżności, jest metoda elementu skończonego (patrz np. [11]). Właśnie dlatego dyskretyzacje rozważane w monografii są dokonywane tą metodą. Prowadzą one do układów równań o bardzo dużej liczbie niewiadomych oraz złym uwarunkowaniu (patrz [4], [5], [16]). Rozwiązywanie tych układów równań jest głównym problemem numerycznego rozwiązywania równań różniczkowych cząstkowych. Ze względu na wymienione powyżej własności wskazane jest zrównoleglenie rozwiązywania tych układów, na ogół w procesach iteracyjnych o niewielkiej liczbie iteracji. Kryterium to spełniają właśnie metody dekompozycji obszaru – w szczególności metody Dirichleta-Neumanna. Opierają się one na podziale obszaru wyjściowego przypominającym wizualnie wzór szachownicy (w dwóch wymiarach). Przy tym podziale każda iteracja sprowadza się do niezależnych obliczeń na obszarach (polach) typu Dirichleta („białych") i Neumanna („czarnych"). Koszt czasowy każdej iteracji jest zdominowany przez czas obliczeń na podobszarach typu Neumanna, które stanowią średnio połowę wszystkich podobszarów. Stąd jest on mniejszy niż przykładowo w przypadku metod Neumanna-Neumanna (patrz np. paragraf 1.3.4 czy rozdział 6 w [45]). Ceną za to jest na ogół większa liczba iteracji, którą należy wykonać do osiągnięcia żądanej dokładności. Metody Dirichleta-Neumanna rozważane były już od połowy lat osiemdziesiątych ubiegłego stulecia, patrz np. [13] i [14]. Od tamtej pory opisanych zostało wiele uogólnień, między innymi na większe liczby wymiarów czy poprzez wprowadzenie dodatkowych poziomów obliczeń w postaci grubych przestrzeni, poprawiających szybkość zbieżności procesu iteracyjnego do znalezienia szukanego rozwiązania.

Wiele lat pracy nad metodami dekompozycji obszaru zaowocowało powstaniem ogólnej teorii tworzenia i analizy wielu starych i nowych metod iteracyjnych (addytywnych, multiplikatywnych i hybrydowych) opartych na tej metodzie. Określa się je wspólnym mianem (patrz np. [17], [18], [45, roz. 2]) *Abstrakcyjnej Teorii Metod Schwarza*. W monografii, ze względu na największą efektywność zrównoleglenia, ograniczono się tylko do operatorów addytywnych i związanej z nimi AMS – *Abstrakcyjnej Teorii Addytywnych Metod Schwarza*. Metody Schwarza polegają na zbudowaniu *macierzy preconditionera*, użycie której zastępuje duży i źle uwarunkowany układ liniowych równań algebraicznych układem lepiej uwarunkowanym. Taki układ równań jest następnie rozwiązywany iteracyjnie. Abstrakcyjna teoria addytywnych metod Schwarza precyzuje poszczególne etapy tworzenia takiego preconditionera. Wszystkie metody opisane w monografii były konstruowane i analizowane właśnie w oparciu o tę teorię.

Od metod opartych na dekompozycji obszaru wymagany jest między innymi brak zależności szybkości zbieżności od liczby podobszarów, który można określić współcześnie mianem skalowalności. Wiąże się to jednak na ogół z wprowadzeniem dodatkowych poziomów obliczeń na podziale wyjściowego obszaru na podobszary. Tego typu metody noszą nazwę dwupoziomowych i zostały już dość dobrze zbadane i opisane (zob. [45], [44]). Użycie dodatkowego poziomu wpływa istotnie na przyspieszenie procesu iteracyjnego i niezależność szybkości zbieżności od liczby podobszarów, co oznacza optymalność metody. Istnieją również metody jednopoziomowe, które jednak nie zachowują kryterium optymalności. Wyjątkiem jest jednopoziomowa metoda Dirichleta-Neumanna dekompozycji obszaru, która stanowi podstawę badań zawartych w tej monografii. Po latach powrócono do badań nad metodami jednopoziomowymi w związku z nowymi klasami metod dekompozycji obszaru określanymi jako FETI-DP (ang. ***D****ual-****P****rimal* ***F****inite* ***E****lement* ***T****earing and* ***I****nterconnecting*). Są one bardziej efektywną wersją metod FETI, które po raz pierwszy zostały opisane w [23], a podstawowe informacje o nich zebrane zostały w rozdziale 6 monografii [45]. Pomysł, na którym opierają się metody FETI polega na dopuszczeniu w kolejnych iteracjach nieciągłości na brzegach podobszarów. Zbieżność do ciągłego rozwiązania następuje wraz ze zbieżnością procesu iteracyjnego. Szczególnie duży nakład pracy został włożony w metody FETI-DP, z którymi to jednopoziomowa metoda Dirichleta-Neumanna okazuje się mieć bardzo ścisły związek (zob. [29], [30]). Istotne jest w nich odpowiednie zrównoważenie pomiędzy jak najmniejszą liczbą więzów ciągłości między sąsiadującymi podobszarami a szybkością zbieżności procesu iteracyjnego tak, by obliczenia mogły być przeprowadzane niezależnie na poszczególnych podobszarach z zachowaniem braku zależności od liczby podobszarów. Więzy mogą określać na przykład równość wartości funkcji, należącej do podprzestrzeni rozwiązań, w niektórych punktach brzegu lub równość wartości średnich całkowych na ścianach (w trzech wymiarach) czy krawędziach (w dwóch i trzech wymiarach). Więcej na temat tych metod można przeczytać w [45, str. 160].

Za punkt wyjścia pracy można uznać opisaną w [14] jednopoziomową metodę Dirichleta-Neumanna dekompozycji obszaru w dwóch wymiarach. Ciężar obliczeń w tej metodzie związany jest w głównej mierze z podobszarami typu Neumanna, które to są powiązane ze sobą co najwyżej poprzez wierzchołki, zwane *punktami krzyżowymi*. Powiązania są zatem słabe i rozwiązanie zadania można sprowadzić do niezależnych obliczeń na poszczególnych podobszarach oraz rozwiązania jednego globalnego zagadnienia wymiaru liczby punktów krzyżowych. W metodzie tej przyjęto jednak ograniczające założenie istnienia takiego przyporządkowania każdemu z podobszarów odpowiedniego typu albo Dirichleta, albo Neumanna, aby żadne dwa podobszary tego samego rodzaju nie miały wspólnych krawędzi. Oczywiście w ogólnym przypadku takie przyporządkowanie może nie istnieć.

Podstawowym celem monografii jest przedstawienie uogólnienia jednopoziomowej metody Dirichleta-Neumanna równoległego rozwiązywania dyskretyzacji zagadnień eliptycznych z dwóch na trzy wymiary (za [3]). Uogólnienie polega na zaprojektowaniu algorytmu i przeprowadzeniu pełnej analizy jego zbieżności. Okazuje się (patrz tw. 2.1), że w trzech, tak jak i w dwóch wymiarach, oszacowanie wskaźnika uwarunkowania zadania

$$Tu = g$$

jest optymalne z dokładnością do czynnika polilogarytmicznego, to jest:

$$\mathrm{cond}(T) \le C\left(1 + \log\frac{H}{h}\right)^2,$$

gdzie C jest stałą niezależną od h i H. Oznacza to, że szybkość zbieżności procesu iteracyjnego do szukanego przybliżenia dokładnego rozwiązania nie zależy od liczby podobszarów, na jakie podzielony został wyjściowy obszar.

Oprócz tego w monografii znajduje się opis szeregu modyfikacji metod jednopoziomowych, zarówno w 2D i 3D. Kluczową modyfikacją z całą pewnością jest rezygnacja z ograniczającego założenia istnienia przyporządkowania typów Dirichleta lub Neumanna każdemu z podobszarów w taki sposób, aby żadne dwa podobszary tego samego typu nie miały wspólnych krawędzi w dwóch, a ścian w trzech wymiarach. Zostało to osiągnięte poprzez wprowadzenie mieszanych elementów Neumanna-Dirichleta, a uzyskane oszacowanie w ogólnym przypadku jest następujące:

$$\mathrm{cond}(T) \le C\left(1 + \log\frac{H}{h}\right)^4.$$

Warto podkreślić, iż kosztem większej liczby obliczeń na podobszarach typu mieszanego, można uzyskać metodę, której wskaźnik uwarunkowania można oszacować, jak w wyjściowej metodzie, przez tylko drugą potęgę logarytmu. Podane oszacowania są spełnione nie tylko w dwóch, lecz także w trzech wymiarach.

Pozostałe modyfikacje związane są z globalnym zagadnieniem związanym ze współdzielonymi przez podobszary typu Neumanna punktami. W monografii rozważany jest między innymi przypadek rezygnacji z założenia ciągłości w tych punktach, kosztem wprowadzenia w nich większej liczby wartości. Dla takich nieciągłych na brzegach podobszarów metod Dirichleta-Neumanna dostajemy całkowite zrównoleglenie obliczeń na poszczególnych podobszarach. Niestety wiąże się to, w przypadku dekompozycji na większą niż 9 w dwóch, a 27 w trzech wymiarach, liczbę podobszarów, z zależnością szybkości zbieżności procesu iteracyjnego do szukanego przybliżenia dokładnego rozwiązania zadania od liczby podobszarów, przejawiającą się w oszacowaniu wskaźnika uwarunkowania macierzy zadania T:

$$\mathrm{cond}(T) \leq \begin{cases} CH^{-2}\left(1+\log\frac{H}{h}\right)^2, & \text{dla dużej liczby podobszarów} \\ C\left(1+\log\frac{H}{h}\right)^2, & \text{dla małej liczby podobszarów} \end{cases}.$$

Porównanie równoległych czasów obliczeń metod z ciągłymi i nieciągłymi wartościami w punktach brzegowych podobszarów typu Neumanna, uzyskanych w wyniku symulacji komputerowych, pokazuje, że szybsza jest druga z metod, będąca modyfikacją metody wyjściowej.

Dla pełnego przedstawienia całej klasy metod Dirichleta-Neumanna rozważane jest także wprowadzenie dodatkowego poziomu obliczeń związanego z tak zwaną *grubą siatką* opartą na podziale wyjściowego obszaru Ω na podobszary. Takie dwupoziomowe metody charakteryzują się z reguły szybszą zbieżnością od metod jednopoziomowych. Wiele z zaprojektowanych i przedstawionych w monografii metod jednopoziomowych okazuje się mieć jednak ten sam rząd szybkości zbieżności procesu iteracyjnego, a tym samym stanowić doskonałą alternatywę dla zwyczajowo używanych metod dekompozycji obszaru.

Uzupełnieniem części teoretycznej jest implementacja opisanych algorytmów oraz serie eksperymentów numerycznych mające na celu potwierdzenie uzyskanych rezultatów. Do przetestowanych algorytmów należą dwuwymiarowe i trójwymiarowe wersje metod z ciągłymi i nieciągłymi wartościami na brzegach podobszarów typu Neumanna oraz algorytm z elementami mieszanymi w 2D. Dla nich zostały przeprowadzone między innymi serie eksperymentów:

- przy ustalonym stosunku $\frac{H}{h}$,
- przy stałej liczbie podobszarów (H=const) i malejącym kroku h drobnej triangulacji,
- przy stałym kroku h drobnej triangulacji i zmniejszającej się liczbie podobszarów (rosnącym H).

Porównane przy tym zostały dokładność i czas obliczeń oraz liczba iteracji poszczególnych metod i ich modyfikacji. Dodatkowo zbadana została podatność na zrównoleglenie wszystkich wymienionych algorytmów. W tym celu przeprowadzona została symulacja obliczeń równoległych na maszynie jednoprocesorowej. Mierzony był czas obliczeń na jednym procesorze oraz przewidywany czas obliczeń na większej liczbie procesorów. Zależność stosunku tych czasów od liczby procesorów, określany jest mianem *speed-up*. Eksperymenty potwierdziły rezultaty teoretyczne przedstawione w monografii, jak również bardzo dobre możliwości zrównoleglenia analizowanych metod. W szczególności wykresy funkcji speed-up pokazują, że szybkość obliczeń rośnie co najmniej liniowo wraz z liczbą użytych procesorów. Optymalnym zatem wyjściem, z punktu widzenia wydajności obliczeń, jest przyporządkowanie do każdego podobszaru typu Neumanna innego procesora.

W monografii rozważane są zagadnienia eliptyczne dla równania drugiego rzędu z zerowym warunkiem brzegowym Dirichleta. Opisane metody Dirichleta-Neumanna, stosując tą samą metodę dyskretyzacji, to jest metodę elementu skończonego, można uogólnić na przypadki innego rodzaju warunków brzegowych, np. niejednorodne warunki brzegowe Dirichleta czy mieszane warunki brzegowe. Można także rozpatrywać ogólniejsze problemy, niż symetryczne i dodatnio określone. Wymaga to na ogół wprowadzenia dodatkowych założeń i wykorzystania znanej, rozbudowanej teorii matematycznej. Nie sposób jednak uwzględnić w opisywanych metodach wszystkich tych uogólnień, przede wszystkim ze względu na trudną do wyobrażenia objętość tekstu oraz bardzo prawdopodobny negatywny wpływ takiego opisu na przejrzystość idei stojących za prezentowanymi metodami. Warto jednak dodać, iż możliwości uogólnień jest znacznie więcej. Można przykładowo rozpatrywać siatki niezgodne bądź metodę elementu skończonego wyższych rzędów, a nawet inne, niż MES dyskretyzacje. Można także uwzględnić triangulacje oparte na elementach krzywoliniowych, a nie tylko liniowych, jak również rozważać inne niż nodalna bazy przestrzeni elementu skończonego. Wreszcie można uogólnić metody opisane w monografii na większą od trzech liczbę wymiarów. Wszystkie te uogólnienia wykraczają jednak poza przewodni temat, jakim jest przedstawienie różnych metod równoległego rozwiązywania dyskretyzacji zagadnień eliptycznych należących do klasy metod Dirichleta-Neumanna.

1.2 Zagadnienie różniczkowe i dyskretne

Rozważać będziemy zagadnienia eliptyczne dla równania drugiego rzędu z zerowym warunkiem brzegowym typu Dirichleta. Niech Ω będzie obszarem w $\mathbb{R}^d$ dla $d = 2, 3$, którego brzeg jest lipschitzowsko ciągły (porównaj definicja A.1 w [45]). Przedstawioną tu teorię można uogólnić na obszary w przestrzeniach dla $d > 3$, ale przypadki dwuwymiarowy i trójwymiarowy są najczęściej spotykane w praktyce i dlatego na nich skupimy się w tej monografii. Rozważmy zatem sformułowanie uogólnione zagadnienia brzegowego Dirichleta dla równania eliptycznego drugiego rzędu:

dla $f \in L^2(\Omega)$ znaleźć funkcję $u^* \in H_0^1(\Omega)$ taką, że:

$$a(u^*, v) = l(v) \qquad \forall v \in H_0^1(\Omega), \tag{1.1}$$

gdzie $a(\cdot, \cdot)$ jest formą dwuliniową określoną nad $H_0^1(\Omega) \times H_0^1(\Omega)$ postaci:

$$a(u, v) = \int_\Omega \sum_{i,j=1}^{d} a_{ij}(x) D_i u D_j v \, dx, \tag{1.2}$$

zaś

$$l(v) = \int_\Omega f v \, dx. \tag{1.3}$$

Poczyńmy dodatkowe założenia. Przede wszystkim załóżmy, że forma $a(\cdot, \cdot)$ jest symetryczna oraz $H^1(\Omega)$-*eliptyczna*. Przez $H^1(\Omega)$-eliptyczność rozumiemy ciągłość oraz *eliptyczność* (porównaj [40, str. 159]) formy dwuliniowej, to jest istnienie takiej dodatniej stałej γ niezależnej od funkcji $u \in H_0^1(\Omega)$, że

$$a(u, u) \geq \gamma \|u\|^2_{H^1(\Omega)}. \tag{1.4}$$

Często zamiast terminu eliptyczność używa się określenia *koercywność*. Dodatkowo zakładamy ciągłość funkcji a_{ij} dla $i, j = 1, 2, \ldots, d$, oraz że dla każdego $x \in \Omega$,

$$a_{ij}(x) = a_{ji}(x). \tag{1.5}$$

Z lematu Laxa-Milgrama (patrz lemat A.34 w [45] oraz paragraf 6.1.2 w [40]) wynika, że powyższe zagadnienie ma jednoznaczne rozwiązanie i jest ono stabilne. Można też rozważać ogólniejsze formy dwuliniowych form eliptycznych niż podana w (1.2), porównaj np. paragraf A.7.1 w [45], ale w tej monografii ograniczymy się tylko do problemów symetrycznych i dodatnio określonych z jednorodnym warunkiem Dirichleta na brzegu obszaru. W ten sposób możemy operować na seminormach $|\cdot|_{H^1}$ (patrz dodatek A). Należy jednak podkreślić, że zarówno algorytmy zaprezentowane w tej monografii, jak i ich analiza dają się przenieść na bardziej ogólne przypadki. Dla niektórych uogólnień, jak np. niejednorodnych warunków brzegowych Dirichleta (uwaga A.36 w [45]), mieszanych warunków brzegowych (uwaga A.37 w [45]) czy niezgodnych siatek (patrz [10]), wystarczy wprowadzić dość standardowe modyfikacje, dla niektórych natomiast, np. formy niesamosprzężone (patrz podrozdział 5.4 w [44]) należy skorzystać z rozbudowanej teorii (porównaj np. [9]), której nie będziemy przedstawiać w tej monografii.

Jedną z najczęściej stosowanych metod dyskretyzacji, ze względu na jej szybkość zbieżności, jest MES – metoda elementu skończonego[1] (patrz np. [11]). Właśnie dlatego dyskretyzacje rozważane w monografii są dokonywane tą metodą. Sam sposób dyskretyzacji nie stanowi przewodniego tematu, dlatego ograniczymy się do najprostszego wariantu MES (patrz (1.6)) mimo, iż przedstawione metody Dirichleta-Neumanna dekompozycji obszaru działają również dla bardziej ogólnych jej wariantów. Uogólnienia związane z metodami dyskretyzacji MES bowiem łatwo przenoszą się na przedstawione metody rozwiązywania tych dyskretyzacji.

Przedstawimy kolejne etapy dyskretyzacji MES prowadzące do uzyskania zagadnienia dyskretnego związanego z wyjściowym zagadnieniem (1.1). Ograniczymy się przy tym do obszarów będących wielokątami w dwóch wymiarach, a wielościanami w przypadku trzech wymiarów. Takie uproszczenie pozwoli na uniknięcie rozważań całej gamy istniejących elementów triangulacji (porównaj np. [11]), w szczególności elementów krzywoliniowych, i skoncentrowanie się na przedstawieniu samych metod typu Dirichleta-Neumanna. Na obszarze Ω wprowadźmy podział $\mathcal{T}^h(\Omega)$ na skończoną liczbę elementów K_i (trójkątów w $\mathbb{R}^2$, a simpleksów w $\mathbb{R}^3$) spełniający następujące warunki (patrz [16, roz. 10.3] lub [11, roz. 2.1]):

[1]ang. FEM – *Finite Element Method*

1. $\bigcup_i K_i = \overline{\Omega}$,

2. dla $i \neq j$ część wspólna domknięć elementów K_i i K_j to albo zbiór pusty albo wspólny wierzchołek albo cała krawędź,

3. istnieje stała C niezależna od parametru triangulacji h taka, że dla każdego $K \in \mathcal{T}^h(\Omega)$
$$h_K \leq C\varrho_K,$$
gdzie:
   - h_K oznacza średnicę elementu K,
   - $h = \max_{K\in\mathcal{T}^h(\Omega)} h_K$,
   - ϱ_K to promień największego okręgu wpisanego w K,

4. istnieje stała C niezależna od parametru h taka, że dla każdego $K \in \mathcal{T}^h(\Omega)$
$$h_K \geq Ch.$$

Podział $\mathcal{T}^h(\Omega)$ spełniający warunki 1-2 nazywamy *rodziną triangulacji* lub po prostu *triangulacją*. Często określa się ją mianem *zgodnej*, a indeksuje *parametrem triangulacji h*. Warunek 2 określa się mianem *geometrycznej konforemności* lub w skrócie *konforemności*. Powyższe warunki gwarantują dodatkowo, że triangulacja jest *regularna*[2] (warunek 3) i *quasi-jednostajna* (warunki 3-4). Przykładowe triangulacje w dwóch i trzech wymiarach podane są na rysunku 1.1.

Wprowadzenie rodziny triangulacji pozwala na zdefiniowanie ciągu skończenie wymiarowych przestrzeni $V_h(\Omega)$. Ponieważ, jak było wspomniane wcześniej, nie zależy nam na przedstawieniu MES w największej ogólności, a tylko na zastosowaniu jej jako wyjścia do metod dekompozycji obszaru, więc ograniczymy się tylko do podprzestrzeni $V_h(\Omega) \subset H_0^1(\Omega)$ funkcji kawałkami liniowych i ciągłych na triangulacji, zerujących się na brzegu obszaru Ω, to jest
$$V_h(\Omega) = \left\{v \in C_0(\overline{\Omega}), v_{|K} \in \mathcal{P}^1(K) \colon\ K \in \mathcal{T}^h(\Omega)\right\}, \tag{1.6}$$

[2] W literaturze anglojęzycznej funkcjonują dwa określenia *regular* i *shape-regular*.

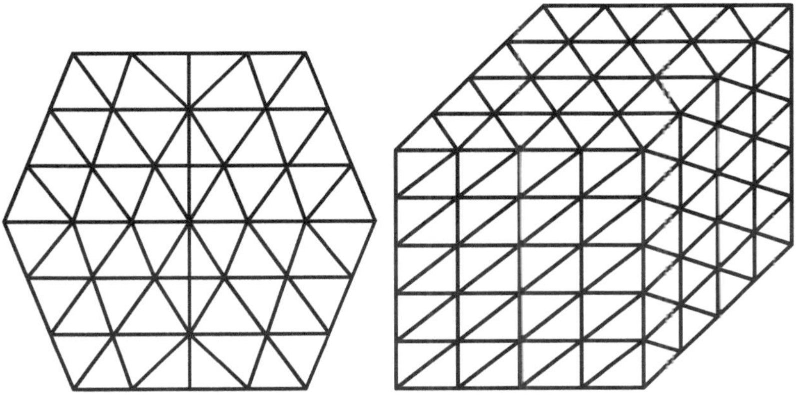

Rysunek 1.1: Przykładowa triangulacja obszaru w dwóch i trzech wymiarach.

gdzie $\mathcal{P}^1(K)$ oznacza zbiór wielomianów dwóch w przypadku dwuwymiarowym, zaś trzech zmiennych w przypadku trzech wymiarów, stopnia co najwyżej jeden określonych na elemencie triangulacji K. Zwróćmy uwagę, iż istnieje izomorfizm między przestrzeniami $V_h(\Omega)$ a $\mathbb{R}^n$ dla n będącego liczbą wewnętrznych punktów nodalnych, czyli wierzchołków triangulacji $\mathcal{T}^h(\Omega)$ nieleżących na brzegu obszaru Ω. Wartości w punktach nodalnych jednoznacznie identyfikują funkcję z przestrzeni $V_h(\Omega)$, a wymiar n tej przestrzeni jest zarazem równy liczbie szukanych niewiadomych.

Sformułujmy zagadnienie dyskretne dla zagadnienia różniczkowego (1.1): znaleźć $u_h^* \in V_h(\Omega)$ takie, że:

$$a(u_h^*, v_h) = l(v_h) \qquad \forall\, v_h \in V_h(\Omega). \tag{1.7}$$

Jest ono dobrze postawione (patrz lemat Laxa-Milgrama A.34 w [45]), a oszacowanie błędu można znaleźć np. w rozdziale B.1 w [45]. Dla konforemnej i quasi-jednostajnej triangulacji $\mathcal{T}^h(\Omega)$ mamy (patrz np. [11]):

$$|u - u_h|_{H^1(\Omega)} \leq Ch|u|_{H^2(\Omega)}. \tag{1.8}$$

Jeżeli w dodatku obszar Ω jest wypukły, to (twierdzenie B.7 w [45]):

$$\|u - u_h\|_{L^2(\Omega)} \leq Ch^2 |u|_{H^2(\Omega)}. \tag{1.9}$$

Oznacza to, że aby uzyskać rozwiązanie przybliżone dostatecznie bliskie, w sensie normy $H^1(\Omega)$, szukanemu rozwiązaniu zagadnienia wyjściowego (1.1), jesteśmy zmuszeni dobrać dostatecznie mały parametr h.

W dalszej części monografii wektory oznaczać będziemy pogrubioną czcionką (np. $\boldsymbol{v}$, $\boldsymbol{u}$, $\boldsymbol{w}$), natomiast uzyskane z tych wektorów funkcje z odpowiednich przestrzeni, na przykład $V_h(\Omega)$, bez pogrubienia (np. v, u, w). Analogicznie wytłuszczane będą oznaczenia macierzy odpowiadające operatorom liniowym.

Wybierzemy za bazę przestrzeni $V_h(\Omega)$ tak zwane *funkcje nodalne*[3] φ_i zdefiniowane w ten sposób, że przyjmują wartość jeden w danym wierzchołku ν_i triangulacji $\mathcal{T}^h(\Omega)$ leżącym wewnątrz obszaru Ω, zero w pozostałych wierzchołkach i są liniowe na elementach triangulacji K. Wykres przykładowej funkcji nodalnej jest przedstawiony na rysunku 1.2. Wybór bazy umożliwia zapisanie zagadnienia (1.7) w postaci układu liniowych równań algebraicznych, to jest znalezienia wektora $\boldsymbol{u}_h^* = \{u_h^*(\nu_i)\}_{i=1}^n$ takiego, że:

$$\boldsymbol{A}\boldsymbol{u}_h^* = \boldsymbol{f}_h, \tag{1.10}$$

gdzie $\boldsymbol{A} = \{a(\varphi_i, \varphi_j)\}_{i,j=1}^n$, $\boldsymbol{f}_h = \{l(\varphi_i)\}_{i=1}^n$, ν_i są wierzchołkami triangulacji $\mathcal{T}^h(\Omega)$, zaś n jest wymiarem przestrzeni $V_h(\Omega)$ i jednocześnie wymiarem macierzy $\boldsymbol{A}$. Macierz $\boldsymbol{A}$ jest symetryczna, a z eliptyczności – porównaj (1.4) – formy $a(\cdot, \cdot)$ wynika jej dodatnia określoność (patrz [45, lemat B.29]) oraz fakt, iż jej najmniejsza wartość własna jest większa lub równa γ (patrz [22, str. 291]). Prawdziwy jest także następujący lemat (patrz [40]):

Lemat 1.1
Jeżeli triangulacja $\mathcal{T}^h(\Omega)$ jest konforemna i quasi-jednostajna, to

$$cond(\boldsymbol{A}) = \frac{\lambda_{\max}(\boldsymbol{A})}{\lambda_{\min}(\boldsymbol{A})} = \Theta\left(\frac{1}{h^2}\right).$$

[3] Czasami w literaturze można spotkać określenie funkcji węzłowych.

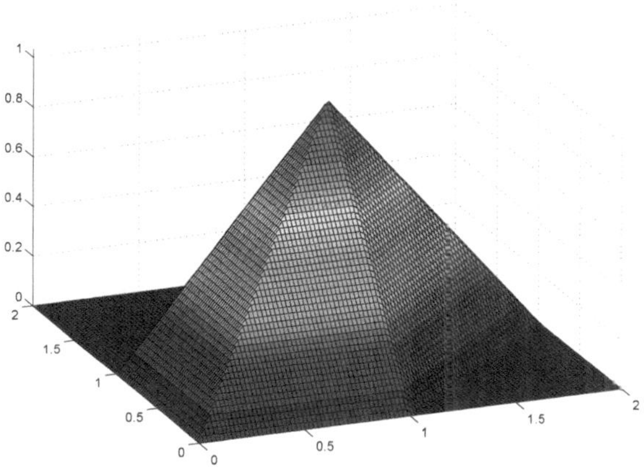

Rysunek 1.2: Wykres funkcji nodalnej dla równomiernej, trójkątnej triangulacji w dwóch wymiarach.

Warunki (1.8) i (1.9) implikują małe wartości parametru triangulacji h. Parametr ten jest zaś bezpośrednio związany z liczbą wierzchołków triangulacji i, co za tym idzie, z wymiarem macierzy $\boldsymbol{A}$. Z lematu 1.1 wynika natomiast, że dla małych wartości h, wskaźnik uwarunkowania macierzy $\boldsymbol{A}$ przyjmuje duże wartości. Oznacza to, że układ macierzowy (1.10) jest źle uwarunkowane. Prześledźmy to na przykładzie obszaru kwadratowego $(0,1) \times (0,1)$ i triangulacji na trójkąty równoramienne o parametrze triangulacji $h = 10^{-3}$. Dostajemy wówczas podział kwadratu na 10^3 części w poziomie i w pionie, co daje macierz rozmiaru $n \times n$, gdzie

$$n = \left(10^3 - 1\right)^2 \approx 10^6.$$

Mamy zatem do rozwiązania układ równań z milionem niewiadomych o wskaźniku uwarunkowania równym również milion! W praktyce natomiast często wykonuje się obliczenia dla znacznie drobniejszych triangulacji. Warto jednak zauważyć, iż ze względu na niewielkie nośniki funkcji bazowych (patrz rys. 1.3), macierz

$\boldsymbol{A}$ jest macierzą rozrzedzoną o strukturze wstęgowej[4] (zob. str. 249 w [16]). Co

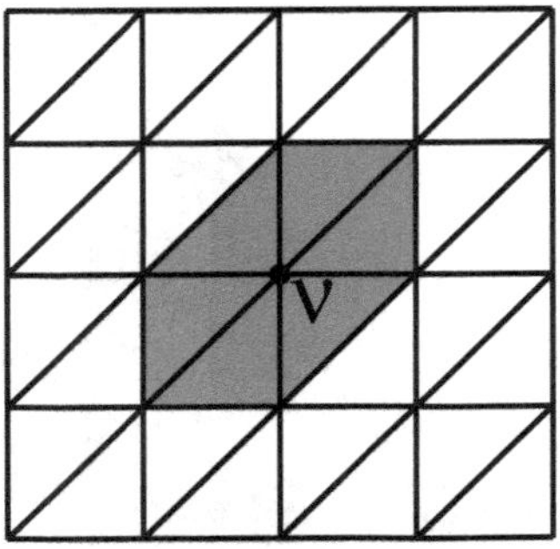

Rysunek 1.3: Nośnik funkcji nodalnej opartej na wierzchołku ν i równomiernej, trójkątnej triangulacji w dwóch wymiarach.

więcej, liczba niezerowych elementów w wierszach nie zależy od wymiaru macierzy. Przykład takiej macierzy powstałej z dyskretyzacji operatora Laplace'a w obszarze prostokątnym przy naturalnym uporządkowaniu niewiadomych jest przedstawiony na rysunku 1.4. Jak widać ma ona tylko pięć niezerowych diagonali, bez względu na liczbę niewiadomych.

Standardowe metody algebry liniowej rozwiązywania układów równań nie wykorzystują w pełni specyficznych własności układów powstałych w wyniku dyskretyzacji MES równań różniczkowych cząstkowych. Dekompozycje macierzy są ze względu na wymiar zadania oraz jego uwarunkowanie trudne obliczeniowo, zaś podstawowe metody iteracyjne, jak metoda gradientów sprzężonych, charakteryzują się wolną zbieżnością i wymagają dużej liczby iteracji do osiągnięcia zadowalającego przybliżenia. Bardziej efektywne w tych przypadkach, zarówno ze względu na dokładność, jak i czas obliczeń, okazują się metody wykorzystujące systemy równoległe bądź rozproszone (patrz [2, str. 18]) oraz szczególne własności rozpatrywanych układów. Metody dekompozycji obszaru są właśnie przykładami takich metod.

[4] Macierze wstęgowe, znane są też pod nazwą pasmowych.

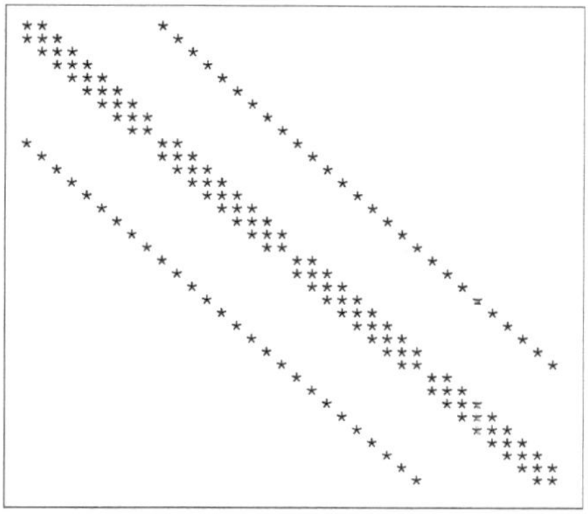

Rysunek 1.4: Macierz dwuwymiarowego laplasjanu (przy naturalnym uporządkowaniu niewiadomych).

1.3 Idea metody Dirichleta-Neumanna

Metody dekompozycji obszaru (ang. ***Domain Decomposition Method***), patrz np. [41], [44], [45], są sposobem równoległego rozwiązywania zadań powstałych w wyniku dyskretyzacji zagadnień różniczkowych cząstkowych. Ich idea opiera się na rozbiciu zagadnienia różniczkowego cząstkowego określonego na pewnym obszarze Ω na możliwie słabo ze sobą powiązane zagadnienia mniejszych wymiarów, a w związku z tym łatwiejszych do rozwiązania. Każde takie zagadnienie odpowiada niewielkiej – na ogół jednemu – liczbie podobszarów Ω_i, na jakie podzielony jest wyjściowy obszar, przy czym podobszary mogą się przecinać niepusto. Jeżeli części wspólne są podzbiorami brzegów podobszarów (wierzchołki, krawędzie, ściany), to mówimy o dekompozycji „bez zakładek" (patrz [45, rozdz. 1 i 4]), a metody oparte na takiej dekompozycji nazywamy *strukturalnymi* (ang. *substructuring methods*). W przeciwnym razie mamy do czynienia z dekompozycją „z zakładkami" (patrz [45, rozdz. 1 i 3]), a metody dekompozycji nazywamy *niestrukturalnymi*. W niektórych książkach (porównaj np. [44, str. 101]) metody strukturalne dzielone są na iteracyjne i bezpośrednie. Pod nazwą bezpośrednich metod strukturalnych lub po prostu metod strukturalnych współcześnie rozumie się algorytmy bezpośredniego rozwiązywania układów równań bądź oparte na faktoryzacji macierzy Schura. W odróżnieniu od nich *iteracyjne metody strukturalne* (ang. *iterative substructuring methods*) inaczej zwane *metodami uzupełnień Schura* (ang. *Schur complement methods*) związane są z podejściem iteracyjnym. Jedna z pierwszych prac poświęcona tym metodom, to [39]. Klasa tych metod obejmuje w szczególności metody przekształcające wyjściowe zagadnienie do równoważnego liniowego układu równań algebraicznych mniejszego wymiaru lub prostszego do rozwiązania oraz rozwiązanie go jedną z metod opartych na przestrzeniach Kryłowa (patrz [42]). Warto dodać, iż dekompozycja może być wprowadzona już na poziomie zagadnień różniczkowych. Często jednak jest wprowadzana dopiero na etapie rozwiązywania układów równań algebraicznych powstałych z aproksymacji rozpatrywanych dyskretyzacji. W praktyce spotyka się różne kombinacje powyższych podejść.

Zgodnie z koncepcją dekompozycji wprowadźmy na obszarze Ω triangulację $\mathcal{T}^H(\Omega)$, konforemną i quasi-jednostajną, na N rozłącznych, wielokątnych w $\mathbb{R}^2$, a wielościennych w $\mathbb{R}^3$ podobszarów Ω_i, $i = 1, 2, \ldots, N$. Nazwijmy ją *grubą siatką* w odróżnieniu od *drobnej siatki* $\mathcal{T}^h(\Omega)$. Zakładamy, że punkty grubej siatki stanowią podzbiór punktów siatki drobnej (tak zwane *siatki zgodne*). Oznaczmy maksymalną ze średnic podobszarów przez H. Oczywiście na ogół $H \gg h$. Warto dodać, iż w praktyce wygodniej jest wprowadzić najpierw grubą siatkę, a następnie dokonać dalszego podziału poszczególnych podobszarów, spełniającego warunki triangulacji przedstawione w poprzednim podrozdziale, w celu uzyskania drobnej siatki.

Wykorzystanie metod dekompozycji obszaru w większości przypadków sprowadza się do zastosowania procesu iteracyjnego (dla zagadnień symetrycznych i dodatnio określonych na ogół metody gradientów sprzężonych) opartego o niezależne obliczenia na podobszarach. W przypadku zastosowania komputerów równoległych do obliczeń opartych na metodach dekompozycji obszaru, każdemu procesorowi przypisujemy jedno lub więcej zagadnień lokalnych i wykonujemy na nich obliczenia niezależnie od siebie. Im więcej dostępnych procesorów, tym lepsze możliwości zrównoleglenia i tym lepsza wydajność całej metody. W idealnym przypadku:

- metoda dekompozycji obszaru powinna być *optymalna* (ang. *optimal*), to znaczy szybkość zbieżności procesu iteracyjnego zastosowanego do znalezienia dobrego przybliżenia szukanego rozwiązania ma być niezależna od wymiaru zadania, czyli od parametru triangulacji h (patrz [45, str. 9]),

- szybkość zbieżności procesu iteracyjnego zastosowanego do znalezienia dobrego przybliżenia szukanego rozwiązania powinna być niezależna od liczby podobszarów, na jakie podzielony został wyjściowy obszar Ω, a tym samym niezależna od parametru H; ang. *scalability* (porównaj def. 1.3 w [45]).

Niestety wymagania takie są na ogół zbyt rygorystyczne. Zamiast tego wprowadza się określenie metody *prawie optymalnej* (ang. *quasi-optimal*, zob. [45, str. 18]), to znaczy takiej, której wskaźnik uwarunkowania rośnie jak potęga logarytmu wraz ze wzrostem H/h. Potęga przy logarytmie powinna być oczywiście jak najmniejsza – w praktyce równa jeden lub dwa.

Spośród wielu iteracyjnych metod strukturalnych do najbardziej znanych należy z pewnością zaliczyć metody Neumanna-Neumanna opisane między innymi w [45, str. 10], metody Dirichleta-Dirichleta znane również pod nazwą metod FETI w tej samej monografii na stronach 12-15 oraz metody Neumanna-Dirichleta, które zostały opisane w [44] na stronach 112-117 (przypadek dwóch podobszarów) oraz stronach 124-125 (przypadek wielu podobszarów). W monografii zajmować się będziemy metodami Dirichleta-Neumanna iteracyjnego rozwiązywania dyskretyzacji równań różniczkowych cząstkowych. Były one rozważane już od połowy lat osiemdziesiątych ubiegłego stulecia. Do jednych z najwcześniejszych z pewnością należy zaliczyć prace [15] oraz [14]. Metody te opierają się na takim podziale wyjściowego obszaru Ω, który w dwóch wymiarach wizualnie przypomina wzór szachownicy. Przy tym podziale każda iteracja w procesie iteracyjnym szukania rozwiązania liniowego układu równań algebraicznych (1.10) sprowadza się do niezależnych obliczeń na polach (obszarach) koloru białego (typu Dirichleta) i czarnego (typu Neumanna). Dla dowolnego obszaru wprowadzenie takiego podziału może nie być możliwe. Problem ten zostanie dokładniej omówiony w kolejnych rozdziałach. Ponieważ tematem monografii są metody Dirichleta-Neumanna, celowe wydaje się przedstawienie najpierw idei stojącej za tymi metodami. Ideę przedstawimy na przykładzie dwóch podobszarów w dwóch wymiarach (patrz rys. 1.5) dla modelowego zagadnienia, to jest:

$$\begin{cases} -\Delta u = f & \text{w } \Omega \\ u = 0 & \text{na } \partial\Omega \end{cases}. \tag{1.11}$$

Przez Γ oznaczony został *szkielet* (ang. *interface*):

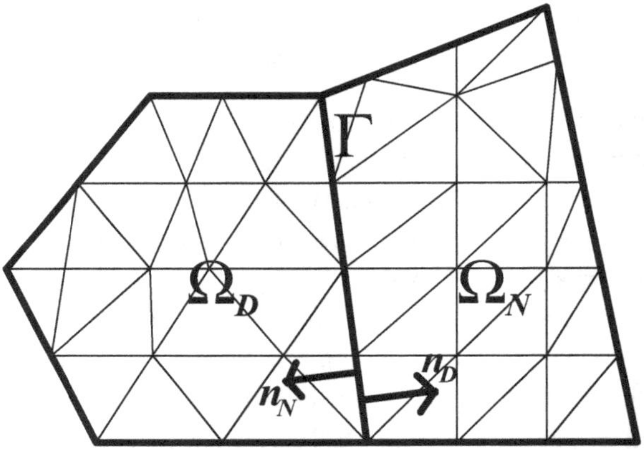

Rysunek 1.5: Dekompozycja na dwa rozłączne podobszary.

$$\Gamma = (\Omega_D \cup \Omega_N) \setminus \partial\Omega, \tag{1.12}$$

czyli zbiór wszystkich punktów leżących na brzegach podobszarów, ale nie leżących na brzegu obszaru Ω. n_D i n_N natomiast oznaczają pochodne normalne zewnętrznie do podobszaru odpowiednio Ω_D i Ω_N. Podany w tym podrozdziale sposób przedstawienia metody jest wzorowany na opisie algorytmu dla dwóch podobszarów z [45, roz. 1.3.3]. Uwagi na temat uogólnienia na większą liczbę podobszarów znajdują się w tej samej książce na stronach 18-20.

W ujęciu zagadnień różniczkowych n-ty krok procesu iteracyjnego metody

Dirichleta-Neumanna możemy zapisać następująco (patrz [45, str. 8]):

$$
\begin{array}{l}
n\text{-ta iteracja na podobszarze typu Dirichleta:} \\
(D)\left\{\begin{array}{rcll}
-\Delta u_D^{n+1/2} &=& f & \text{w } \Omega_D \\
u_D^{n+1/2} &=& 0 & \text{na } \partial\Omega_D \setminus \Gamma \\
u_D^{n+1/2} &=& u_\Gamma^n & \text{na } \Gamma
\end{array}\right. \\
n\text{-ta iteracja na podobszarze typu Neumanna:} \\
(N)\left\{\begin{array}{rcll}
-\Delta u_N^{n+1} &=& f & \text{w } \Omega_N \\
u_N^{n+1} &=& 0 & \text{na } \partial\Omega_N \setminus \Gamma \\
\frac{\partial u_N^{n+1}}{\partial n_N} &=& -\frac{\partial u_D^{n+1/2}}{\partial n_D} & \text{na } \Gamma
\end{array}\right. \\
\text{Wyznaczenie } u_\Gamma^{n+1}\text{:} \\
(\Gamma)\ u_\Gamma^{n+1} = \tau u_N^{n+1} + (1-\tau) u_\Gamma^n \qquad \text{na } \Gamma,
\end{array}
\tag{1.13}
$$

gdzie n_i oznacza pochodną normalną zewnętrzną do Ω_i dla $i \in \{D, N\}$, zaś τ jest parametrem z przedziału $[0; 1]$.

W podrozdziale 1.2 przedstawione zostały etapy dyskretyzacji metodą MES prowadzące do zagadnienia dyskretnego (1.7) oraz macierzowego (1.10). Po pogrupowaniu niewiadomych $\boldsymbol{u}$ na należące do szkieletu $\boldsymbol{u_\Gamma}$ i do wnętrz podobszarów $\boldsymbol{u_D}$ oraz $\boldsymbol{u_N}$ możemy zapisać układ liniowych równań algebraicznych z tak zwaną *macierzą sztywności* $\boldsymbol{A}$ w postaci:

$$
\begin{pmatrix}
\boldsymbol{A_{DD}} & \boldsymbol{0} & \boldsymbol{A_{D\Gamma}} \\
\boldsymbol{0} & \boldsymbol{A_{NN}} & \boldsymbol{A_{N\Gamma}} \\
\boldsymbol{A_{\Gamma D}} & \boldsymbol{A_{\Gamma N}} & \boldsymbol{A_{\Gamma\Gamma}}
\end{pmatrix}
\begin{pmatrix}
\boldsymbol{u_D} \\ \boldsymbol{u_N} \\ \boldsymbol{u_\Gamma}
\end{pmatrix}
=
\begin{pmatrix}
\boldsymbol{f_D} \\ \boldsymbol{f_N} \\ \boldsymbol{f_\Gamma}
\end{pmatrix}.
\tag{1.14}
$$

Podzielmy dodatkowo $\boldsymbol{A_{\Gamma\Gamma}}$ oraz $\boldsymbol{f_\Gamma}$ na części związane z odpowiednimi podobszarami:

$$
\boldsymbol{A_{\Gamma\Gamma}} = \boldsymbol{A_{\Gamma\Gamma}^D} + \boldsymbol{A_{\Gamma\Gamma}^N}, \qquad \boldsymbol{f_\Gamma} = \boldsymbol{f_\Gamma^D} + \boldsymbol{f_\Gamma^N}.
\tag{1.15}
$$

Stosując wprowadzone oznaczenia możemy zapisać przybliżenie $\boldsymbol{\lambda_\Gamma^{n+1/2}}$ pochodnej normalnej $\frac{\partial u_D^{n+1/2}}{\partial n_D}$ jako (porównaj [45, str. 3]):

$$\boldsymbol{\lambda}_\Gamma^{n+1/2} = \boldsymbol{A}_{\Gamma D}\boldsymbol{u}_D^{n+1/2} + \boldsymbol{A}_{\Gamma\Gamma}^D\boldsymbol{u}_\Gamma^n - \boldsymbol{f}_\Gamma^D. \tag{1.16}$$

W ten sposób n-ta iteracja metody Dirichleta-Neumanna może zostać przedstawiona w postaci macierzowej:

$$\begin{aligned}
&\text{n-ta iteracja na podobszarze typu Dirichleta:}\\
&(D)\ \boldsymbol{A}_{DD}\boldsymbol{u}_D^{n+1/2} + \boldsymbol{A}_{D\Gamma}\boldsymbol{u}_\Gamma^n = \boldsymbol{f}_D\\
&\text{n-ta iteracja na podobszarze typu Neumanna:}\\
&(N)\ \begin{pmatrix} \boldsymbol{A}_{NN} & \boldsymbol{A}_{N\Gamma} \\ \boldsymbol{A}_{\Gamma N} & \boldsymbol{A}_{\Gamma\Gamma}^N \end{pmatrix}\begin{pmatrix} \boldsymbol{u}_N^{n+1} \\ \boldsymbol{u}_\Gamma^{n+1/2} \end{pmatrix} = \begin{pmatrix} \boldsymbol{f}_N \\ \boldsymbol{f}_\Gamma^N - \boldsymbol{\lambda}_\Gamma^{n+1/2} \end{pmatrix}\\
&\text{Wyznaczenie $\boldsymbol{u}_\Gamma^{n+1}$:}\\
&(\Gamma)\ \boldsymbol{u}_\Gamma^{n+1} = \tau\boldsymbol{u}_\Gamma^{n+1/2} + (1-\tau)\boldsymbol{u}_\Gamma^n,
\end{aligned} \tag{1.17}$$

gdzie, jak w (1.14) i (1.15), $\boldsymbol{f}_i$ i $\boldsymbol{f}_\Gamma^i$ oznaczają obcięcie wektora prawej strony $\boldsymbol{f}$ do odpowiednio wnętrza oraz części szkieletu związanego z podobszarem Ω_i dla $i \in \{D, N\}$.

Postać metody przedstawiona powyżej jest niestety związana ze wszystkimi niewiadomymi. Standardową praktyką przy projektowaniu algorytmów opartych na metodach dekompozycji obszaru jest eliminacja niewiadomych z wnętrz podobszarów. Operacja ta prowadzi do otrzymania zwięzłej formuły na macierz preconditionera. Z równania (D) wyliczamy zatem zmienne odpowiadające niewiadomym z wnętrza podobszaru typu Dirichleta:

$$\boldsymbol{u}_D^{n+1/2} = \boldsymbol{A}_{DD}^{-1}\left(\boldsymbol{f}_D - \boldsymbol{A}_{D\Gamma}\boldsymbol{u}_\Gamma^n\right). \tag{1.18}$$

Ze względu na postać zagadnienia wyjściowego (1.11) oraz sposób dyskretyzacji mamy gwarancję, że macierz $\boldsymbol{A}_{DD}$ jest nieosobliwa. Wstawiając wyliczone zmienne do wzoru na przybliżenie pochodnej normalnej (1.16) otrzymujemy

$$\boldsymbol{\lambda}_\Gamma^{n+1/2} = \boldsymbol{A}_{\Gamma D}\boldsymbol{A}_{DD}^{-1}\left(\boldsymbol{f}_D - \boldsymbol{A}_{D\Gamma}\boldsymbol{u}_\Gamma^n\right) + \boldsymbol{A}_{\Gamma\Gamma}^D\boldsymbol{u}_\Gamma^n - \boldsymbol{f}_\Gamma^D, \tag{1.19}$$

co można zapisać w prostszej postaci:

$$\boldsymbol{\lambda}_{\Gamma}^{n+1/2} = -\left(\boldsymbol{g}_{\Gamma}^{D} - \boldsymbol{S}_{D}\boldsymbol{u}_{\Gamma}^{n}\right), \tag{1.20}$$

gdzie $\boldsymbol{g}_{\Gamma}^{D}$ i $\boldsymbol{S}_{D}$ definiujemy (porównaj uzupełnienie Schura w [45, str. 5]) jako:

$$\begin{aligned} \boldsymbol{S}_{D} &= \boldsymbol{A}_{\Gamma\Gamma}^{D} - \boldsymbol{A}_{\Gamma D}\boldsymbol{A}_{DD}{}^{-1}\boldsymbol{A}_{D\Gamma}, \\ \boldsymbol{g}_{\Gamma}^{D} &= \boldsymbol{f}_{\Gamma}^{D} - \boldsymbol{A}_{\Gamma D}\boldsymbol{A}_{DD}{}^{-1}\boldsymbol{f}_{D}. \end{aligned} \tag{1.21}$$

Stosując blokową eliminację Gaussa możemy wyeliminować niewiadome również z wnętrz podobszarów typu Neumanna otrzymując:

$$\begin{pmatrix} \boldsymbol{A}_{NN} & \boldsymbol{A}_{N\Gamma} \\ 0 & \boldsymbol{S}_{N} \end{pmatrix} \begin{pmatrix} \boldsymbol{u}_{N}^{n+1} \\ \boldsymbol{u}_{\Gamma}^{n+1/2} \end{pmatrix} = \begin{pmatrix} \boldsymbol{f}_{N} \\ \boldsymbol{g}_{\Gamma}^{N} - \boldsymbol{\lambda}_{\Gamma}^{n+1/2} \end{pmatrix}, \tag{1.22}$$

gdzie:

$$\boldsymbol{S}_{N} = \boldsymbol{A}_{\Gamma\Gamma}^{N} - \boldsymbol{A}_{\Gamma N}\boldsymbol{A}_{NN}^{-1}\boldsymbol{A}_{N\Gamma}, \tag{1.23}$$

$$\boldsymbol{g}_{\Gamma}^{N} = \boldsymbol{f}_{\Gamma}^{N} - \boldsymbol{A}_{\Gamma N}\boldsymbol{A}_{NN}^{-1}\boldsymbol{f}_{N}. \tag{1.24}$$

W ten sposób sprowadziliśmy zagadnienie (1.17) do rozwiązania w każdej iteracji następującego układu równań:

$$\boldsymbol{S}_{N}\boldsymbol{u}_{\Gamma}^{n+1/2} = \boldsymbol{g}_{\Gamma}^{N} - \boldsymbol{\lambda}_{\Gamma}^{n+1/2} \tag{1.25}$$

oraz wyliczenia nowego przybliżenia $\boldsymbol{u}_{\Gamma}^{n+1}$ z równania (Γ) w (1.17). Otrzymujemy w ten sposób:

$$\boldsymbol{S}_{N}\left(\boldsymbol{u}_{\Gamma}^{n+1} - (1-\tau)\boldsymbol{u}_{\Gamma}^{n}\right) = \tau\left(\boldsymbol{g}_{\Gamma}^{N} - \boldsymbol{\lambda}_{\Gamma}^{n+1/2}\right). \tag{1.26}$$

Podstawiając wyliczone wyrażenie na $\boldsymbol{\lambda}_{\Gamma}^{n+1/2}$ dostajemy:

$$\boldsymbol{S}_{N}\left(\boldsymbol{u}_{\Gamma}^{n+1} - (1-\tau)\boldsymbol{u}_{\Gamma}^{n}\right) = \tau\left(\boldsymbol{g}_{\Gamma}^{N} + \boldsymbol{g}_{\Gamma}^{D} - \boldsymbol{S}_{D}\boldsymbol{u}_{\Gamma}^{n}\right), \tag{1.27}$$

a po odjęciu od obu stron wyrazu $\tau \boldsymbol{S}_N \boldsymbol{u}_\Gamma^n$:

$$\boldsymbol{S}_N \left(\boldsymbol{u}_\Gamma^{n+1} - \boldsymbol{u}_\Gamma^n \right) = \tau \left(\boldsymbol{g}_\Gamma - \boldsymbol{S} \boldsymbol{u}_\Gamma^n \right), \tag{1.28}$$

gdzie

$$\boldsymbol{g}_\Gamma = \boldsymbol{g}_\Gamma^D + \boldsymbol{g}_\Gamma^N, \qquad \boldsymbol{S} = \boldsymbol{S}_D + \boldsymbol{S}_N. \tag{1.29}$$

Pokazaliśmy tym samym, że algorytm Dirichleta-Neumanna jest po prostu iteracją Richardsona (patrz dodatek A) z parametrem τ dla układu równań algebraicznych

$$\boldsymbol{S} \boldsymbol{u}_\Gamma = \boldsymbol{g}_\Gamma \tag{1.30}$$

z preconditionerem $\boldsymbol{S}_N$. W n-tej iteracji procesu iteracyjnego Richardsona musimy zatem:

- wykonać mnożenie wektora $\boldsymbol{u}_\Gamma^n$ przez macierz $\boldsymbol{S}$,
- rozwiązać układ równań algebraicznych z macierzą $\boldsymbol{S}_N$.

Mnożenie przez macierz $\boldsymbol{S}$ można sprowadzić do rozwiązania niezależnych zagadnień na poszczególnych podobszarach:

$$\boldsymbol{S} \boldsymbol{u}_\Gamma^n = \boldsymbol{S}_N \boldsymbol{u}_\Gamma^n + \boldsymbol{S}_D \boldsymbol{u}_\Gamma^n. \tag{1.31}$$

Z definicji macierzy $\boldsymbol{S}_i$ dla $i \in \{D, N\}$ każde takie lokalne zagadnienie sprowadza się do wykonania mnożeń przez macierze $\boldsymbol{A}_{i\Gamma}$, $\boldsymbol{A}_{\Gamma i}$, $\boldsymbol{A}_{\Gamma\Gamma}^i$ oraz rozwiązania zagadnienia Dirichleta na podobszarze Ω_i:

$$\begin{cases} \boldsymbol{A}_{ii} \boldsymbol{v}_i^n = \boldsymbol{A}_{i\Gamma} \boldsymbol{u}_\Gamma^n, \\ \boldsymbol{S}_i \boldsymbol{u}_\Gamma^n = \boldsymbol{A}_{\Gamma\Gamma}^i \boldsymbol{u}_\Gamma^n - \boldsymbol{A}_{\Gamma i} \boldsymbol{v}_i^n. \end{cases} \tag{1.32}$$

Wszystkie te lokalne macierze są rozrzedzone, co ogranicza koszt pamięciowy ich przechowywania. Do rozwiązania zagadnienia Dirichleta zaś wystarczy zapamiętać czynniki dekompozycji trójkątno-trójkątnej[5] macierzy $\boldsymbol{A}_{ii}$. Natomiast rozwiązanie

[5]Ze względu na symetryczność macierzy $\boldsymbol{A}_{ii}$ zamiast dekompozycji LU można dokonać dekompozycji Choleskiego LL^T lub Banachiewicza-Choleskiego LDL^T (patrz [16, str. 50])

układu równań z macierzą $\boldsymbol{S_N}$ i prawą stroną $\boldsymbol{b_\Gamma}$:

$$\boldsymbol{S}_N\boldsymbol{v}_\Gamma = \boldsymbol{b}_\Gamma$$

jest równoważne rozwiązaniu zagadnienia Neumanna na podobszarze Ω_N:

$$\begin{pmatrix} \boldsymbol{A}_{NN} & \boldsymbol{A}_{N\Gamma} \\ \boldsymbol{A}_{\Gamma N} & \boldsymbol{A}_{\Gamma\Gamma}^N \end{pmatrix} \begin{pmatrix} \boldsymbol{v}_N \\ \boldsymbol{v}_\Gamma \end{pmatrix} = \begin{pmatrix} 0 \\ \boldsymbol{b}_\Gamma \end{pmatrix}. \tag{1.33}$$

Każdą iterację zatem można sprowadzić do równoległych obliczeń wykonywanych lokalnie na poszczególnych podobszarach. Warto podkreślić, że metoda jest dla dwóch podobszarów optymalna w sensie definicji podanej w tym podrozdziale, to jest szybkość zbieżności procesu iteracyjnego do dokładnego rozwiązania jest niezależna od wymiaru zadania (porównaj [45, str. 19-20]). Wskaźnik uwarunkowania układu ze skonstruowanym powyżej preconditionerem

$$\boldsymbol{S}_N^{-1}\boldsymbol{S}\boldsymbol{u}_\Gamma = \boldsymbol{S}_N^{-1}\boldsymbol{g}_\Gamma \tag{1.34}$$

spełnia zależność (patrz [45, str. 10]):

$$\text{cond}\left(\boldsymbol{S}_N^{-1}\boldsymbol{S}\right) \leq C, \tag{1.35}$$

gdzie stała C nie zależy od wymiaru zadania (1.14). W istocie dla przypadku symetrycznego podziału na dwa podobszary, do rozwiązania wystarczy tylko jedna iteracja i w związku z tym stała $C = 1$. W dalszej części monografii zostanie pokazane, iż w przypadku uogólnienia algorytmu na większą liczbę podobszarów dostajemy prawie optymalność. Udowodnimy bowiem, iż w ogólnym przypadku wskaźnik uwarunkowania otrzymanego układu rośnie jak druga potęga logarytmu wraz ze wzrostem H/h.

1.4 Abstrakcyjna teoria addytywnych metod Schwarza

Wiele lat pracy nad metodami dekompozycji obszaru zaowocowało powstaniem ogólnej teorii tworzenia i analizy wielu starych i nowych metod iteracyjnych (addytywnych, multiplikatywnych i hybrydowych) opartych na dekompozycji obszaru. Określa się je wspólnym mianem (patrz np. [17], [18], [45, roz. 2]) *Abstrakcyjnej Teorii Metod Schwarza*. W monografii, ze względu na największą efektywność zrównoleglenia, ograniczono się tylko do operatorów addytywnych i związanej z nimi AMS – *Abstrakcyjnej Teorii Addytywnych Metod Schwarza*. Metody Schwarza polegają na zbudowaniu *macierzy preconditionera*[6], użycie której pozwala na zastąpienie dużego i źle uwarunkowanego układu liniowych równań algebraicznych układem lepiej uwarunkowanym. Taki układ równań jest następnie rozwiązywany iteracyjnie, na przykład metodą gradientów sprzężonych[7]. Abstrakcyjna teoria addytywnych metod Schwarza precyzuje poszczególne etapy tworzenia takiego preconditionera.

Rozważmy skończenie wymiarową przestrzeń Hilberta V, symetryczną i dodatnio określoną formę dwuliniową

$$b(\cdot,\cdot)\colon V \times V \longrightarrow \mathbb{R}, \tag{1.36}$$

funkcjonał liniowy f określony na przestrzeni V oraz problem znalezienia $u^* \in V$ takiego, że

$$b(u^*, v) = f(v) \qquad \forall\, v \in V. \tag{1.37}$$

Zakładamy eliptyczność formy dwuliniowej, to jest istnienie takiej dodatniej stałej γ niezależnej od funkcji $u \in V$, że

$$b(u,u) \geq \gamma \left\|u\right\|_V^2, \tag{1.38}$$

gdzie $\left\|\cdot\right\|_V$ oznacza normę w przestrzeni V. Jeśli przez $\boldsymbol{B}$ oznaczymy macierz zwią-

[6] Macierz preconditionera zwana jest także macierzą ściskającą.

[7] Stosowane są też inne metody iteracyjne, ale najbardziej efektywne opierają się na teorii podprzestrzeni Kryłowa (patrz. [42, roz. 6, 7, 9]).

zaną z formą dwuliniową $b(\cdot,\cdot)$ oraz daną bazą przestrzeni V, to problem (1.37) można zapisać w równoważnej postaci układu liniowych równań algebraicznych:

$$\boldsymbol{B}\boldsymbol{u}^* = \boldsymbol{f}, \tag{1.39}$$

gdzie $\boldsymbol{f}$ jest wektorem odpowiadającym funkcjonałowi $f(\cdot)$ prawej strony zagadnienia (1.37), zaś $\boldsymbol{u}^*$ wektorem niewiadomych związanych z punktami dyskretyzacji. Macierz $\boldsymbol{B}$ jest, ze względu na własności formy dwuliniowej $b(\cdot,\cdot)$, symetryczna i dodatnio określona. W zastosowaniach abstrakcyjnej teorii addytywnych metod Schwarza macierz ta jest dużego rozmiaru – tym większego, im dokładniejsze rozwiązanie wyjściowego zagadnienia (1.37) chcemy uzyskać. Co więcej, wskaźnik uwarunkowania macierzy $\boldsymbol{B}$ jest na ogół także duży.

Dla układu równań (1.39) będziemy konstruować nieosobliwą macierz preconditionera $\boldsymbol{B}_{ad}$, sprowadzając go do równoważnego układu liniowych równań algebraicznych:

$$\boldsymbol{B}_{ad}^{-1}\boldsymbol{B}\boldsymbol{u}^* = \boldsymbol{B}_{ad}^{-1}\boldsymbol{f}, \tag{1.40}$$

gdzie macierz układu $\boldsymbol{B}_{ad}^{-1}\boldsymbol{B}$ ma wskaźnik uwarunkowania niezależny od wymiaru zadania, ewentualnie zależny od niego w sposób polilogarytmiczny (porównaj definicje metody optymalnej i prawie optymalnej z podrozdziału 1.3). Etapy konstrukcji abstrakcyjnej teorii addytywnych metod Schwarza prowadzące do uzyskania macierzy preconditionera są następujące (porównaj [45, str. 35]):

I Dekompozycja przestrzeni V

Wprowadzenie rodziny przestrzeni V_i dla $i = 0, 1, \ldots, N$ oraz liniowych operatorów rozszerzenia (czasami zwanych operatorami interpolacji):

$$\mathcal{R}_i^T : V_i \longrightarrow V. \tag{1.41}$$

Zakładamy, że przestrzenie te tworzą dekompozycję wyjściowej przestrzeni:

$$V = \mathcal{R}_0^T V_0 + \sum_{i=1}^{N} \mathcal{R}_i^T V_i, \tag{1.42}$$

oraz że mają znacznie mniejszy od niej wymiar. Podkreślmy, że przestrzenie V_i nie muszą być podprzestrzeniami przestrzeni V, a V nie musi być ich sumą prostą, czyli dekompozycja elementu przestrzeni V na składniki należące do przestrzeni $\mathcal{R}_i^T V_i$ nie jest jednoznaczny. Zwyczajowo indeks zerowy jest zarezerwowany dla *przestrzeni globalnej* $\mathcal{R}_0^T V_0$, pozostałe przestrzenie $\mathcal{R}_i^T V_i$ natomiast określa się mianem *przestrzeni lokalnych*. Często przestrzeń globalna związana jest z podziałem na podobszary (tak zwana gruba siatka), zaś przestrzenie lokalne oparte są na triangulacjach na poszczególnych podobszarach (drobna siatka). Oczywiście, jak zobaczymy w następnych podrozdziałach (patrz np. 2.1), nie każda dekompozycja musi zawierać przestrzeń globalną.

II Formy dwuliniowe

Zdefiniowanie symetrycznych i dodatnio określonych form dwuliniowych $b_i(\cdot,\cdot)$ przybliżających wyjściową formę $b(\cdot,\cdot)$ w przestrzeni V_i. Oczywiście w szczególności można przyjąć

$$b_i(u_i, v_i) = b(\mathcal{R}_i^T u_i, \mathcal{R}_i^T v_i) \qquad u_i,\, v_i \in V_i, \tag{1.43}$$

gdzie $\mathcal{R}_i^T$ są operatorami rozszerzenia określonymi w (1.41).

III Operatory quasi-rzutowe

Określenie operatorów quasi-rzutowych

$$T_i = \mathcal{R}_i^T \widetilde{T}_i \colon\ V \longrightarrow \mathcal{R}_i^T V_i \subset V, \qquad i = 0, 1, \ldots, N, \tag{1.44}$$

gdzie $\widetilde{T}_i \colon\ V \longrightarrow V_i$ są zdefiniowane jako

$$b_i(\widetilde{T}_i u, v_i) = b(u, \mathcal{R}_i^T v_i) \qquad \forall\, v_i \in V_i. \tag{1.45}$$

Przy założeniu (1.43) operatory $\widetilde{T}_i$ są zwykłymi rzutami na przestrzenie V_i i wówczas

$$b(T_i u, \mathcal{R}_i^T v_i) = b(u, \mathcal{R}_i^T v_i) \qquad \forall\, v_i \in V_i. \tag{1.46}$$

IV Równanie operatorowe

W ogólnym przypadku operator Schwarza T można zdefiniować jako wielomian $\mathcal{P}(T_0, T_1, \ldots, T_N)$ zmiennych T_i $i = 0, 1, \ldots, N$ taki, że

$$\mathcal{P}(0, 0, \ldots, 0) = 0,$$

czyli bez wyrazu wolnego. Klasa operatorów Schwarza jest oczywiście bardzo szeroka, ale w tej monografii zajmować się będziemy *addytywnym* operatorem Schwarza:

$$T\colon V \longrightarrow V,$$

zdefiniowanym następująco:

$$T = T_0 + T_1 + \ldots + T_N, \tag{1.47}$$

gdzie operatory T_i zdefiniowane zostały w (1.44). Ze względu na definicję (1.45) operatorów $\widetilde{T}_i$ oraz eliptyczność formy dwuliniowej $b(\cdot, \cdot)$ addytywny operator Schwarza T jest symetryczny i dodatnio półokreślony (patrz lemat 2.1 w [45]). Można go użyć do sprowadzenia wyjściowego równania (1.39) do równania operatorowego:

$$T\widetilde{u} = g, \tag{1.48}$$

gdzie $g = Tu^*$. Przy pewnych założeniach, opisanych przez abstrakcyjną teorię addytywnych metod Schwarza, operator T jest odwracalny, co implikuje równoważność równań (1.39) i (1.48) oraz równość rozwiązań $\widetilde{u}$ i u^*. Prawą stronę g powyższego równania operatorowego (1.48) można wyznaczyć mimo, iż rozwiązanie u^* nie jest dane explicite. W tym celu należy obliczyć $T_i u^*$ dla $i = 0, 1, 2, \ldots, N$ korzystając z definicji (1.45) operatorów $\widetilde{T}_i$:

$$b_i(\widetilde{T}_i u^*, v) = b(u^*, \mathcal{R}_i^T v) = f(\mathcal{R}_i^T v), \tag{1.49}$$

gdzie $f(\cdot)$ jest prawą stroną wyjściowego zagadnienia (1.37). W ten sposób wyznaczamy prawą stronę równania operatorowego (1.48). Rozwiązanie zaś samego równania sprowadza się do szeregu działań na operatorach T_i, przy czym w procesie iteracyjnym znajomość tych operatorów nie jest konieczna – wystarczy bowiem procedura obliczania $\widetilde{T}_i u$ dla danej funkcji $u \in V$. W związku z tym należy dążyć do takiego zdefiniowania form dwuliniowych $b_i(\cdot,\cdot)$ oraz $b_j(\cdot,\cdot)$, aby dla $i \neq j$ obliczenia z nimi, a tym samym z operatorami T_i i T_j, związane można było wykonywać niezależnie od siebie. Poza zaletami wynikającymi ze zrównoleglenia obliczeń, każde takie podzadanie z operatorem T_i powinno być w dodatku oczywiście łatwiejsze do rozwiązania niż zadanie wyjściowe z macierzą $\boldsymbol{B}$.

Macierze odpowiadające operatorom Schwarza – zarówno addytywnemu, jak i operatorom nie przedstawionym w tej monografii (porównaj np. operatory multiplikatywne czy hybrydowe w [45, str. 38]), są preconditionerami dla wyjściowego układu z macierzą $\boldsymbol{B}$. Dla rozpatrywanego przez nas addytywnego operatora Schwarza (1.47) odpowiadającą mu macierz $\boldsymbol{T}$ można opisać zależnością:

$$\boldsymbol{T} = \boldsymbol{B}_{ad}^{-1}\boldsymbol{B}, \qquad \boldsymbol{B}_{ad}^{-1} = \sum_{i=0}^{N} \boldsymbol{\mathcal{R}}_i^T \boldsymbol{B}_i^{-1} \boldsymbol{\mathcal{R}}_i, \tag{1.50}$$

gdzie $\boldsymbol{B}$ i $\boldsymbol{B}_i$ są macierzami związanymi z formami dwuliniowymi odpowiednio $b(\cdot,\cdot)$ i $b_i(\cdot,\cdot)$. Z powyższej zależności widać wyraźnie, iż operacje mnożenia przez macierz $\boldsymbol{T}$ odpowiadającą addytywnemu operatorowi Schwarza T, można wyrazić przy pomocy operacji rozszerzenia $\boldsymbol{\mathcal{R}}_i^T$, obcięcia $\boldsymbol{\mathcal{R}}_i$ oraz mnożenia przez macierz układu wyjściowego $\boldsymbol{B}$ i rozwiązywania układów równań algebraicznych z lokalnymi macierzami $\boldsymbol{B}_i$.

Przejdźmy teraz do analizy addytywnego operatora Schwarza T i nowego układu liniowych równań algebraicznych z macierzą odpowiadającą temu operatorowi:

$$\boldsymbol{T}\widetilde{\boldsymbol{u}} = \boldsymbol{g} \tag{1.51}$$

z prawą stroną określoną jako:

$$\boldsymbol{g} = \boldsymbol{B}_{ad}^{-1}\boldsymbol{f}.$$

Jest to układ z macierzą $\boldsymbol{B}_{ad}$ jako preconditionerem, równoważny – jeśli operator

T jest odwracalny – układowi (1.39). W dalszej części tego podrozdziału podamy twierdzenia dowodzące, że operator T jest dodatnio określony oraz oszacujemy jego wskaźnik uwarunkowania[8]:

$$\operatorname{cond}(T) := \frac{\lambda_{\max}(T)}{\lambda_{\min}(T)}, \tag{1.52}$$

gdzie

$$\lambda_{\max}(T) = \sup_{u \in V} \frac{b(Tu,u)}{b(u,u)}, \qquad \lambda_{\min}(T) = \inf_{u \in V} \frac{b(Tu,u)}{b(u,u)}. \tag{1.53}$$

Oszacowanie wartości własnych operatora T abstrakcyjna teoria addytywnych metod Schwarza sprowadza do sprawdzenia trzech założeń:

(A1) stabilna dekompozycja:
istnieje stała C_0 taka, że dla każdego $u \in V$ istnieją $u_i \in V_i$, $i = 0, 1, \ldots, N$ takie, że

$$u = \sum_{i=0}^{N} \mathcal{R}_i^T u_i$$

oraz

$$\sum_{i=0}^{N} b_i(u_i, u_i) \le C_0^2 b(u,u) \tag{A1}$$

(A2) lokalna stabilność:
istnieje stała $\omega > 0$ taka, że dla każdego $u_i \in V_i$, $i = 0, 1, \ldots, N$

$$b(\mathcal{R}_i^T u_i, \mathcal{R}_i^T u_i) \le \omega b_i(u_i, u_i) \tag{A2}$$

(A3) wzmocniona nierówność Cauchy-Schwarza:
istnieje macierz $\boldsymbol{E} = \{\varepsilon_{ij}\}_{i,j=1}^{N}$ taka, że dla $i, j = 1, 2, \ldots, N$

$$0 \le \varepsilon_{ij} \le 1$$

[8]Czyli w istocie pokażemy dopiero, że $\boldsymbol{B_{ad}}$ jest macierzą preconditionera.

oraz dla każdego $u_i \in V_i$ i $u_j \in V_j$

$$\left|b(\mathcal{R}_i^T u_i, \mathcal{R}_j^T u_j)\right| \leq \varepsilon_{ij}\sqrt{b(\mathcal{R}_i^T u_i, \mathcal{R}_i^T u_i) b(\mathcal{R}_j^T u_j, \mathcal{R}_j^T u_j)} \qquad \text{(A3)}$$

Warto podkreślić, że stałe C_0, ω oraz promień spektralny $\varrho(\boldsymbol{E})$ macierzy $\boldsymbol{E}$ nie powinny zależeć od wymiaru przestrzeni V oraz liczby podprzestrzeni V_i, na jakie zdekomponowana została wyjściowa przestrzeń V.

W tej monografii zajmować się będziemy *addytywnymi metodami Schwarza*, to jest metodami opartymi na operatorze (1.47). Podstawowe twierdzenie tej teorii opiera się na następujących dwóch lematach (patrz [45, lematy 2.5-2.6])

Lemat 1.2

Niech spełnione będzie założenie stabilnej dekompozycji (A1). Wówczas dla $u \in V$ i addytywnego operatora Schwarza T zachodzi

$$b(Tu, u) \geq C_0^{-2} b(u, u).$$

Wynika stąd odwracalność operatora T.

Lemat 1.3

Niech spełnione będą założenia (A2) i (A3). Wówczas dla $u \in V$ i addytywnego operatora Schwarza T zachodzi

$$b(Tu, u) \leq \omega\left(\varrho(\boldsymbol{E}) + 1\right) b(u, u),$$

gdzie $\varrho(\boldsymbol{E})$ oznacza promień spektralny macierzy $\boldsymbol{E}$.

Składając oba powyższe lematy dostajemy górne oszacowanie wskaźnika uwarunkowania operatora T ([45, tw. 2.7]), które sformułujemy w postaci twierdzenia:

Twierdzenie 1.1

Niech spełnione będą założenia (A1), (A2) i (A3). Wówczas dla wskaźnika uwarunkowania addytywnego operatora Schwarza T zachodzi:

$$cond(T) \leq C_0^2 \omega\left(\varrho(\boldsymbol{E}) + 1\right).$$

2 Jednopoziomowa metoda Dirichleta-Neumanna w dwóch wymiarach

W dwóch wymiarach, w przypadku obszaru i podobszarów będących prostokątami, metoda Dirichleta-Neumanna opiera się na podziale wyjściowego obszaru przypominającym wizualnie szachownicę. Jeżeli zadanie rozwiązujemy wykorzystując proces iteracyjny, to przy takim podziale każda iteracja sprowadza się do niezależnych obliczeń na polach (obszarach) tego samego koloru: białych i czarnych. Oczywiście w ogólnym przypadku istnienie takiego podziału może być ograniczeniem. Problem ten omówiony jest w podsumowaniu tego rozdziału, który zawiera dokładny opis algorytmu Dirichleta-Neumanna (D-N) dla wielu podobszarów w dwóch wymiarach, jego pełną analizę teoretyczną oraz postać macierzową i implementację. Do konstrukcji i analizy zbieżności algorytmu D-N wykorzystano przedstawioną w podrozdziale 1.4 abstrakcyjną teorię addytywnych metod Schwarza.

2.1 Konstrukcja i analiza zbieżności metody

Przypomnijmy postać zagadnienia eliptycznego drugiego rzędu z zerowym warunkiem brzegowym typu Dirichleta, sformułowanego w podrozdziale 1.2:

dla danego obszaru Ω znaleźć $u^* \in H_0^1(\Omega)$ takie, że:

$$a(u^*, v) = l(v) \qquad \forall v \in H_0^1(\Omega), \tag{2.1}$$

gdzie

$$a(u, v) = \int_\Omega \sum_{i,j=1}^{2} a_{ij}(x) D_i u D_j v \, dx \tag{2.2}$$

jest symetryczną formą dwuliniową określoną nad $H_0^1(\Omega) \times H_0^1(\Omega)$, o której zakładamy, że jest $H^1(\Omega)$-eliptyczna (porównaj definicję (1.4) eliptyczności z pierwszego rozdziału), to jest ciągła oraz istnieje taka dodatnia stała γ niezależna od funkcji $u \in H_0^1(\Omega)$, że

$$a(u, u) \geq \gamma \|u\|_{H^1(\Omega)}^2 . \tag{2.3}$$

Prawa strona (2.1) jest funkcjonałem:

$$l(v) = \int_\Omega f v \, dx, \tag{2.4}$$

zaś $f \in L^2(\Omega)$. Zakładamy ponadto, że funkcje a_{ij} dla $i, j = 1, 2$ są ciągłe, oraz że dla każdego $x \in \Omega$,

$$a_{ij}(x) = a_{ji}(x). \tag{2.5}$$

W dwóch wymiarach rozważane obszary Ω są wielokątami. Można rozpatrywać obszary, o których brzegu zakładamy tylko, iż jest lipschitzowsko ciągły (zob. [1]), ale wymagałoby to wprowadzania triangulacji opartych na krzywoliniowych elementach (patrz np. [11]). W tej monografii natomiast ograniczamy się tylko i wyłącznie do elementów prostoliniowych. Nie wpływa to jednak w żaden sposób na idee przedstawionych algorytmów – uogólnienie na elementy krzywoliniowe wymaga tylko ich odpowiedniego przeformułowania w celu dostosowania do notacji i oznaczeń charakterystycznych dla tego rodzaju triangulacji. Zauważmy także, iż dodanie do formy dwuliniowej (2.2) wyrazu zerowego rzędu z dodatnim współczynnikiem nie będzie miało realnego wpływu na działanie przedstawionych w pracy algorytmów. Będzie natomiast wymagało niewielkich zmian w ich analizie teoretycznej.

Zakładamy, jak w podrozdziale 1.2, że na obszarze Ω daną mamy rodzinę triangulacji $\mathcal{T}^h(\Omega)$ parametryzowaną parametrem h. Zakładamy dodatkowo, iż mamy dany podział obszaru na N rozłącznych, wielokątnych podobszarów Ω_i spełniający warunki zawarte w definicji triangulacji konforemnej i regularnej (patrz rys. 1.1). Nie wymagamy przy tym założenia quasi-jednostajności tej triangulacji (patrz [45, str. 88]), ale zakładamy, że każdy podobszar jest sumą quasi-jednostajnych elementów triangulacji $\mathcal{T}^h(\Omega)$, oraz że wierzchołki podobszarów należą do zbioru złożonego z wierzchołków elementów triangulacji (tak zwane *triangulacje zgodne*). Podkreślmy, iż uogólnienie wyników tej pracy na przypadki innych konforemnych metod elementu skończonego opiera się na dosyć dobrze poznanych narzędziach matematycznych (porównaj [45, str. 193]). Musimy się jednak w takim wypadku liczyć z tym, że stałe pojawiające się w uzyskanych oszacowaniach mogą zależeć od zastosowanej metody MES. Zakładamy ponadto, iż można dokonać przyporządkowania każdemu z podobszarów odpowiedniego typu albo Dirichleta, albo Neumanna. Przyporządkowanie to musi jednak uwzględniać wymaganie, aby żadne dwa podobszary tego samego rodzaju nie miały wspólnych krawędzi (patrz rys. 2.1). Dla dowolnego wielokąta Ω taki podział, spełniający wszystkie powyższe założenia, oczywiście nie musi istnieć. Mimo, iż metody Dirichleta-Neumanna przedstawione w tym rozdziale są przedstawione tylko dla tych zagadnień, dla których wszystkie powyższe założenia są spełnione, to w rzeczywistości z brakiem istnienia przyporządkowania odpowiednich typów do podobszarów można stosunkowo łatwo sobie poradzić. Na zakończenie rozdziału zajmiemy się szerzej tym problemem.

Zdefiniujmy, jak w (1.6), ciąg skończenie wymiarowych podprzestrzeni $V_h(\Omega) \subset H_0^1(\Omega)$ funkcji kawałkami liniowych i ciągłych na triangulacji $\mathcal{T}^h(\Omega)$, zerujących się na brzegu obszaru Ω. Dyskretyzację zagadnienia różniczkowego (2.1) można przedstawić (porównaj opis dyskretyzacji z rozdziału pierwszego) w następującej postaci:

znaleźć $u_h^* \in V_h(\Omega)$ takie, że:

$$a(u_h^*, v_h) = l(v_h) \qquad \forall v_h \in V_h(\Omega). \tag{2.6}$$

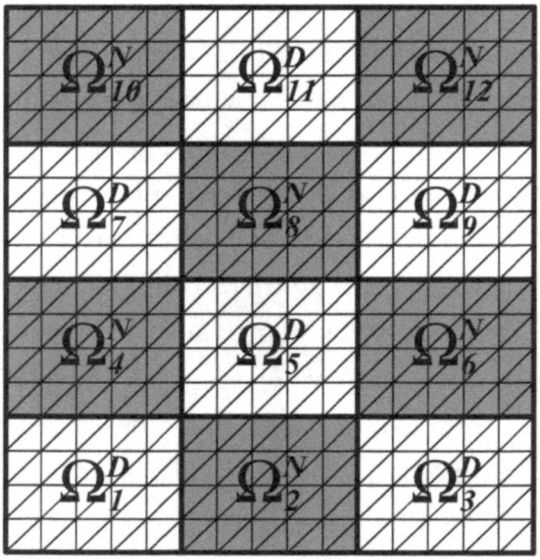

Rysunek 2.1: Przykładowa triangulacja prostokątnego obszaru z uwzględnieniem podziału na podobszary typu Neumanna (czarne) i Dirichleta (białe).

Wybór bazy, składającej się z funkcji nodalnych (patrz rys. 1.2), przestrzeni $V_h(\Omega)$ umożliwia zapisanie tego zagadnienia dyskretnego w postaci układu liniowych równań algebraicznych, to jest znalezienia wektora $\boldsymbol{u}_h^*$ takiego, że:

$$\boldsymbol{A}\boldsymbol{u}_h^* = \boldsymbol{f}_h. \tag{2.7}$$

Jeśli przez n oznaczymy wymiar przestrzeni $V_h(\Omega)$, będący równy zarazem liczbie wewnętrznych punktów nodalnych, to

$$\boldsymbol{A} = \{a(\varphi_i, \varphi_j)\}_{i,j=1}^n, \qquad \boldsymbol{f}_h = \{l(\varphi_i)\}_{i=1}^n. \tag{2.8}$$

Rozmiar macierzy $\boldsymbol{A}$, równy wymiarowi przestrzeni, jest związany z wielkością parametru triangulacji h – im mniejszy parametr, tym większy rozmiar macierzy (patrz dodatek B w [45]). W praktyce, aby uzyskać przybliżenie rozwiązania dostatecznie bliskie rozwiązaniu zagadnienia (2.6) dostajemy układy równań (2.7) dużego rozmiaru – często rzędu milionów niewiadomych. Są one ponadto na ogół źle uwarunkowane (porównaj uwagi z porozdziału 1.2).

Standardowym postępowaniem w wielu metodach dekompozycji obszaru jest eliminacja niewiadomych z wnętrz podobszarów. Okazuje się bowiem, iż można zagadnienie dyskretne (2.6) sprowadzić do zadania określonego na szkielecie

$$\Gamma = \left(\bigcup_{i=1}^{N} \partial\Omega_i \right) \setminus \partial\Omega \tag{2.9}$$

i w ten sposób znacząco ograniczyć liczbę niewiadomych. Przypomnijmy, że przez N oznaczyliśmy liczbę rozłącznych podobszarów na jakie podzielono obszar Ω. Takie zadanie okaże się w dodatku lepiej uwarunkowane niż zadanie wyjściowe. Do dokonania eliminacji niewiadomych potrzebnych będzie kilka definicji i oznaczeń. Niech

$$a_i(u, v) = a_{|\Omega_i}(u, v) \tag{2.10}$$

będzie ograniczeniem wyjściowej formy $a(\cdot, \cdot)$, określonej w (2.2), do podobszaru Ω_i. Zauważmy, że przy takich oznaczeniach możemy dokonać następującego rozbicia formy dwuliniowej:

$$a(u, v) = \sum_{i=1}^{N} a_i(u, v). \tag{2.11}$$

Zdefiniujmy również przestrzeń funkcji

$$V_h(\Omega_i) = V_h(\Omega)_{|\overline{\Omega}_i} \tag{2.12}$$

określonych na $\overline{\Omega}_i$ jako obcięcie wyjściowej przestrzeni $V_h(\Omega)$ do tego podobszaru. Część szkieletu Γ należącą do $\partial\Omega_i$ oznaczmy natomiast przez

$$\Gamma_i = \Gamma \cap \partial\Omega_i. \tag{2.13}$$

Przez $\mathcal{H}_i u_h$ oznaczać będziemy dyskretnie harmoniczne rozszerzenie funkcji na podobszar Ω_i w sensie formy $a_i(\cdot, \cdot)$ z u_h daną na $\partial\Omega_i$, to jest

$$a_i(\mathcal{H}_i u_h, \mathcal{H}_i u_h) = \min a_i(v_h, v_h), \tag{2.14}$$

gdzie minimum jest brane po wszystkich funkcjach $v_h \in V_h(\Omega_i)$ takich, że

$$(v_h)_{|\partial\Omega_i} = (\mathcal{H}_i u_h)_{|\partial\Omega_i}.$$

Z definicji tej widać, iż rozszerzenie dyskretnie harmoniczne jest rozszerzeniem o najmniejszej energii mierzonej formą $a_i(\cdot,\cdot)$. Funkcję $\mathcal{H}_i u_h \in V_h(\Omega_i)$ można w równoważny sposób zdefiniować (zob. [45, roz. 4.4]) następująco:

$$\begin{cases} a_i(\mathcal{H}_i u_h, v_h) = 0, & v_h \in \overset{o}{V}_h(\Omega_i), \\ \mathcal{H}_i u_h(x) = u_h(x), & x \in \partial\Omega_i, \end{cases} \tag{2.15}$$

gdzie $\overset{o}{V}_h(\Omega_i)$ oznacza przestrzeń funkcji należących do $V_h(\Omega_i)$ i zerujących się na $\partial\Omega_i$. Przez $\mathcal{H}_i V_h(\Omega_i)$ oznaczmy przestrzeń funkcji $\mathcal{H}_i u_h$, zaś funkcje dyskretnie harmoniczne na podobszarach Ω_i symboliczne przez

$$\mathcal{H} u_h = \left\{\mathcal{H}_i\left(u_{h|\partial\Omega_i}\right)\right\}_{i=1}^{N}. \tag{2.16}$$

Przestrzeń tych funkcji oznaczać będziemy przez $\mathcal{H}V_h(\Omega)$. Niezwykle przydatna w analizie metod dekompozycji obszaru jest własność funkcji dyskretnie harmonicznych, polegająca na równoważności norm na podobszarach i śladów tych funkcji na brzegach podobszarów, którą sformułujemy w postaci lematu (patrz lemat 4.10 w [45]):

Lemat 2.1

Niech u będzie funkcją dyskretnie harmoniczną, zaś u_Γ obcięciem tej funkcji do szkieletu Γ. Wówczas istnieją dodatnie stałe c i C, niezależne od h i H takie, że:

$$c\,\|u_\Gamma\|^2_{H^{1/2}(\Gamma_i)} \le \|u\|^2_{H^1(\Omega_i)} \le C\,\|u_\Gamma\|^2_{H^{1/2}(\Gamma_i)},$$
$$c\,|u_\Gamma|^2_{H^{1/2}(\Gamma_i)} \le |u|^2_{H^1(\Omega_i)} \le C\,|u_\Gamma|^2_{H^{1/2}(\Gamma_i)}.$$

Wprowadźmy $\mathcal{P}_i u_h$ jako oznaczenie rzutu ortogonalnego w sensie formy $a_i(\cdot,\cdot)$, to jest taką funkcję z przestrzeni $\overset{o}{V}_h(\Omega_i)$, że

$$a_i(\mathcal{P}_i u_h, v_h) = a_i(u_h, v_h) \qquad \forall v_h \in \overset{o}{V}_h(\Omega_i). \tag{2.17}$$

Niech

$$\mathcal{P}u_h = \left\{\mathcal{P}_i\left(u_{h|\partial\Omega_i}\right)\right\}_{i=1}^{N} \tag{2.18}$$

będzie symbolicznym oznaczeniem rzutu funkcji u_h na wszystkie $V_h(\Omega_i)$, zaś $\mathcal{P}V_h(\Omega)$ przestrzenią tych funkcji. Wprowadźmy także, jak dla funkcji dyskretnie harmonicznych, oznaczenia $\mathcal{P}_i u_h$ i $\mathcal{P}_i V_h(\Omega_i)$ – odpowiedniki $\mathcal{H}_i u_h$ oraz $\mathcal{H}_i V_h(\Omega_i)$. Zauważmy, że dla $i = 1, 2, \ldots, N$ oraz danych funkcji $u_h \in \mathcal{H}_i V_h(\Omega_i)$ i $v_h \in \mathcal{P}_i V_h(\Omega_i)$, skoro v_h należy do przestrzeni $\overset{o}{V}_h(\Omega_i)$, to z definicji (2.15) funkcji harmonicznej

$$a_i\left(u_h, v_h\right) = 0, \tag{2.19}$$

co oznacza, że przestrzenie $\mathcal{H}_i V_h(\Omega_i)$ i $\mathcal{P}_i V_h(\Omega_i)$ są wzajemnie ortogonalne. Ponieważ zachodzi to dla każdego $1 \leq i \leq N$, to ortogonalne są również $\mathcal{H}V_h(\Omega)$ i $\mathcal{P}V_h(\Omega)$. W związku z tym możemy dokonać dekompozycji przestrzeni $V_h(\Omega)$ na część harmoniczną i rzut do niej ortogonalny, to jest:

$$V_h(\Omega) = \mathcal{H}V_h(\Omega) \bigoplus \mathcal{P}V_h(\Omega). \tag{2.20}$$

Przedstawmy zatem rozwiązanie u_h^* zagadnienia (2.6) oraz funkcję $v_h \in V_h(\Omega)$ w postaci:

$$u_h^* = \mathcal{H}u_h^* + \mathcal{P}u_h^*, \qquad v_h = \mathcal{H}v_h + \mathcal{P}v_h. \tag{2.21}$$

Ze względu na wspomnianą własność ortogonalności przestrzeni $\mathcal{H}V_h(\Omega)$ i $\mathcal{P}V_h(\Omega)$ mamy:

$$a(u_h^*, v_h) = a\left(\mathcal{H}u_h^*, \mathcal{H}v_h\right) + a\left(\mathcal{P}u_h^*, \mathcal{P}v_h\right). \tag{2.22}$$

Operator $\mathcal{P}$ jest rzutem, więc:

$$a\left(\mathcal{P}u_h^*, \mathcal{P}v_h\right) = a\left(u_h^*, \mathcal{P}^2 v_h\right) = a\left(u_h^*, \mathcal{P}v_h\right) \tag{2.23}$$

i zagadnienie (2.6) można przedstawić w postaci:

$$a\left(\mathcal{H}u_h^*, \mathcal{H}v_h\right) = l(v_h) - a\left(u_h^*, \mathcal{P}v_h\right), \tag{2.24}$$

przy czym prawą stronę tego równania można z definicji $l(\cdot)$ przekształcić następująco:

$$a\left(u_h^*, v_h\right) - a\left(u_h^*, \mathcal{P}v_h\right) = a\left(u_h^*, \mathcal{H}v_h\right) = l(\mathcal{H}v_h). \tag{2.25}$$

Zatem rozwiązaniem równania

$$a\left(\mathcal{H}u_h^*, \mathcal{H}v_h\right) = l(\mathcal{H}v_h) \tag{2.26}$$

jest dyskretnie harmoniczna $\mathcal{H}u_h^*$ część u_h^*. Część $\mathcal{P}u_h^*$ do niej ortogonalną można wyliczyć z definicji (2.17) rozwiązując szereg niezależnych, lokalnych zagadnień z formami dwuliniowymi $a_i(\cdot,\cdot)$ z zerowymi warunkami brzegowymi Dirichleta.

W ten sposób sprowadziliśmy zagadnienie wyjściowe (2.1) do równoważnej postaci, tak zwanej *postaci Schura* (porównaj z operatorem Steklova-Poincaré w [41, rozdz. 1]):

znaleźć $u^* \in \mathcal{H}V_h(\Omega)$ takie, że:

$$s(u^*, v) = g(v) \qquad \forall v \in \mathcal{H}V_h(\Omega), \tag{2.27}$$

gdzie

$$s(u,v) = \sum_{i=1}^{N} s_i(u,v) = \sum_{i=1}^{N} a_i\left(\mathcal{H}_i(u_{|\partial\Omega_i}), \mathcal{H}_i(v_{|\partial\Omega_i})\right), \tag{2.28}$$

zaś

$$g(v) = l(\mathcal{H}v). \tag{2.29}$$

Z wyprowadzenia powyżej wynika, iż zagadnienie to ma jednoznaczne rozwiązanie, a forma $s(\cdot,\cdot)$ zachowuje własności $a(\cdot,\cdot)$ takie jak symetryczność i eliptyczność.

Ponieważ, funkcje dyskretnie harmoniczne określone są całkowicie poprzez wartości na szkielecie, to zadanie (2.27) ma znacząco mniejszy wymiar od zadania (2.6). Liczba niewiadomych bowiem została ograniczona z liczby wszystkich punktów nodalnych z wnętrza obszaru Ω tylko do punktów nodalnych szkieletu. Co więcej, zadanie w postaci Schura jest także lepiej uwarunkowane od wyjściowego zadania dyskretnego. Dokładniej (patrz [45, lemat 4.11] oraz [5]):

Lemat 2.2
Niech triangulacje $\mathcal{T}^h(\Omega)$ i $\mathcal{T}^H(\Omega)$ będą konforemne i quasi-jednostajne i niech

u_Γ będzie funkcją, której wartości określone są tylko na szkielecie Γ. Wówczas istnieją dodatnie stałe c i C, niezależne od h i H takie, że dla $u \in \mathcal{H}V_h(\Omega)$

$$cH \sum_{i=1}^{N} \|u\|^2_{L^2(\partial\Omega_i)} \leq s(u,u) \leq \frac{C}{h} \sum_{i=1}^{N} \|u\|^2_{L^2(\partial\Omega_i)}$$

oraz

$$\frac{c}{Hh} \leq cond(\boldsymbol{S}) \leq \frac{C}{Hh},$$

gdzie macierz $\boldsymbol{S}$ jest macierzą odpowiadającą dwuliniowej formie Schura $s(\cdot,\cdot)$.

Dla przypomnienia wyjściowe zadanie miało wskaźnik uwarunkowania rzędu $1/h^2$, co (dla $h \ll H$) stanowi znaczącą większą wielkość od $1/(Hh)$.

Zagadnienie Schura zostało sformułowane w (2.27) w formie różniczkowej. Jak w poprzednich rozdziałach, przedstawimy je również w formie macierzowej. Jest ona znacznie wygodniejsza z punktu widzenia implementacji algorytmów, w przeciwieństwie do form różniczkowych, które są stosowane raczej do analizy teoretycznej metod (porównaj podrozdział 1.4). Po pogrupowaniu niewiadomych na należące do szkieletu $\boldsymbol{u_\Gamma}$ i do wnętrz podobszarów $\boldsymbol{u_I}$ możemy zapisać układ liniowych równań algebraicznych (2.7) z macierzą $\boldsymbol{A}$ jako:

$$\begin{pmatrix} \boldsymbol{A_{II}} & \boldsymbol{A_{I\Gamma}} \\ \boldsymbol{A_{\Gamma I}} & \boldsymbol{A_{\Gamma\Gamma}} \end{pmatrix} \begin{pmatrix} \boldsymbol{u_I} \\ \boldsymbol{u_\Gamma} \end{pmatrix} = \begin{pmatrix} \boldsymbol{f_I} \\ \boldsymbol{f_\Gamma} \end{pmatrix}. \tag{2.30}$$

Macierze $\boldsymbol{A_{I\Gamma}}$, $\boldsymbol{A_{\Gamma I}}$, $\boldsymbol{A_{\Gamma\Gamma}}$ oraz $\boldsymbol{A_{II}}$, jako podmacierze macierzy $\boldsymbol{A}$ (patrz rys. 1.4), są rozrzedzone. Warto przyjrzeć się bliżej macierzy $\boldsymbol{A_{II}}$. Ma ona bowiem strukturę blokową, przy czym każdy z bloków odpowiada niewiadomym z wnętrza jednego podobszaru. Z założenia (2.3) o eliptyczności formy dwuliniowej $a(\cdot,\cdot)$ wynika (porównaj [22, str. 291]) dodatniość wszystkich wartości własnych macierzy $\boldsymbol{A}$, a stąd nieosobliwość podmacierzy $\boldsymbol{A_{II}}$ oraz każdego jej bloku. W celu wyeliminowania niewiadomych z wnętrz podobszarów układ równań algebraicznych (2.30) można zapisać (patrz [45, roz. 4.3]) przy pomocy tak zwanego *uzupełnienia Schura* w następujący, równoważny sposób:

$$\begin{pmatrix} \boldsymbol{A}_{II} & \boldsymbol{A}_{I\Gamma} \\ 0 & \boldsymbol{S} \end{pmatrix} \begin{pmatrix} \boldsymbol{u}_I \\ \boldsymbol{u}_\Gamma \end{pmatrix} = \begin{pmatrix} \boldsymbol{f}_I \\ \boldsymbol{g}_\Gamma \end{pmatrix}, \tag{2.31}$$

gdzie

$$\boldsymbol{S} = \boldsymbol{A}_{\Gamma\Gamma} - \boldsymbol{A}_{\Gamma I}\boldsymbol{A}_{II}^{-1}\boldsymbol{A}_{I\Gamma},$$
$$\boldsymbol{g}_\Gamma = \boldsymbol{f}_\Gamma - \boldsymbol{A}_{\Gamma I}\boldsymbol{A}_{II}^{-1}\boldsymbol{f}_I.$$

Można to traktować również jako czysto algebraiczny wynik zastosowania blokowej eliminacji Gaussa. W ten sposób sprowadziliśmy rozwiązanie wyjściowego układu równań (2.30) do rozwiązania dwóch układów równań

$$\begin{pmatrix} \boldsymbol{A}_{II} & \boldsymbol{A}_{I\Gamma} \\ 0 & \boldsymbol{S} \end{pmatrix} \begin{pmatrix} \boldsymbol{u}_I^{(1)} \\ \boldsymbol{u}_\Gamma \end{pmatrix} = \begin{pmatrix} 0 \\ \boldsymbol{g}_\Gamma \end{pmatrix} \tag{2.32}$$

oraz

$$\boldsymbol{A}_{II}\boldsymbol{u}_I^{(2)} = \boldsymbol{f}_I, \tag{2.33}$$

przy czym $\boldsymbol{u}_I = \boldsymbol{u}_I^{(1)} + \boldsymbol{u}_I^{(2)}$. Pierwsze z równań sprowadza się do rozwiązania układu równań algebraicznych

$$\boldsymbol{S}\boldsymbol{u}_\Gamma = \boldsymbol{g}_\Gamma \tag{2.34}$$

z macierzą $\boldsymbol{S}$, zwaną *macierzą Schura*, a następnie wyznaczenia pozostałej części składowej $\boldsymbol{u}_I^{(1)}$ niewiadomych z wnętrz podobszarów $\boldsymbol{u}_I$ z zależności

$$\boldsymbol{A}_{II}\boldsymbol{u}_I^{(1)} + \boldsymbol{A}_{I\Gamma}\boldsymbol{u}_\Gamma = 0. \tag{2.35}$$

Warunek (2.35) można przyjąć (porównaj [45, str. 96]) za definicję wektora $\boldsymbol{u}$ odpowiadającego funkcji dyskretnie harmonicznej u, równoważną definicjom (2.14) i (2.15). Funkcje tak zdefiniowane są oczywiście całkowicie określone przez wartości na szkielecie $\boldsymbol{u}_\Gamma$. Rozbicie wyjściowego układu (2.30) na dwa układy równań (2.32) i (2.33) jest macierzowym odpowiednikiem dekompozycji (2.20) przestrzeni $V_h(\Omega)$ na część harmoniczną $\mathcal{H}V_h(\Omega)$ – równanie (2.32) – i rzut do niej ortogonalny

$\mathcal{P}V_h(\Omega)$ – równanie (2.33). Stąd układ równań algebraicznych (2.34) stanowi postać macierzową zagadnienia Schura (2.27). W ten sposób możemy równoważnie rozpatrywać albo funkcje określone tylko na szkielecie Γ (zob. zagadnienie (2.34)), albo funkcje dyskretnie harmoniczne (zob. zagadnienie (2.27)).

Macierz Schura $\boldsymbol{S}$ (2.31) zachowuje własności macierzy sztywności $\boldsymbol{A}$, takie jak symetryczność i dodatnia określoność. Nie jest ona co prawda, w przeciwieństwie do macierzy wyjściowego układu (2.7), macierzą rozrzedzoną, ale charakteryzuje się lepszym od niej wskaźnikiem uwarunkowania (patrz lematy 1.1 i 2.2). W dodatku jej rozmiar jest zmniejszony tylko do liczby punktów nodalnych na szkielecie Γ. Zauważmy także, że macierz $\boldsymbol{S}$ oraz wektor $\boldsymbol{g_\Gamma}$ prawej strony (2.34) można uzyskać w sposób równoległy odpowiednio z macierzy związanych z podobszarami Ω_i (oznaczanych poprzez dodanie numeru podobszaru i w górnym indeksie)

$$\boldsymbol{S}^{(i)} = \boldsymbol{A}^{(i)}_{\Gamma\Gamma} - \boldsymbol{A}^{(i)}_{\Gamma I}\boldsymbol{A}^{(i)^{-1}}_{II}\boldsymbol{A}^{(i)}_{I\Gamma} \tag{2.36}$$

oraz prawych stron

$$\boldsymbol{g}^{(i)}_{\Gamma} = \boldsymbol{f}^{(i)}_{\Gamma} - \boldsymbol{A}^{(i)}_{\Gamma I}\boldsymbol{A}^{(i)^{-1}}_{II}\boldsymbol{f}^{(i)}_{\Gamma}. \tag{2.37}$$

w wyniku sumowania po poszczególnych podobszarach:

$$\begin{aligned} \boldsymbol{S} &= \sum_{i=1}^{N} \boldsymbol{R}_i^T \boldsymbol{S}^{(i)} \boldsymbol{R}_i, \\ \boldsymbol{g_\Gamma} &= \sum_{i=1}^{N} \boldsymbol{R}_i^T \boldsymbol{g}^{(i)}_{\Gamma} \boldsymbol{R}_i. \end{aligned} \tag{2.38}$$

Przez $\boldsymbol{R_i}$ oznaczyliśmy macierz odpowiadającą operatorowi R_i obcięcia funkcji z przestrzeni

$$V(\Gamma) = \mathcal{H}V_h(\Omega)_{|\Gamma} \tag{2.39}$$

do przestrzeni

$$V_i(\Gamma_i) = \mathcal{H}_i V_i(\Omega_i)_{|\Gamma_i}. \tag{2.40}$$

Jest to macierz zero-jedynkowa, przy czym liczba niezerowych elementów jest stosunkowo niewielka i równa liczbie punktów nodalnych części szkieletu Γ_i. W praktyce macierz ta, mimo swojej rozrzedzonej struktury, nie musi być nawet przechowywana w pamięci komputera, gdyż wystarczy działanie na niej interpretować jako prosty wybór określonych zmiennych większego, to jest wymiaru liczby punktów nodalnych szkieletu, wektora. Podobnie wyznaczanie explicite macierzy $\boldsymbol{S}$ mimo, że jest wykonalne w sposób równoległy, jako szereg niezależnych operacji (patrz (2.36)) na N podobszarach, jest jednak kosztowne z obliczeniowego punktu widzenia i wymaga dużych nakładów pamięci, gdyż macierze te są gęste w odróżnieniu od wyjściowej macierzy $\boldsymbol{A}$. W praktyce jednak w iteracyjnych metodach strukturalnych nie ma potrzeby wyznaczania macierzy $\boldsymbol{S}$. Zamiast tego stosowana jest procedura mnożenia przez podmacierze $\boldsymbol{S}^{(i)}$ wykorzystująca mnożenia przez rozrzedzone macierze $\boldsymbol{A}_{I\Gamma}^{(i)}$, $\boldsymbol{A}_{\Gamma I}^{(i)}$ i $\boldsymbol{A}_{\Gamma\Gamma}^{(i)}$ oraz czynniki faktoryzacji macierzy $\boldsymbol{A}_{II}^{(i)}$ (porównaj uwagi dotyczące wyznaczania rozwiązania (1.30) w podrozdziale 1.3). Warto przypomnieć, iż rozwiązanie układu równań algebraicznych z macierzą $\boldsymbol{A}_{II}^{(i)}$, czyli mnożenie wektora przez jej odwrotność, sprowadza się w istocie do rozwiązania zagadnienia wyjściowego (1.1) z warunkiem brzegowym Dirichleta na podobszarze Ω_i (zob. też podrozdział 2.2). Efektywnym z numerycznego punktu widzenia sposobem rozwiązywania układów równań

$$\boldsymbol{A}_{II}^{(i)}\boldsymbol{u}_I^{(i)} = \boldsymbol{b}_I^{(i)} \tag{2.41}$$

z macierzami $\boldsymbol{A}_{II}^{(i)}$, które są symetryczne i dodatnio określone, jest dekompozycja Cholesky'ego-Banachiewicza LL^T tych macierzy:

$$\boldsymbol{A}_{II}^{(i)} = \boldsymbol{L}^{(i)}\left(\boldsymbol{L}^{(i)}\right)^T, \tag{2.42}$$

a następnie wykorzystanie czynników tej dekompozycji do obliczeń:

$$\boldsymbol{u}_I^{(i)} = \left(\boldsymbol{L}^{(i)^{-1}}\right)^T \boldsymbol{L}^{(i)^{-1}}\boldsymbol{b}_I^{(i)}. \tag{2.43}$$

W procesie iteracyjnym, szczególnie w przypadku dużej liczby podobszarów, pojawia się konieczność rozwiązywania takich układów równań wielokrotnie, więc dobrym pomysłem okazuje się wykonanie dekompozycji (2.42) jednokrotnie i zapamiętanie czynników faktoryzacji w celu użycia ich w dalszych obliczeniach.

Mając obliczone rozwiązanie $\boldsymbol{u}_\Gamma$ układu równań (2.34), czyli wartości w punktach nodalnych krawędzi i wierzchołków podobszarów, problem wyznaczenia niewiadomych w odpowiednich punktach nodalnych należących do wnętrz podobszarów, sprowadza się do niezależnych zagadnień z warunkami brzegowymi Dirichleta na poszczególnych podobszarach, które można rozwiązać całkowicie równolegle:

$$\boldsymbol{A}_{II}^{(i)}\boldsymbol{u}_I^{(i)} = \boldsymbol{f}_I^{(i)} - \boldsymbol{A}_{I\Gamma}^{(i)}\boldsymbol{u}_{\Gamma}^{(i)}. \tag{2.44}$$

Warto zauważyć, iż układ ten stanowi połączenie rozwiązania układów równań (2.33) i (2.35). Kluczowe natomiast pozostaje rozwiązanie samego układu (2.34) z macierzą $\boldsymbol{S}$. Projektowanie algorytmów w klasie iteracyjnych metod strukturalnych można zatem sprowadzić do znalezienia efektywnego preconditionera (porównaj podrozdział 1.4) dla zagadnienia Schura i operować tylko na przestrzeni $V(\Gamma)$ określonej tylko na szkielecie (zob. (2.39)).

Wprowadźmy jeszcze kilka oznaczeń ułatwiających konstrukcję i analizę algorytmów podanych w tym rozdziale. Dla danego punktu nodalnego x określmy zbiór indeksów podobszarów, do których on należy przez $\mathcal{N}_x$. Przez $\mathcal{N}_i$ oznaczmy zbiór indeksów podobszarów mających wspólne punkty nodalne z podobszarem Ω_i, zaś $\mathcal{N}_D$ i $\mathcal{N}_N$ niech oznaczają zbiory indeksów wszystkich podobszarów odpowiednio typu Dirichleta i Neumanna. Oczywiście

$$N = |\mathcal{N}_D| + |\mathcal{N}_N| \tag{2.45}$$

gdzie $|\cdot|$ oznacza moc zbioru. Oznaczenie $\mathcal{N}$ rezerwujemy na zbiór indeksów wszystkich podobszarów dekompozycji, zarówno typu Dirichleta, jak i Neumanna.

Kolejna część oznaczeń związana jest w punktami nodalnymi. I tak przez Γ_h będziemy oznaczać zbiór punktów nodalnych szkieletu. Analogicznie zbiory wszystkich punktów nodalnych z wnętrza obszaru Ω, wnętrza podobszaru Ω_i, leżących na brzegu obszaru Ω i brzegu podobszaru Ω_i będziemy oznaczać odpowiednio przez Ω_h, $\Omega_{i,h}$, $\partial\Omega_h$ i $\partial\Omega_{i,h}$. Niech dodatkowo

$$\overline{\Omega}_h = \Omega_h \cup \partial\Omega_h, \qquad \overline{\Omega}_{i,h} = \Omega_{i,h} \cup \partial\Omega_{i,h}, \qquad \Gamma_{i,h} = \Gamma_h \cap \partial\Omega_{i,h}. \tag{2.46}$$

Krawędź podobszaru Ω_i łączącą go z podobszarem Ω_j będziemy oznaczać przez

$\mathcal{E}_{ij}$. Zakładamy przy tym, że krawędzie są zbiorami otwartymi. Zauważmy, że geometrycznie

$$\mathcal{E}_{ij} = \mathcal{E}_{ji} \qquad \forall\, i, j \in \mathcal{N}. \tag{2.47}$$

Dla każdego podobszaru Ω_i określmy zbiory jego krawędzi $\mathcal{E}_i$:

$$\mathcal{E}_i = \{\mathcal{E}_{ij} \colon j \in \mathcal{N}_i\} \tag{2.48}$$

oraz wierzchołków $\mathcal{V}_i$:

$$\mathcal{V}_i = \{\mathcal{V} \in \partial\mathcal{E}_{ij} \colon\; j \in \mathcal{N}_i\}\,. \tag{2.49}$$

Przy tak przyjętych oznaczeniach spełniona jest zależność:

$$\Gamma_i = \mathcal{E}_i \cup \mathcal{V}_i. \tag{2.50}$$

Przejdźmy teraz do konstrukcji jednopoziomowej metody Dirichleta-Neumanna z niewiadomymi w punktach krzyżowych podobszarów Neumanna dla zagadnienia (2.27). Przez metodę jednopoziomową rozumiemy metodę, w której nie wykorzystuje się przestrzeni określonej na grubej triangulacji $\mathcal{T}^H(\Omega)$ (porównaj uwagi o przestrzeni V_0 w podrozdziale 1.4). Wykorzystamy tutaj abstrakcyjną teorię addytywnych metod Schwarza przedstawioną w podrozdziale 1.4. Za punkt wyjścia przyjmiemy zagadnienie Schura (2.27). Rozważać zatem będziemy formę dwuliniową

$$s(\cdot,\cdot) \colon V(\Gamma) \times V(\Gamma) \longrightarrow \mathbb{R} \tag{2.51}$$

oraz prawą stronę równania

$$g(\cdot) \colon V(\Gamma) \longrightarrow \mathbb{R}. \tag{2.52}$$

Kolejne zaś etapy konstrukcji preconditionera dla tego zagadnienia są następujące:

I <u>Dekompozycja przestrzeni $V(\Gamma)$:</u>

W konstruowanej metodzie nie dokonujemy dekompozycji przestrzeni i w związku z tym będziemy operować tylko na jednej przestrzeni:

$$V(\Gamma) = V_1,$$

przy czym operator $\mathcal{R}_1$ jest identycznością.

II Forma dwuliniowa:

Wprowadzamy formę dwuliniową

$$b(\cdot,\cdot)\colon\ V(\Gamma) \times V(\Gamma) \to \mathbb{R}$$

określoną wzorem:

$$b(u,v) = \sum_{i \in \mathcal{N}_N} s_i(u,v) \qquad \forall\, u, v \in V(\Gamma), \tag{2.53}$$

gdzie

$$s_i(u,v) = a_i\left(\mathcal{H}_i(u_{|\partial\Omega_i}), \mathcal{H}_i(v_{|\partial\Omega_i})\right),$$

a $\mathcal{H}_i v$ oznacza rozszerzenie dyskretnie harmoniczne funkcji w sensie formy $a_i(\cdot,\cdot)$ z v daną na brzegu $\partial\Omega_i$ podobszaru Ω_i (patrz definicja (2.15)).

III Operator quasi-rzutowy:

$$T_1\colon\ V(\Gamma) \longrightarrow V(\Gamma)$$

jest równy operatorowi $\widetilde{T}_1$ i określony równaniem

$$b(T_1 u, v) = s(u,v), \qquad \forall\, u, v \in V(\Gamma). \tag{2.54}$$

IV Równanie operatorowe:

Znaleźć $\widetilde{u} \in V(\Gamma)$ takie, że:

$$T\widetilde{u} = \widetilde{g}, \tag{2.55}$$

gdzie

$$\widetilde{g} = Tu^*, \tag{2.56}$$

a u^* jest rozwiązaniem zagadnienia (2.27). W tym przypadku addytywny operator Schwarza (1.47), składa się tylko z jednego składnika:

$$T = T_1 = \widetilde{T}_1$$

Opis abstrakcyjnej teorii z rozdziału 1.4 zawiera sposób obliczania prawej strony równania operatorowego (2.55). Pokażemy, że operator T jest odwracalny. Będzie to oznaczało, że rozwiązanie $\widetilde{u}$ jest jednoznaczne i równe jedynemu rozwiązaniu u^* zagadnienia (2.27). Dla każdego $v \in V(\Gamma)$ bowiem z (2.56) i (2.55) będziemy wówczas mieli:

$$s\left(u^*, v\right) = s\left(T^{-1}\widetilde{g}, v\right) = s\left(T^{-1}\left(T\widetilde{u}\right), v\right) = s\left(\widetilde{u}, v\right), \tag{2.57}$$

co dowodzi, że $\widetilde{u} = u^*$.

Analizę powyżej skonstruowanej metody Dirichleta-Neumanna w dwóch wymiarach sprowadzimy do udowodnienia, że spełnia ona założenia twierdzenia 1.1. Skorzystamy przy tym z szeregu lematów, które zebrane zostały w podrozdziale 2.5.

Założenie (A1) – stabilna dekompozycja. Dla danej funkcji u z przestrzeni $V(\Gamma)$ definiujemy jej jedyny element dekompozycji u_1 jako równy wyjściowej funkcji u. Musimy sprawdzić, że

$$b(u, u) \leq C_0^2 s(u, u),$$

czyli z definicji (2.53) formy dwuliniowej $b(\cdot, \cdot)$:

$$\sum_{i \in \mathcal{N}_N} s_i(u_1, u_1) \leq C_0^2 s(u, u) = C_0^2 \sum_{i \in \mathcal{N}} s_i(u, u). \tag{2.58}$$

Z definicji elementu dekompozycji u_1 oraz formy dwuliniowej $s(\cdot, \cdot)$ (zob. (2.28)) mamy:

$$\sum_{i \in \mathcal{N}_N} s_i(u_1, u_1) = \sum_{i \in \mathcal{N}_N} s_i(u, u) = s(u, u) - \sum_{i \in \mathcal{N}_D} s_i(u, u) \leq s(u, u). \tag{2.59}$$

Warunek (A1) jest zatem spełniony dla $C_0 = 1$.

Założenie (A2) – lokalna stabilność. Dla $u \in V(\Gamma)$ mamy udowodnić:

$$s(u,u) \leq \omega b(u,u).$$

Z definicji (2.28) formy dwuliniowej $s(\cdot,\cdot)$ oraz lematu 2.1 prawą stronę tego warunku można zapisać w postaci:

$$s(u,u) \leq C_1 \left(\sum_{i\in\mathcal{N}_D} |u|^2_{H^{1/2}(\partial\Omega_i)} + \sum_{i\in\mathcal{N}_N} |u|^2_{H^{1/2}(\partial\Omega_i)} \right), \tag{2.60}$$

przy czym z definicji (2.53) formy dwuliniowej $b(\cdot,\cdot)$ wystarczy oszacować tylko wyrazy $|u|_{H^{1/2}(\partial\Omega_i)}$ dla i będących indeksami podobszarów typu Dirichleta. Każdy wyraz tej postaci można rozbić na:

$$|u|^2_{H^{1/2}(\partial\Omega_i)} \leq C_2 \left(\left|I^H u\right|^2_{H^{1/2}(\partial\Omega_i)} + \left|u - I^H u\right|^2_{H^{1/2}(\partial\Omega_i)} \right), \tag{2.61}$$

gdzie $I^H u$ jest liniowym interpolantem funkcji u opartym na wierzchołkach podziału obszaru Ω na podobszary. Z lematu 2.4 wynika oszacowanie:

$$|u|^2_{H^{1/2}(\partial\Omega_i)} \leq C_3 \left(1 + \log\frac{H}{h}\right)^2 \sum_{j\in\mathcal{N}_i\cap\mathcal{N}_N} |u|^2_{H^{1/2}(\partial\Omega_j)}. \tag{2.62}$$

Sumując po $i \in \mathcal{N}_D$ i uwzględniając ograniczoną z góry liczbę sąsiadujących z podobszarem Ω_i typu Dirichleta podobszarów Ω_j typu Neumanna mamy:

$$\sum_{i\in\mathcal{N}_D} \sum_{j\in\mathcal{N}_i\cap\mathcal{N}_N} |u|^2_{H^{1/2}(\partial\Omega_j)} \leq C_4 \sum_{k\in\mathcal{N}_N} |u|^2_{H^{1/2}(\partial\Omega_k)} \leq C_5 b(u,u). \tag{2.63}$$

Nierówności (2.60), (2.62) oraz (2.63) prowadzą do ostatecznego oszacowania w warunku (A2) ze stałą

$$C_1 + C_5 \left(1 + \log\frac{H}{h}\right)^2 \leq C \left(1 + \log\frac{H}{h}\right)^2 = \omega, \tag{2.64}$$

gdzie C nie zależy od parametrów triangulacji h i H.

Założenie (A3) – wzmocniona nierówność Cauchy-Schwarza. Ze względu na dekompozycję składającą się tylko z jednej przestrzeni promień spektralny $\varrho(\boldsymbol{E})$ macierzy $\boldsymbol{E}$ z warunku (A3) jest równy jeden.

Udowodniliśmy w ten sposób

Twierdzenie 2.1
Operator T określony w (2.54) jest odwracalny oraz

$$cond(T) \leq C\left(1 + \log\frac{H}{h}\right)^2,$$

gdzie C jest stałą niezależną od h i H.

Oszacowanie to jest prawie optymalne (w sensie definicji podanej w podrozdziale 1.3) z dokładnością do czynnika $\left(1 + \log\frac{H}{h}\right)^2$.

2.2 Macierzowa postać metody

W poprzednim podrozdziale przedstawiliśmy konstrukcję metody Dirichleta-Neumanna z punktami krzyżowymi w dwóch wymiarach. W tym natomiast wyprowadzimy macierzową postać preconditionera dla macierzy Schura $\boldsymbol{S}$ oraz przedstawimy dokładny algorytm rozwiązywania zagadnienia dyskretnego (2.7) oparty na tej metodzie.

Przypomnijmy definicję (2.54) addytywnego operatora Schwarza T:

$$b(Tu, v) = s(u, v) \qquad \forall u, v \in V(\Gamma).$$

Z definicji formy dwuliniowej $b(\cdot, \cdot)$ (zob. (2.53)) dostajemy:

$$\sum_{i \in \mathcal{N}_N} s_i(Tu, v) = s(u, v), \tag{2.65}$$

a w postaci macierzowej

$$\sum_{i\in\mathcal{N}_N} (\boldsymbol{R}_i\boldsymbol{v})^T \boldsymbol{S}^{(i)}(\boldsymbol{R}_i\boldsymbol{T}\boldsymbol{u}) = \boldsymbol{v}^T\boldsymbol{S}\boldsymbol{u}, \tag{2.66}$$

gdzie (porównaj (2.38)) $\boldsymbol{R}_i$ jest macierzą operatora

$$R_i\colon V(\Gamma) \longrightarrow V_i(\Gamma_i).$$

Po przekształceniach dostajemy równoważną postać:

$$\left(\sum_{i\in\mathcal{N}_N} \boldsymbol{R}_i^T\boldsymbol{S}^{(i)}\boldsymbol{R}_i\right)(\boldsymbol{T}\boldsymbol{u}) = \boldsymbol{S}\boldsymbol{u}. \tag{2.67}$$

Wynika stąd, że preconditioner $\boldsymbol{S_N}$ dany jest wzorem:

$$\boldsymbol{S_N} = \sum_{i\in\mathcal{N}_N} \boldsymbol{R}_i^T\boldsymbol{S}^{(i)}\boldsymbol{R}_i. \tag{2.68}$$

Pozostaje to w zgodzie z przewidywaniami ogólnej teorii metod Schwarza (zob. (1.50)) i sprowadza zagadnienie (2.7) do układu równań z macierzą

$$\boldsymbol{T} = \boldsymbol{S_N}^{-1}\boldsymbol{S}. \tag{2.69}$$

Zauważmy, że w przypadku takiego podziału na podobszary, że punkty krzyżowe nie występują (zob. rys. 2.2), $\boldsymbol{S_N}$ jest macierzą blokowo-diagonalną, przy czym każdy taki blok odpowiada jednemu podobszarowi. Wówczas jej odwrotność można policzyć poprzez zrównoleglenie obliczeń na podobszarach typu Neumanna:

$$\boldsymbol{S_N}^{-1} = \sum_{i\in\mathcal{N}_N} \boldsymbol{R}_i^T{\boldsymbol{S}^{(i)}}^{-1}\boldsymbol{R}_i. \tag{2.70}$$

Sytuacja jest znacznie trudniejsza w przypadku gdy podobszary typu Neumanna są ze sobą powiązane poprzez wierzchołki. Oczywiście nie wyznaczamy wówczas macierzy odwrotnej explicite, tylko rozwiązujemy układ równań algebraicznych

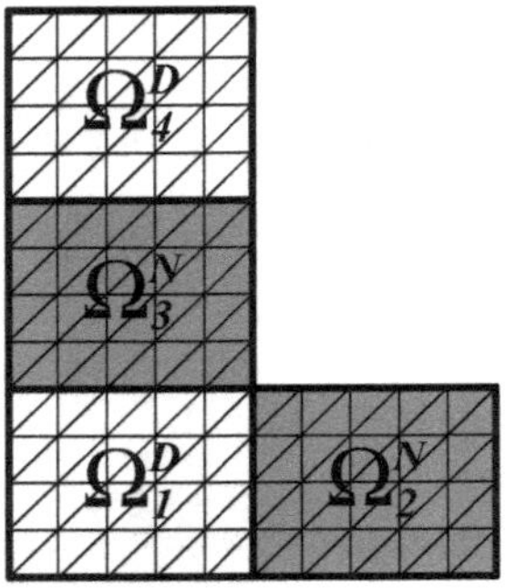

Rysunek 2.2: Przykładowy podział obszaru Ω (tak zwany L-obszar) na podobszary nie zawierający punktów krzyżowych.

z macierzą $\boldsymbol{S_N}$ i pewną prawą stroną $\boldsymbol{b_\Gamma}$:

$$\boldsymbol{S_N u_\Gamma} = \boldsymbol{b_\Gamma}. \tag{2.71}$$

Algorytm Dirichleta-Neumanna przedstawimy, dla czytelności opisu, na podstawie metody iteracyjnej Richardsona (patrz na przykład [45, str. 399])

$$\boldsymbol{u}_\Gamma^{n+1} = \boldsymbol{u}_\Gamma^n - \tau \boldsymbol{S}_N^{-1} \left(\boldsymbol{S} \boldsymbol{u}_\Gamma^n - \boldsymbol{g}_\Gamma \right), \tag{2.72}$$

gdzie τ jest tak zwanym parametrem relaksacji. Jeżeli przez $\lambda_{\max}$ i $\lambda_{\min}$ oznaczymy odpowiednio najmniejszą i największą wartość własną macierzy $\boldsymbol{S_N}$, to można udowodnić (porównaj [16, str. 63]), że metoda Richardsona jest zbieżna wtedy i tylko wtedy, gdy $\tau \in \left(0, \frac{2}{\lambda_{\max}}\right)$, a zbieżność ta jest najszybsza dla

$$\tau_{\text{opt}} = \frac{2}{\lambda_{\max} + \lambda_{\min}}.$$

W praktyce znacznie szybsza (patrz [42]) jest metoda gradientów sprzężonych (ang. *Preconditioned Conjugate Gradient*) i w eksperymentach numerycznych (zob. podrozdział 2.4) właśnie ta metoda była stosowana. Z postaci (2.72) widać, że w każdej iteracji musimy wykonać mnożenie przez macierz $\boldsymbol{S}$ oraz rozwiązać układ równań z macierzą $\boldsymbol{S_N}$. Jak już było wspomniane w poprzednich podrozdziałach (porównaj np. (2.34)) mnożenie przez macierz $\boldsymbol{S}$ może być wykonane jako suma niezależnych działań na podmacierzach $\boldsymbol{S}^{(i)}$. Pozostaje zatem opisać jak radzić sobie z rozwiązywaniem układu równań (2.71). Można go przedstawić przy pomocy macierzy $\boldsymbol{A}$ wyjściowego układu (2.7) ograniczonej tylko do elementów związanych z podobszarami typu Neumanna (oznaczanych indeksami N):

$$\begin{pmatrix} \boldsymbol{A}_{NN} & \boldsymbol{A}_{N\boldsymbol{\Gamma}} \\ \boldsymbol{A}_{\boldsymbol{\Gamma}N} & \boldsymbol{A}^{N}_{\boldsymbol{\Gamma\Gamma}} \end{pmatrix} \begin{pmatrix} \boldsymbol{u}_N \\ \boldsymbol{u}_{\boldsymbol{\Gamma}} \end{pmatrix} = \begin{pmatrix} 0 \\ \boldsymbol{b}_{\boldsymbol{\Gamma}} \end{pmatrix}. \tag{2.73}$$

Wykorzystując blokową eliminację Gaussa możemy sprowadzić to zadanie do zadania wymiaru liczby punktów krzyżowych. Podzielmy w tym celu niewiadome szkieletu na należące do krawędzi $\boldsymbol{u}_{\mathcal{E}}$ oraz związane z punktami krzyżowymi $\boldsymbol{u}_{\mathcal{C}}$:

$$\boldsymbol{u}_{\boldsymbol{\Gamma}} = [\boldsymbol{u}_{\mathcal{E}},\ \boldsymbol{u}_{\mathcal{C}}]^T. \tag{2.74}$$

Układ (2.73) można wówczas zapisać w równoważnej postaci:

$$\begin{pmatrix} \boldsymbol{A}_{NN} & \boldsymbol{A}_{N\mathcal{E}} & 0 \\ \boldsymbol{A}_{\mathcal{E}N} & \boldsymbol{A}^{N}_{\mathcal{E}\mathcal{E}} & \boldsymbol{A}^{N}_{\mathcal{E}\mathcal{C}} \\ 0 & \boldsymbol{A}^{N}_{\mathcal{C}\mathcal{E}} & \boldsymbol{A}^{N}_{\mathcal{C}\mathcal{C}} \end{pmatrix} \begin{pmatrix} \boldsymbol{u}_N \\ \boldsymbol{u}_{\mathcal{E}} \\ \boldsymbol{u}_{\mathcal{C}} \end{pmatrix} = \begin{pmatrix} 0 \\ \boldsymbol{b}_{\mathcal{E}} \\ \boldsymbol{b}_{\mathcal{C}} \end{pmatrix}, \tag{2.75}$$

gdzie

$$\boldsymbol{b}_{\boldsymbol{\Gamma}} = [\boldsymbol{b}_{\mathcal{E}},\ \boldsymbol{b}_{\mathcal{C}}]^T. \tag{2.76}$$

Zwróćmy uwagę, że macierz

$$\begin{pmatrix} \boldsymbol{A}_{NN} & \boldsymbol{A}_{N\mathcal{E}} \\ \boldsymbol{A}_{\mathcal{E}N} & \boldsymbol{A}^{N}_{\mathcal{E}\mathcal{E}} \end{pmatrix} = \operatorname{diag}\left\{ \begin{pmatrix} \boldsymbol{A}^{(i)}_{NN} & \boldsymbol{A}^{(i)}_{N\mathcal{E}} \\ \boldsymbol{A}^{(i)}_{\mathcal{E}N} & \boldsymbol{A}^{N,(i)}_{\mathcal{E}\mathcal{E}} \end{pmatrix} \right\}_{i\in\mathcal{N}_N} \tag{2.77}$$

ma strukturę blokowo-diagonalną ze względu na podobszary typu Neumanna. W związku z tym jest ona odwracalna i możemy zastosować blokową eliminację

Gaussa otrzymując:

$$\begin{pmatrix} \boldsymbol{A}_{NN} & \boldsymbol{A}_{N\mathcal{E}} & 0 \\ \boldsymbol{A}_{\mathcal{E}N} & \boldsymbol{A}^N_{\mathcal{E}\mathcal{E}} & \boldsymbol{A}^N_{\mathcal{E}\mathcal{C}} \\ 0 & 0 & \boldsymbol{S}^N_{\mathcal{C}\mathcal{C}} \end{pmatrix} \begin{pmatrix} \boldsymbol{u}_N \\ \boldsymbol{u}_{\mathcal{E}} \\ \boldsymbol{u}_{\mathcal{C}} \end{pmatrix} = \begin{pmatrix} 0 \\ \boldsymbol{b}_{\mathcal{E}} \\ \widetilde{\boldsymbol{b}}_{\mathcal{C}} \end{pmatrix}. \tag{2.78}$$

gdzie:

$$\boldsymbol{S}^N_{\mathcal{C}\mathcal{C}} = \sum_{i \in \mathcal{N}_N} \boldsymbol{R}^T_{\mathcal{C}_i} \boldsymbol{S}^{N,i}_{\mathcal{C}\mathcal{C}} \boldsymbol{R}_{\mathcal{C}_i}, \tag{2.79}$$

$$\boldsymbol{S}^{N,i}_{\mathcal{C}\mathcal{C}} = \boldsymbol{A}^{(i)}_{\mathcal{C}\mathcal{C}} - \left[0,\ \boldsymbol{A}^{(i)}_{\mathcal{C}\mathcal{E}}\right] \begin{pmatrix} \boldsymbol{A}^{(i)}_{NN} & \boldsymbol{A}^{(i)}_{N\mathcal{E}} \\ \boldsymbol{A}^{(i)}_{\mathcal{E}N} & \boldsymbol{A}^{N,(i)}_{\mathcal{E}\mathcal{E}} \end{pmatrix}^{-1} \begin{bmatrix} 0 \\ \boldsymbol{A}^{(i)}_{\mathcal{E}\mathcal{C}} \end{bmatrix}, \tag{2.80}$$

$$\widetilde{\boldsymbol{b}}_{\mathcal{C}} = \sum_{i \in \mathcal{N}_N} \boldsymbol{R}^T_{\mathcal{C}_i} \widetilde{\boldsymbol{b}}^{(i)}_{\mathcal{C}} \boldsymbol{R}_{\mathcal{C}_i}, \tag{2.81}$$

$$\widetilde{\boldsymbol{b}}^{(i)}_{\mathcal{C}} = \boldsymbol{b}^{(i)}_{\mathcal{C}} - \left[0,\ \boldsymbol{A}^{(i)}_{\mathcal{C}\mathcal{E}}\right] \begin{pmatrix} \boldsymbol{A}^{(i)}_{NN} & \boldsymbol{A}^{(i)}_{N\mathcal{E}} \\ \boldsymbol{A}^{(i)}_{\mathcal{E}N} & \boldsymbol{A}^{N,(i)}_{\mathcal{E}\mathcal{E}} \end{pmatrix}^{-1} \begin{bmatrix} 0 \\ \boldsymbol{b}^{(i)}_{\mathcal{E}} \end{bmatrix}. \tag{2.82}$$

Przez $\boldsymbol{R}_{\mathcal{C}_i}$ oznaczyliśmy macierz odpowiadającą operatorowi $R_{\mathcal{C}_i}$ obcięcia wektora niewiadomych związanych ze wszystkimi punktami krzyżowymi do niewiadomych związanych z punktami krzyżowymi podobszaru Ω_i. Zauważmy przy tym, że ze wzorów (2.82) oraz (2.80), zarówno prawą stronę $\widetilde{\boldsymbol{b}}_{\mathcal{C}}$ powyższego równania, jak i jego macierz $\boldsymbol{S}^N_{\mathcal{C}\mathcal{C}}$ można wyznaczyć równolegle poprzez niezależne operacje na podobszarach typu Neumanna. Każdy ciąg takich operacji obejmuje mnożenia przez rozrzedzone macierze $\boldsymbol{A}^{(i)}_{\mathcal{E}\mathcal{C}}$, $\boldsymbol{A}^{(i)}_{\mathcal{C}\mathcal{E}}$ i $\boldsymbol{A}^{(i)}_{\mathcal{C}\mathcal{C}}$ oraz rozwiązanie układu równań z podmacierzą macierzy (2.77), który reprezentuje zagadnienie na podobszarze Ω_i z warunkiem brzegowym Dirichleta w wierzchołkach podobszaru, a warunkiem brzegowym Neumanna w pozostałych punktach nodalnych brzegu Γ_i.

Zadanie (2.71) sprowadziliśmy zatem do rozwiązania układu liniowych równań algebraicznych

$$\boldsymbol{S}^N_{\mathcal{C}\mathcal{C}} \boldsymbol{u}_{\mathcal{C}} = \widetilde{\boldsymbol{b}}_{\mathcal{C}}. \tag{2.83}$$

Rozmiar macierzy $\boldsymbol{S}^N_{\mathcal{C}\mathcal{C}}$ jest zdecydowanie mniejszy niż macierzy $\boldsymbol{S}_N$, bo równy dokładnie liczbie punktów krzyżowych. W dodatku jest to macierz rozrzedzona. Z (2.79) i (2.80) wynika, że niezerowe elementy występują tylko na diagonali oraz dla par punktów krzyżowych należących do tego samego podobszaru. Układ (2.83) jest problemem globalnym i zapewnia w naturalny sposób wymianę informacji pomiędzy podobszarami. Dzięki temu metoda nie zależy od liczby podobszarów (zob. tw. 2.1) i jest prawie optymalna (porównaj definicje z podrozdziału 1.3). Do rozwiązania (2.83) można użyć metod bezpośrednich, na przykład eliminacji Gaussa (patrz [42]). Istnieje również możliwość rozwiązywania układu iteracyjnie, ale wówczas proces iteracyjny należy przerywać dopiero po osiągnięciu rozwiązania z dokładnością na poziomie precyzji arytmetyki zmiennoprzecinkowej, w jakiej wykonywane były obliczenia. W przeciwnym razie istnieje duże prawdopodobieństwo, że niedokładności przełożą się bezpośrednio na problemy z zachowaniem własności harmoniczności szukanego w procesie iteracyjnym rozwiązania. Powinniśmy zatem traktować również ten sposób rozwiązania jako metodę bezpośrednią. Istnieją monografie, w których rozważane są przybliżone obliczenia na podobszarach (porównaj [45, str. 96]), ale w tej pracy ograniczymy się tylko do przypadku dokładnych lokalnych obliczeń (ang. *exact solvers*), gdyż ich analiza i zrozumienie jest podstawą do wszelkich dalszych uogólnień. Przy opisie metod zakładać będziemy zatem, że obliczenia związane z każdym podobszarem jesteśmy w stanie wykonać z dowolną precyzją.

Czas obliczeń w każdej iteracji można skrócić dokonując operacji faktoryzacji macierzy związanych z konkretnym podobszarem i zapamiętać jej czynniki. W przypadku macierzy symetrycznych i dodatnio określonych stosunkowo efektywny z numerycznego punktu widzenia sposób faktoryzacji, to wykonanie dekompozycji Cholesky'ego-Banachiewicza LL^T macierzy (patrz [16, str. 50]). Przykładowo faktoryzacja podmacierzy macierzy (2.77)

$$\begin{pmatrix} \boldsymbol{A}_{NN}^{(i)} & \boldsymbol{A}_{N\mathcal{E}}^{(i)} \\ \boldsymbol{A}_{\mathcal{E}N}^{(i)} & \boldsymbol{A}_{\mathcal{E}\mathcal{E}}^{N,(i)} \end{pmatrix} = \boldsymbol{L}_i^N \left(\boldsymbol{L}_i^N\right)^T, \tag{2.84}$$

może zostać wykorzystana w celu przedstawienia (2.80) oraz (2.82) w korzystniejszej z punktu widzenia obliczeń postaci:

$$\begin{aligned} \boldsymbol{X}_i^N &= \left(\boldsymbol{L}_i^N\right)^{-1} \left[0,\ \boldsymbol{A}_{\mathcal{C}\mathcal{E}}^{(i)}\right], \\ \boldsymbol{S}_{\mathcal{C}\mathcal{C}}^{N,\,i} &= \boldsymbol{A}_{\mathcal{C}\mathcal{C}}^{(i)} - \left(\boldsymbol{X}_i^N\right)^T \boldsymbol{X}_i^N, \\ \widetilde{\boldsymbol{b}}_{\mathcal{C}}^{(i)} &= \boldsymbol{b}_{\mathcal{C}}^{(i)} - \left(\boldsymbol{X}_i^N\right)^T \left(\boldsymbol{L}_i^N\right)^{-1} \begin{bmatrix} 0 \\ \boldsymbol{b}_{\mathcal{E}}^{(i)} \end{bmatrix}. \end{aligned} \tag{2.85}$$

Dla pełnego obrazu przedstawmy teraz kolejne kroki jednopoziomowego algorytmu Dirichleta-Neumanna z punktami krzyżowymi:
PRECOMPUTING

1. dla każdego $i \in \mathcal{N}$ wykonaj faktoryzację macierzy $\boldsymbol{A}_{II}^{(i)}$, oblicz prawą stronę zagadnienia Schura (2.34) oraz wyznacz lokalne macierze Schura:

   (a) wykonaj dekompozycję Cholesky'ego-Banachiewicza:

   $$\boldsymbol{A}_{II}^{(i)} = \boldsymbol{L}_i \boldsymbol{L}_i^T$$

   (b) odwróć macierz $\boldsymbol{L}_i$:

   $$\widetilde{\boldsymbol{L}}_i = \boldsymbol{L}_i^{-1}$$

   (c) $\boldsymbol{X}_i = \widetilde{\boldsymbol{L}}_i \boldsymbol{A}_{I\Gamma}^{(i)}$

   (d) $\mathbf{g}_\Gamma^{(i)} = \boldsymbol{f}_\Gamma^{(i)} - \boldsymbol{X}_i^T \widetilde{\boldsymbol{L}}_i \boldsymbol{f}_I^{(i)}$

   (e) $\boldsymbol{S}^{(i)} = \boldsymbol{A}_{\Gamma\Gamma}^{(i)} - \boldsymbol{X}_i^T \boldsymbol{X}_i$

2. dla każdego $i \in \mathcal{N}_N$ wykonaj faktoryzację macierzy (2.84):

   (a) wykonaj dekompozycję Cholesky'ego-Banachiewicza:

   $$\begin{pmatrix} \boldsymbol{A}_{NN}^{(i)} & \boldsymbol{A}_{N\mathcal{E}}^{(i)} \\ \boldsymbol{A}_{\mathcal{E}N}^{(i)} & \boldsymbol{A}_{\mathcal{E}\mathcal{E}}^{N,\,(i)} \end{pmatrix} = \boldsymbol{L}_i^N \left(\boldsymbol{L}_i^N\right)^T$$

   (b) odwróć macierz $\boldsymbol{L}_i^N$:

   $$\widetilde{\boldsymbol{L}}_i^N = \left(\boldsymbol{L}_i^N\right)^{-1}$$

(c) oblicz $\boldsymbol{X}_i^N = \widetilde{\boldsymbol{L}}_i^N \left[0,\ \boldsymbol{A}_{\mathcal{C}\mathcal{E}}^{(i)}\right]$

(d) oblicz $\boldsymbol{S}_{\mathcal{C}\mathcal{C}}^{N,\,i} = \boldsymbol{A}_{\mathcal{C}\mathcal{C}}^{(i)} - \left(\boldsymbol{X}_i^N\right)^T \boldsymbol{X}_i^N$

3. oblicz macierz $\boldsymbol{S}_{\mathcal{C}\mathcal{C}}^N$ i prawą stronę $\boldsymbol{g}_\Gamma$:

(a) $\boldsymbol{S}_{\mathcal{C}\mathcal{C}}^N = \sum\limits_{i\in\mathcal{N}_N} \boldsymbol{R}_{\mathcal{C}_i}^T \boldsymbol{S}_{\mathcal{C}\mathcal{C}}^{N,\,i}$

(b) $\boldsymbol{g}_\Gamma = \sum\limits_{i\in\mathcal{N}} \boldsymbol{R}_i^T \boldsymbol{g}_\Gamma^{(i)}$

COMPUTING

W n-tej iteracji mamy dany wektor $\boldsymbol{u}_\Gamma^n$ (za $\boldsymbol{u}_\Gamma^0$ można przyjąć wektor zerowy):

1. oblicz prawą stronę $\boldsymbol{b}_\Gamma = \left(\sum\limits_{i\in\mathcal{N}} \boldsymbol{R}_i^T \boldsymbol{S}^{(i)} \boldsymbol{R}_i \boldsymbol{u}_\Gamma^n - \boldsymbol{g}_\Gamma\right) = [\boldsymbol{b}_\mathcal{E},\ \boldsymbol{b}_\mathcal{C}]^T$

2. oblicz $\widetilde{\boldsymbol{b}}_\mathcal{C} = \sum\limits_{i\in\mathcal{N}_N} \boldsymbol{R}_{\mathcal{C}_i}^T \left(\boldsymbol{b}_\mathcal{C}^{(i)} - \left(\boldsymbol{X}_i^N\right)^T \widetilde{\boldsymbol{L}}_i^N \begin{bmatrix} 0 \\ \boldsymbol{b}_\mathcal{E}^{(i)} \end{bmatrix}\right)$

3. rozwiąż metodą eliminacji Gaussa układ liniowych równań algebraicznych:

$$\boldsymbol{S}_{\mathcal{C}\mathcal{C}}^N \boldsymbol{u}_\mathcal{C}^{n+1} = \widetilde{\boldsymbol{b}}_\mathcal{C}$$

4. dla każdego $i \in \mathcal{N}_N$ oblicz:

(a) $\widetilde{\boldsymbol{b}}_\mathcal{E}^{(i)} = \boldsymbol{b}_\mathcal{E}^{(i)} - \boldsymbol{A}_{\mathcal{E}\mathcal{C}}^{(i)} \boldsymbol{u}_\mathcal{C}^{(i),\,n+1}$

(b) $\left[\boldsymbol{u}_N^{(i),\,n+1},\ \boldsymbol{u}_\mathcal{E}^{(i),\,n+1}\right] = \left(\widetilde{\boldsymbol{L}}_i^N\right)^T \widetilde{\boldsymbol{L}}_i^N \begin{bmatrix} 0 \\ \widetilde{\boldsymbol{b}}_\mathcal{E}^{(i)} \end{bmatrix}$

Aproksymacja rozwiązania w $(n+1)$-szej iteracji jest równa:

$$\boldsymbol{u}_\Gamma^{n+1} = \boldsymbol{u}_\Gamma^n - \tau_{\text{opt}} \left[\boldsymbol{u}_\mathcal{E}^{n+1},\ \boldsymbol{u}_\mathcal{C}^{n+1}\right]^T$$

POSTCOMPUTING

Dane mamy rozwiązanie $\boldsymbol{u}_\Gamma$ na szkielecie Γ. Dla każdego $i \in \mathcal{N}$:

1. oblicz $\widetilde{\boldsymbol{f}}_I^{(i)} = \boldsymbol{f}_I^{(i)} - \boldsymbol{A}_{I\Gamma}^{(i)} \boldsymbol{u}_\Gamma^{(i)}$

2. oblicz $\boldsymbol{u}_I^{(i)} = \widetilde{\boldsymbol{L}}_i^T \widetilde{\boldsymbol{L}}_i \widetilde{\boldsymbol{f}}_I^{(i)}$

Rozwiązanie jest równe:

$$\boldsymbol{u} = [\boldsymbol{u}_I, \boldsymbol{u}_\Gamma]^T,$$

przy czym w praktyce nie ma potrzeby zapamiętywania niewiadomych $\boldsymbol{u}_I$ z wnętrz podobszarów. Zawsze możemy je wyznaczyć na podstawie danych ze szkieletu $\boldsymbol{u}_\Gamma$ (zob. POSTCOMPUTING, punkt 2).

Prawie wszystkie kroki algorytmu sprowadzają się do niezależnych obliczeń na podobszarach. Wyjątkiem jest rozwiązanie globalnego zadania w postaci układu równań algebraicznych z rozrzedzoną macierzą $\boldsymbol{S}_{\boldsymbol{CC}}^N$. Wymiar tego zadania jest jednak niewielki w porównaniu z wymiarem zadania wyjściowego (2.34). W przypadku niektórych podziałów na podobszary punkty krzyżowe nie występują (patrz rys. 2.2) i wówczas wszystkie obliczenia można wykonać całkowicie równolegle. Obliczenia te nie różnią się zasadniczo od obliczeń dla dwóch podobszarów przedstawionych w podrozdziale 1.3.

2.3 Modyfikacje metody Dirichleta-Neumanna

Bezpośrednią konsekwencją podziału wyjściowego obszaru Ω w dwóch wymiarach na dużą liczbę podobszarów typu Neumanna i Dirichleta jest obecność punktów krzyżowych, wiążących ze sobą podobszary typu Neumanna (zob. rys. 2.1). Formalnie przez punkty krzyżowe rozumiemy zbiór

$$\mathcal{V}_C = \{\nu \in \mathcal{V}_i \setminus \partial\Omega \colon i \in \mathcal{N}\}. \tag{2.86}$$

Dla niektórych podziałów na podobszary, na przykład w przypadku dwóch podobszarów (rys. 1.5) czy L-obszarów (rys. 2.2), punkty krzyżowe nie występują. Można wtedy przeprowadzić obliczenia całkowicie niezależnie na poszczególnych podobszarach. W podrozdziale tym przedstawimy konstrukcję metody dla dużej liczby podobszarów, w której obliczenia na podobszarach, tak jak w przypadku podziałów bez punktów krzyżowych, wykonywane są całkowicie niezależnie od siebie. Zrezygnujemy tym samym z założenia ciągłości w wierzchołkach podobszarów (zob. rys. 2.3) i nie będziemy musieli rozwiązywać żadnego globalnego zadania. Niestety wiąże się to z niespełnieniem kryterium optymalności (zob. podrozdział 1.3), a tym samym wolniejszą szybkością zbieżności procesu iteracyjnego.

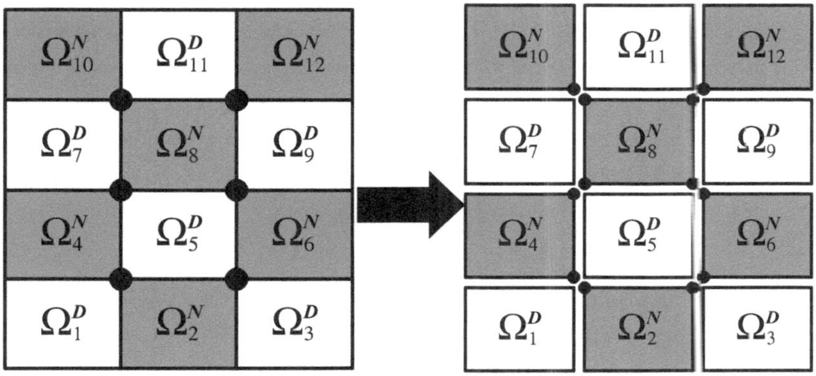

Rysunek 2.3: Porównanie ciągłej i nieciągłej metody Dirichleta-Neumanna. Punkty krzyżowe oznaczone zostały kółkami.

Stosując abstrakcyjną teorię addytywnych metod Schwarza z podrozdziału 1.4 opiszemy kolejne etapy konstrukcji preconditionera dla zagadnienia Schura (2.27) (porównaj analizę metody z podrozdziału 2.1).

I Dekompozycja przestrzeni $V(\Gamma)$:

Dokonajmy dekompozycji przestrzeni

$$V(\Gamma) = \sum_{i \in \mathcal{N}_N} R_i^T V_i(\Gamma_i), \tag{2.87}$$

gdzie jak poprzednio (zob. (2.39) i (2.40))

$$V(\Gamma) = \mathcal{H} V_h(\Omega)_{|\Gamma}$$

jest przestrzenią określoną tylko na szkielecie, $V_i(\Gamma_i)$ są przestrzeniami lokalnymi:

$$V_i(\Gamma_i) = V(\Gamma)_{|\Gamma_i},$$

natomiast R_i^T jest (porównaj (2.38)) operatorem rozszerzenia zerami funkcji z przestrzeni $V_i(\Gamma_i)$ na przestrzeń $V(\Gamma)$. Zwróćmy uwagę, iż w definicji (2.87) dekompozycji przestrzeni $V(\Gamma)$ sumowanie odbywa się tylko po indeksach podobszarów typu Neumanna. Do otrzymania całej przestrzeni określonej na szkielecie to wystarczy, gdyż każda krawędź podobszaru typu Dirichleta leży na brzegu obszaru Ω albo jest jednocześnie krawędzią podobszaru typu Neumanna i jako taka została już uwzględniona przy sumowaniu. Aby pokazać formalnie, że jest to rzeczywiście dekompozycja weźmiemy dowolną funkcję u z przestrzeni $V(\Gamma)$ i zdefiniujmy dla $i \in \mathcal{N}_N$ elementy dekompozycji jako:

$$u_i = \left(\mathcal{H}_i I^h \left(\mu_i^{-1} u_{|\Gamma_i}\right)\right)_{|\Gamma_i} \in V_i(\Gamma_i), \tag{2.88}$$

gdzie I^h jest liniowym interpolantem określonym na wierzchołkach drobnej triangulacji $\mathcal{T}^h(\Omega)$, zaś μ_i jest funkcją kawałkami liniową i ciągłą na $\partial\Omega_i$ o wartościach w punktach nodalnych $x \in \Gamma_i$ danych wzorem:

$$\mu_i(x) = |\mathcal{N}_x \cap \mathcal{N}_N| \,. \tag{2.89}$$

Funkcje te stanowią tak zwaną dekompozycję jedynki (porównaj funkcje liczące ν_i z [21]), to jest dla każdego $x \in \Gamma \cup \partial\Omega$:

$$\sum_{i \in \mathcal{N}_N \cap \mathcal{N}_x} \mu_i^{-1}(x) \equiv 1. \tag{2.90}$$

Wówczas dla dowolnego punktu nodalnego x należącego do wnętrza krawędzi $\mathcal{E}$ podobszaru Ω_i typu Neumanna

$$\mu_i(x) = 1$$

i z definicji u_i mamy

$$\left(\sum_{i \in \mathcal{N}_N} R_i^T u_i\right)(x) = u_{|\Gamma_i}(x) = u(x).$$

Dla punktu krzyżowego x natomiast, dla każdego $i \in \mathcal{N}_x \cap \mathcal{N}_N$, czyli indeksu podobszaru typu Neumanna, który go zawiera

$$u_i(x) = \frac{u(x)}{|\mathcal{N}_x \cap \mathcal{N}_N|}$$

i stąd

$$\sum_{i \in \mathcal{N}_N} R_i^T u_i(x) = \sum_{i \in \mathcal{N}_x \cap \mathcal{N}_N} \frac{u(x)}{|\mathcal{N}_x \cap \mathcal{N}_N|} = u(x).$$

Funkcje dyskretnie harmoniczne (patrz (2.15)) są zdefiniowane całkowicie przez wartości na brzegu podobszaru. Dane wartości na brzegach podobszarów typu Neumanna stanowią jednocześnie wartości na brzegach podobszarów typu Dirichleta, więc można je rozszerzyć dyskretnie harmonicznie na każdy podobszar, będący elementem triangulacji $\mathcal{T}^H(\Omega)$.

II Formy dwuliniowe:

Wprowadźmy najpierw, wzorując się na definicji z pracy [21], formy dwuliniowe $\widehat{a}_i(\cdot,\cdot)$, będące modyfikacją wyjściowych form $a_i(\cdot,\cdot)$ dla $i = 1, 2, \ldots, N$:

$$\widehat{a}_i(u, v) = a_i(u, v) + \frac{1}{H^2} (u, v)_{L^2(\Omega_i)} . \tag{2.91}$$

Zdefiniujmy również, analogicznie do definicji (2.14), dyskretnie harmoniczne rozszerzenie $\widehat{\mathcal{H}}_i u_h$ funkcji na podobszar Ω_i w sensie formy $\widehat{a}_i(\cdot,\cdot)$ z u_h daną na $\partial\Omega_i$, to jest

$$\widehat{a}_i\left(\widehat{\mathcal{H}}_i u_h, \widehat{\mathcal{H}}_i u_h\right) = \min \widehat{a}_i(v_h, v_h), \tag{2.92}$$

gdzie minimum jest brane po wszystkich funkcjach $v_h \in V_h(\Omega_i)$ takich, że

$$(v_h)_{|\partial\Omega_i} = \left(\widehat{\mathcal{H}}_i u_h\right)_{|\partial\Omega_i}.$$

Jesteśmy teraz gotowi przedstawić dla $i \in \mathcal{N}_N$ formy dwuliniowe

$$b_i(\cdot,\cdot)\colon\ V_i(\Gamma_i) \times V_i(\Gamma_i) \to \mathbb{R}.$$

Określone są one dla każdego $u, v \in V_i(\Gamma_i)$ wzorami

$$b_i(u, v) = \widehat{a}_i(\widehat{\mathcal{H}}_i\,(\mu_i u)\,, \widehat{\mathcal{H}}_i\,(\mu_i v)), \tag{2.93}$$

gdzie μ_i zdefiniowane zostały w (2.89), zaś $(\cdot,\cdot)_{L^2(\Omega_i)}$ oznacza iloczyn skalarny w przestrzeni $L^2(\Omega_i)$ (zob. dodatek A). Podobnie definiowane formy dwuliniowe można spotkać przy konstrukcji i analizie metod Neumanna-Neumanna (patrz np. [44, str. 174] lub [45, rozdz. 6]). Dodanie składnika z iloczynem skalarnym pozwala na pozbycie się osobliwości dla podobszarów nie mających części wspólnej z brzegiem obszaru Ω. W przeciwnym razie rozwiązaniem byłyby wszystkie funkcje stałe:

$$b_i(1, 1) = 0. \tag{2.94}$$

Dla podobszarów brzegowych składnik ten nie jest potrzebny.

III Operatory quasi-rzutowe:

Zdefiniujmy dla $i \in \mathcal{N}_N$ operatory $T_i = R_i^T \widetilde{T}_i$, gdzie

$$\widetilde{T}_i\colon\ V(\Gamma) \longrightarrow V_i(\Gamma_i)$$

są określone równaniem:

$$b_i(\widetilde{T}_i u, v_i) = s(u, R_i^T v_i), \qquad \forall\, v_i \in V_i(\Gamma_i). \tag{2.95}$$

Równanie to ma jednoznaczne rozwiązanie ze względu na drugi składnik (2.93) związany z iloczynem skalarnym przestrzeni $L^2(\Omega_i)$. Problemy z jednoznacznością często pojawiają się w przypadku metod dopuszczających nieciągłości na szkielecie, w szczególności metod typu Neumanna-Neumanna oraz FETI (zob. rozdział 6 w [45]).

IV Równanie operatorowe:

Zdefiniujmy operator

$$T = \sum_{i \in \mathcal{N}_N} T_i \tag{2.96}$$

oraz zagadnienie (patrz (2.55)-(2.56)) znalezienia $\widetilde{u} \in V(\Gamma)$ takiego, że:

$$T\widetilde{u} = \widetilde{g}, \tag{2.97}$$

gdzie

$$\widetilde{g} = Tu^*,$$

a u^* jest rozwiązaniem zagadnienia (2.27). Pokażemy, że operator T jest odwracalny, co będzie implikowało (porównaj (2.57)) jednoznaczność rozwiązania $\widetilde{u} = u^*$.

Analizę metody sprowadzimy jak poprzednio (patrz podrozdział 2.1) do sprawdzenia założeń twierdzenia 1.1.

Założenie (A1) – stabilna dekompozycja. Wprowadźmy najpierw, jak w (2.88), elementy dekompozycji funkcji $u \in V(\Gamma)$

$$u_i = \left(\mathcal{H}_i I^h \left(\mu_i^{-1} R_i u\right)\right)_{|\Gamma_i} \qquad \forall i \in \mathcal{N}_N. \tag{2.98}$$

W pierwszym etapie konstrukcji dowiedzione zostało, iż jest to rzeczywiście dekompozycja, pozostaje teraz tylko sprawdzić, że

$$\sum_{i \in \mathcal{N}_N} b_i(u_i, u_i) \leq C_0^2 s(u, u). \tag{2.99}$$

Z definicji (2.93) form dwuliniowych $b_i(\cdot, \cdot)$ oraz faktu, iż rozszerzenie dyskretnie harmoniczne $\widehat{\mathcal{H}}_i$ jest rozszerzeniem o najmniejszej energii mierzonej formą $\widehat{a}_i(\cdot, \cdot)$ dla $i \in \mathcal{N}_N$ mamy

$$b_i(u_i, u_i) = \widehat{a}_i\left(\widehat{\mathcal{H}}_i\left(\mu_i u_i\right), \widehat{\mathcal{H}}_i\left(\mu_i u_i\right)\right) \leq \widehat{a}_i(\mathcal{H}_i\left(\mu_i u_i\right), \mathcal{H}_i\left(\mu_i u_i\right)) \tag{2.100}$$

i z definicji elementów dekompozycji u_i oraz definicji (2.91) form dwuliniowych

$\widehat{a}_i(\cdot,\cdot)$ dostajemy

$$\sum_{i\in\mathcal{N}_N} b_i(u_i,u_i) \leq \sum_{i\in\mathcal{N}_N} \widehat{a}_i(\mathcal{H}_i u,\mathcal{H}_i u) = \sum_{i\in\mathcal{N}_N} s_i(u,u) + \frac{1}{H^2}\sum_{i\in\mathcal{N}_N} \|\mathcal{H}_i u\|^2_{L^2(\Omega_i)}$$
$$\leq s(u,u) + \frac{1}{H^2}\|\mathcal{H}u\|^2_{L^2(\Omega)}. \tag{2.101}$$

Z nierówności Friedrichsa (lemat A.3) drugi składnik powyższego wyrażenia można oszacować przez seminormę $|\cdot|^2_{H^1(\Omega)}$, a całość (przy założeniu, że $H \leq 1$) przez

$$\frac{C}{H^2}s(u,u), \tag{2.102}$$

co daje ostatecznie wartość stałej z warunku (A2):

$$C_0^2 = \frac{C}{H^2}. \tag{2.103}$$

Zauważmy także, że dla małej liczby podobszarów, to jest wtedy, gdy każdy podobszar typu Neumanna przecina się niepusto z brzegiem obszaru Ω, formy dwuliniowe $b_i(\cdot,\cdot)$ mogą być zdefiniowane bez wyrazu $H^{-2}(\cdot,\cdot)_{L^2(\Omega)}$ i otrzymamy w tym przypadku lepsze oszacowanie:

$$C_0^2 = C. \tag{2.104}$$

Założenie (A2) – lokalna stabilność. Warunek (A2) dla każdej z przestrzeni $V_i(\Gamma_i)$, gdzie i jest indeksem podobszaru typu Neumanna, przyjmuje postać:

$$s(R_i^T u_i, R_i^T u_i) \leq \omega b_i(u_i,u_i) \qquad \forall\, u_i \in V_i(\Gamma_i). \tag{2.105}$$

Funkcja u_i daje niezerowy wkład tylko na:

- części brzegu Γ_i podobszaru Ω_i,
- części brzegu Γ_j podobszarów Ω_j typu Dirichleta sąsiadujących z podobszarem Ω_i poprzez krawędzie $\mathcal{E}_{ij}$ i wierzchołki $\mathcal{V} \in \mathcal{V}_i \cap \mathcal{V}_j$ tych krawędzi,
- części brzegu Γ_j podobszarów Ω_j typu Neumanna mających jeden wspólny wierzchołek z podobszarem Ω_i.

Lewą stronę (2.105) można zatem (zob. lemat 2.1) przedstawić w postaci:

$$|u_i|^2_{H^{1/2}(\partial\Omega_i)} + \sum_{j\in\mathcal{N}_D\cap\mathcal{N}_i} \left|R_i^T u_i\right|^2_{H^{1/2}(\partial\Omega_j)} + \sum_{j\in\mathcal{N}_N\cap\mathcal{N}_i} \left|R_i^T u_i\right|^2_{H^{1/2}(\partial\Omega_j)}, \tag{2.106}$$

a należy oszacować, z definicji (2.93) formy $b_i(\cdot,\cdot)$, przez

$$\left|I^h\left(\mu_i u_i\right)\right|^2_{H^{1/2}(\partial\Omega_i)} + \frac{1}{H^2}\left\|\mathcal{H}_i I^h\left(\mu_i u_i\right)\right\|^2_{L^2(\Omega_i)}. \tag{2.107}$$

Skorzystamy przy tym z funkcji $\theta_{\mathcal{E}}$ i $\theta_{\mathcal{V}}$ zerujących się we wszystkich punktach nodalnych poza tymi należących do odpowiednio krawędzi $\mathcal{E}$ lub równych wierzchołkowi $\mathcal{V}$, w których przyjmują wartość jeden (zob. podrozdział. 2.5). Pamiętając o przyjętych oznaczeniach:

$$\mathcal{H}_i\theta_{\mathcal{E}}u := \mathcal{H}_i\left(I^h\left(\theta_{\mathcal{E}}u\right)\right), \qquad \mathcal{H}_i\theta_{\mathcal{V}}u := \mathcal{H}_i\left(I^h\left(\theta_{\mathcal{V}}u\right)\right), \tag{2.108}$$

zacznijmy szacowanie (2.106) od pierwszego składnika tego wyrażenia:

$$|u_i|^2_{H^{1/2}(\partial\Omega_i)} \leq C_1\left(\sum_{\mathcal{E}\in\mathcal{E}_i}|\mathcal{H}_i\theta_{\mathcal{E}}u_i|^2_{H^{1/2}(\partial\Omega_i)} + \sum_{\mathcal{V}\in\mathcal{V}_i}|\mathcal{H}_i\theta_{\mathcal{V}}u_i|^2_{H^{1/2}(\partial\Omega_i)}\right). \tag{2.109}$$

Z definicji (2.89) operatora μ_i dla każdego punktu nodalnego x należącego do części szkieletu Γ_i

$$\mu_i(x) \leq 1,$$

więc (2.109) możemy oszacować z góry z dokładnością do stałej przez:

$$\sum_{\mathcal{E}\in\mathcal{E}_i}\left|\mathcal{H}_i\theta_{\mathcal{E}}(I^h\left(\mu_i u_i\right))\right|^2_{H^{1/2}(\partial\Omega_i)} + \sum_{\mathcal{V}\in\mathcal{V}_i}\left|\mathcal{H}_i\theta_{\mathcal{V}}(I^h\left(\mu_i u_i\right))\right|^2_{H^{1/2}(\partial\Omega_i)}, \tag{2.110}$$

co z lematów 2.5 i 2.6 szacujemy przez

$$C_2\left(1+\log\frac{H}{h}\right)^2\sum_{\mathcal{E}\in\mathcal{E}_i}\left\|I^h\left(\mu_i u_i\right)\right\|^2_{H^{1/2}(\partial\Omega_i)} \qquad (2.111)$$
$$+C_3\left(1+\log\frac{H}{h}\right)\sum_{\mathcal{V}\in\mathcal{V}_i}\left\|I^h\left(\mu_i u_i\right)\right\|^2_{H^{1/2}(\partial\Omega_i)}$$

i dalej, ze względu na ograniczoną z góry liczbę krawędzi i wierzchołków podobszaru Ω_i, przez

$$C_4\left(1+\log\frac{H}{h}\right)^2\left\|I^h\left(\mu_i u_i\right)\right\|^2_{H^{1/2}(\partial\Omega_i)}. \qquad (2.112)$$

Przejdźmy do szacowania drugiego składnika wyrażenia (2.106). Podobszar Ω_j typu Dirichleta sąsiaduje z podobszarem Ω_i typu Neumanna poprzez krawędź $\mathcal{E}_{ij}$ oraz jej wierzchołki $\mathcal{V}\in\partial\mathcal{E}_{ij}$. Stąd

$$\left|R_i^T u_i\right|^2_{H^{1/2}(\partial\Omega_j)}\leq C_5\left(\left|\mathcal{H}_j\theta_{\mathcal{E}_{ij}}u_i\right|^2_{H^{1/2}(\partial\Omega_j)}\right. \qquad (2.113)$$
$$\left.+\sum_{\mathcal{V}\in\mathcal{V}_i\cap\mathcal{V}_j}\left|\mathcal{H}_j\theta_{\mathcal{V}}u_i\right|^2_{H^{1/2}(\partial\Omega_j)}\right)$$

i analogicznie jak przy szacowaniu (2.109)-(2.111) pierwszego składnika dostajemy oszacowanie jak w (2.112):

$$\sum_{j\in\mathcal{N}_D\cap\mathcal{N}_i}\left|R_i^T u_i\right|^2_{H^{1/2}(\partial\Omega_j)}\leq C_6\left(1+\log\frac{H}{h}\right)^2\left\|I^h\left(\mu_i u_i\right)\right\|^2_{H^{1/2}(\partial\Omega_i)}. \qquad (2.114)$$

Dwa sąsiadujące podobszary Ω_i i Ω_j typu Neumanna mają wspólny tylko wierzchołek $\mathcal{V}$. Ostatni składnik $\sum_{j\in\mathcal{N}_N\cap\mathcal{N}_i}\left|R_i^T u_i\right|^2_{H^{1/2}(\partial\Omega_j)}$ wyrażenia (2.106) możemy zatem oszacować następująco (porównaj szacowania powyżej):

$$\sum_{j\in\mathcal{N}_N\cap\mathcal{N}_i}\left|\mathcal{H}_j\theta_{\mathcal{V}}u_i\right|^2_{H^{1/2}(\partial\Omega_j)}\leq C_7\left(1+\log\frac{H}{h}\right)\left\|I^h\left(\mu_i u_i\right)\right\|^2_{H^{1/2}(\partial\Omega_i)}. \qquad (2.115)$$

Z (2.112), (2.114) i (2.115) dostajemy szacowanie równania (2.106):

$$\sum_{j\in\mathcal{N}} \left|R_i^T u_i\right|^2_{H^{1/2}(\partial\Omega_j)} \leq C_8 \left(1+\log\frac{H}{h}\right)^2 \left\|I^h\left(\mu_i u_i\right)\right\|^2_{H^{1/2}(\partial\Omega_i)}. \tag{2.116}$$

Z twierdzenia A.1 o śladzie, definicji (A.9) normy $\|\cdot\|^2_{H^1(\Omega_i)}$ oraz twierdzenia o rozszerzaniu A.2 mamy:

$$\begin{aligned} \left\|I^h\left(\mu_i u_i\right)\right\|^2_{H^{1/2}(\partial\Omega_i)} &\leq C_9 \left|\widehat{\mathcal{H}}_i\left(\mu_i u_i\right)\right|^2_{H^1(\Omega_i)} + \frac{1}{H^2}\left\|\widehat{\mathcal{H}}_i\left(\mu_i u_i\right)\right\|^2_{L^2(\Omega_i)} \\ &\leq C_{10} b_i(u_i, u_i). \end{aligned} \tag{2.117}$$

Składając (2.116) i (2.117) uzyskujemy ostatecznie ω z warunku (A2):

$$\omega = C\left(1+\log\frac{H}{h}\right)^2. \tag{2.118}$$

Założenie (A3) – wzmocniona nierówność Cauchy-Schwarza. Promień spektralny macierzy $\boldsymbol{E} = \{\varepsilon_{ij}\}_{i,j\in\mathcal{N}_N}$ z warunku (A3), to jest

$$s(u_i, u_j) \leq \varepsilon_{ij}\sqrt{s(u_i, u_i)s(u_j, u_j)}, \tag{2.119}$$

dla każdych $u_i \in V_i(\Gamma_i)$ i $u_j \in V_j(\Gamma_j)$ jest równy jeden plus maksymalna liczba sąsiadujących ze sobą podobszarów. Jest to zatem stała wynikająca ze specyfiki grubej triangulacji $\mathcal{T}^H(\Omega)$ i podziału na podobszary typu Neumanna i Dirichleta.

Udowodniliśmy w ten sposób (porównaj tw. 2.1)

Twierdzenie 2.2

Operator $T = \sum_{i\in\mathcal{N}_N} T_i$ *określony w (2.96) jest odwracalny oraz*

$$cond(T) \leq CH^{-2}\left(1+\log\frac{H}{h}\right)^2,$$

gdzie C *jest stałą niezależną od* h *i* H.

W porównaniu z metodą skonstruowaną w podrozdziale 2.1 wskaźnik uwarunkowania tej metody różni się czynnikiem H^{-2}, czyli zależnością od liczby podobszarów. Jest to cena jaką musimy zapłacić, za usunięcie powiązań między podobszarami typu Neumanna. Wymiana informacji pomiędzy podobszarami w przypadku pierwszej metody następowała w wyniku rozwiązania globalnego układu równań wymiaru równego liczbie punktów krzyżowych, natomiast w drugim przypadku w każdym kroku iteracji następuje wymiana tylko pomiędzy sąsiadującymi ze sobą podobszarami. Zatem przesłanie informacji pomiędzy dwoma odległymi podobszarami wymaga wykonania liczby iteracji porównywalnej (z dokładnością do czynnika logarytmicznego) z liczbą podobszarów. Przewaga tej modyfikacji metody typu Dirichleta-Neumanna przejawia się natomiast w przypadku równoległego rozwiązywania zadania, gdy procesory nie mają współdzielonej pamięci, a połączenie między nimi ma niską przepustowość. Przykładem może być sieć komputerów połączonych przez globalną sieć internetową. Ze względu na słabe łącza pożądane jest zminimalizowanie ilości przesyłanych pomiędzy procesorami danych. W zaprezentowanej w tym podrozdziale metodzie obliczenia na podobszarach mogą być wykonywane całkowicie niezależnie. Na końcu każdej iteracji wystarczy tylko policzyć średnią arytmetyczną z wartości w każdym punkcie krzyżowym uzyskanych w wyniku obliczeń na podobszarach typu Neumanna, do których dany punkt krzyżowy należy. W ten sposób uzyskamy rozwiązanie ciągłe na szkielecie Γ. Podkreślmy raz jeszcze, że dla małej, np. cztery prostokątne podobszary, liczby podobszarów zależność od liczby podobszarów nie występuje i wskaźnik uwarunkowania obu metod jest (z dokładnością do stałej) taki sam. W dwóch wymiarach przy podziale obszaru Ω nawet na dziewięć prostokątnych podobszarów można tak przyporządkować typy podobszarom (patrz rys. 2.4), aby nie otrzymać czynnika H^{-2}.

Przedstawione do tej pory metody Dirichleta-Neumanna w dwóch wymiarach były metodami jednopoziomowymi – nie wykorzystywaliśmy w nich przestrzeni określonej na podziale obszaru na podobszary, oznaczanej zwyczajowo przez V_0 (patrz podrozdział. 1.4). Istnieje jednak alternatywne do prezentowanych wcześniej podejście umożliwiające usunięcie powiązań między podobszarami typu Neumanna, kosztem rozwiązywania większej liczby zadań lokalnych oraz jednego, znacznie łatwiejszego do rozwiązania, zadania globalnego. Polega ono na modyfi-

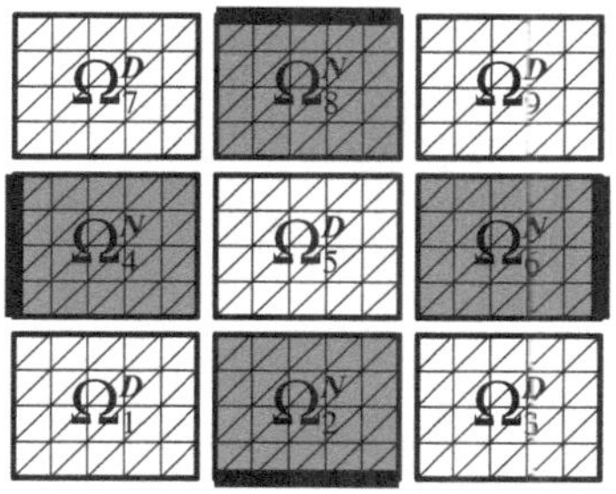

Rysunek 2.4: Podział obszaru w dwóch wymiarach na dziewięć podobszarów typu Neumanna i Dirichleta. Pogrubione zostały krawędzie podobszarów typu Neumanna leżące na brzegu obszaru.

kacji metody Dirichleta-Neumanna poprzez wyodrębnienie dodatkowej przestrzeni związanej z punktami krzyżowymi:

$$V(\Gamma) = V_0(\Gamma) + \sum_{i \in \mathcal{N}_N} V_i(\Gamma), \tag{2.120}$$

gdzie lokalne przestrzenie $V_i(\Gamma)$ definiujemy następująco:

$$V_i(\Gamma) = \{u \in V(\Gamma) \colon u(\nu) = 0 \text{ dla } \nu \in (\Gamma_h \setminus \Gamma_{i,h}) \cup \mathcal{V}_i\}\,. \tag{2.121}$$

Takie przedstawienie przestrzeni lokalnych oznacza, że obliczenia na nich mogą być wykonywane równolegle, gdyż nie są one ze sobą w żaden sposób powiązane. Ciężar obliczeń związanych z punktami krzyżowymi został przeniesiony na grubą przestrzeń $V_0(\Gamma)$. Przestrzeń tą można definiować na różne sposoby. Znanym (zob. [44, str. 169]) podejściem jest przyjęcie:

$$V_0(\Gamma) = I^H V(\Gamma), \tag{2.122}$$

gdzie I^H jest liniowym interpolantem opartym na podziale obszaru Ω na trójkąty.

Wprowadźmy formę dwuliniową:

$$b_0(\cdot,\cdot)\colon\ V_0(\Gamma)\times V_0(\Gamma)\to\mathbb{R}$$

określoną jako

$$b_0(u,v)=\sum_{i\in\mathcal{N}} s_i(u,v)\qquad \forall\, u,v\in V_0(\Gamma) \tag{2.123}$$

oraz formy

$$b_i(\cdot,\cdot)\colon\ V_i(\Gamma)\times V_i(\Gamma)\to\mathbb{R}$$

dla $i\in\mathcal{N}_N$ zdefiniowane następująco:

$$b_i(u,v)=s_i(u,v)\qquad \forall\, u,v\in V_i(\Gamma). \tag{2.124}$$

Zdefiniujmy też operatory

$$T_i\colon V(\Gamma)\to V_i(\Gamma)$$

dla $i\in\mathcal{N}_N\cup\{0\}$ zależnościami dla $u\in V(\Gamma)$:

$$b_i(T_iu,v)=s(u,v)\qquad \forall\, v\in V_i(\Gamma). \tag{2.125}$$

Z lematu 2.4 wynika (zob. też paragraf 5.3.2 w [4]), że wskaźnik uwarunkowania operatora

$$T=T_0+\sum_{i\in\mathcal{N}_N} T_i \tag{2.126}$$

rośnie jak $\mathcal{O}\left(\left(1+\log\frac{H}{h}\right)^2\right)$. Niestety ta metoda ma pewne ograniczenia, a mianowicie interpolant I^H jest dobrze zdefiniowany tylko na podobszarach określonego kształtu, to jest trójkątów. Można co prawda wprowadzić interpolant dwuliniowy określony dla podobszarów będących prostokątami, ale aby uniezależnić się całkowicie od kształtu wielokątnych podobszarów należy zdefiniować grubą przestrzeń w nieco inny sposób, na przykład

$$V_0(\Gamma)=\mathcal{H}I_{\mathcal{E}}^H V(\Gamma), \tag{2.127}$$

gdzie $I_{\mathcal{E}}^{H}$ jest operatorem określonym dla $u \in V(\Gamma)$ i punktów krzyżowych x następująco

$$\left(I_{\mathcal{E}}^{H} u\right)(x) = u(x). \tag{2.128}$$

W pozostałych punktach nodalnych krawędzi operator ten jest kawałkami liniowy. Obliczenia związane z tak zdefiniowaną grubą przestrzenią wymagają operacji na jej funkcjach bazowych, a także ich konwersji na punkty nodalne drobnej triangulacji. Przykładowymi funkcjami bazowymi przestrzeni V_0 mogą być funkcje nodalne (zob. rys. 1.2) określone na grubej triangulacji $\mathcal{T}^{H}$. Ich wyznaczenie może być wykonane jednorazowo przed rozpoczęciem procesu iteracyjnego (tzw. precomputing).

Dwupoziomowe metody dekompozycji obszaru zostały już dość dobrze zbadane i opisane (zob. [45], [44]). Zainteresowanie metodami jednopoziomowymi nie było takie duże, gdyż uważano je za mniej efektywne ze względu na często towarzyszącą im zależnością od liczby podobszarów. W tej monografii skupiamy się jednak na tych właśnie metodach, sygnalizując tylko możliwość wprowadzenia dodatkowego poziomu obliczeń. Pokazaliśmy (zob. tw. 2.1) bowiem iż jednopoziomowe metody mogą charakteryzować się porównywalną z metodami dwupoziomowymi wielkością wskaźnika uwarunkowania. W ostatnich latach powrócono do badań nad metodami jednopoziomowymi w związku z nowymi klasami metod dekompozycji obszaru określanymi jako FETI-DP (ang. ***D**ual-**P**rimal **F**inite **E**lement **T**earing and **I**nterconnecting*). Są one bardziej efektywną wersją metod FETI, które po raz pierwszy zostały opisane w [23], a podstawowe informacje o nich zebrane zostały w rozdziale 6 monografii [45] lub w książce [38]. Są tam przedstawione dwa rodzaje metod: jednopoziomowe FETI oraz FETI-DP (ang. ***D**ual-**P**rimal FETI*). Pomysł, na którym opierają się metody FETI polega na dopuszczeniu nieciągłości na szkielecie w kolejnych iteracjach. Zbieżność do ciągłego rozwiązania następuje wraz ze zbieżnością procesu iteracyjnego. Podobna koncepcja została wykorzystana w przedstawionej w tym podrozdziale modyfikacji metody Dirichleta-Neumanna. Szczególnie duży nakład pracy został włożony w metody FETI-DP, z którymi to jednopoziomowa metoda Dirichleta-Neumanna okazuje się mieć bardzo ścisły związek (zob. [30], [29]). Istotne jest w nich odpowiednie zrównoważenie pomiędzy jak najmniejszą liczbą więzów ciągłości na szkielecie a szybkością zbieżności procesu iteracyjnego z zachowaniem niezależności od liczby podobszarów. Więzy te mogą być określone nie tylko poprzez równość wartości w punktach nodalnych, lecz również na przykład jako równość wartości średnich całkowych na krawędziach.

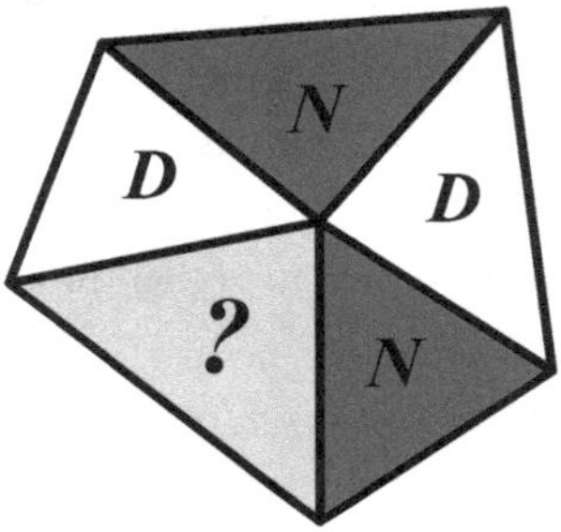

Rysunek 2.5: Przykładowy podział obszaru w dwóch wymiarach na podobszary spełniający warunki z podrozdziału 2.1, dla którego nie istnieje przyporządkowanie typu Neumanna i Dirichleta.

Konstrukcja metod Dirichleta-Neumanna opiera się na podziale wyjściowego obszaru na podobszary i istnieniu takiego przyporządkowania im typu Neumanna bądź Dirichleta, aby żadne dwa podobszary tego samego typu nie miały wspólnej krawędzi (porównaj podrozdział. 2.1). Oczywiście nie dla wszystkich podziałów takie przyporządkowanie istnieje, zobacz na przykład rys. 2.5. W takim przypadku mamy przynajmniej dwie możliwości. Po pierwsze możemy dokonać dalszego podziału (patrz rys. 2.6a) niektórych podobszarów. W ten sposób jednak możemy doprowadzić do tego, że warunki regularności lub quasi-jednostajności (zob. podrozdział 1.2) triangulacji $\mathcal{T}^H(\Omega)$ nie będą już spełnione. Poza tym często mamy do czynienia z zadaniami, w których podział na podobszary zadany jest odgórnie. Pozostaje więc wprowadzenie podobszarów mieszanego typu (patrz rys. 2.6b), które z punktu widzenia sąsiadów typu Neumanna reprezentują typ Dirichleta, a są typu Neumanna dla sąsiadujących z nim podobszarów typu Dirichleta. Zwróćmy uwagę, że opisywane metody ograniczały się do konstrukcji preconditionerów dla zagadnienia Schura (2.27). Niewiadome określone zatem były tylko na szkielecie Γ. Typ Dirichleta bądź Neumanna w rzeczywistości zatem przypisany

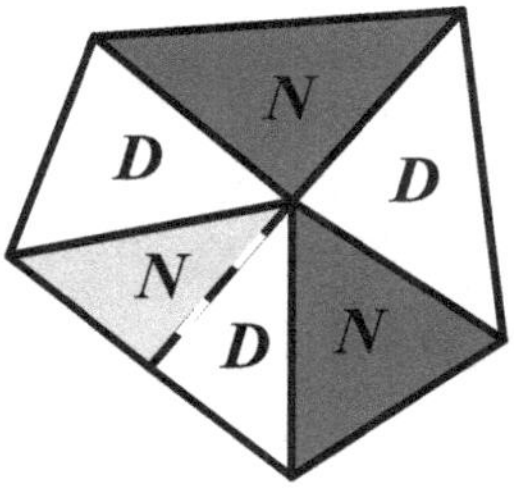

(a) dalszy podział

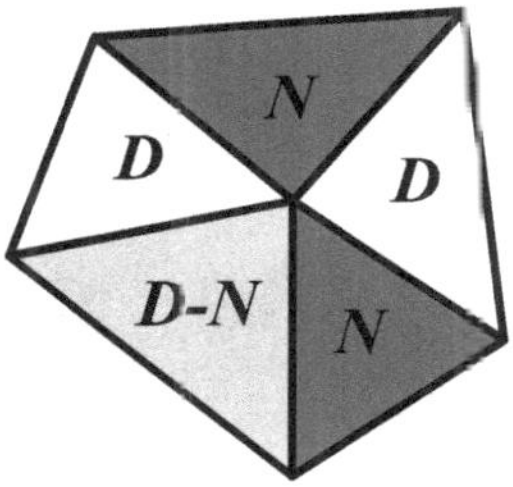

(b) podobszar typu Neumanna-Dirichleta

Rysunek 2.6: Rozwiązanie problemu braku przyporządkowania podobszarom odpowiedniego typu (Neumanna lub Dirichleta).

był do krawędzi podobszarów, a nie samych podobszarów. Wprowadzenie podobszaru mieszanego typu Neumanna-Dirichleta oznacza zatem przypisanie jego krawędziom odpowiednich typów. Konstrukcja preconditionera dla dekompozycji z mieszanymi elementami Neumanna-Dirichleta różni się od konstrukcji wyjściowej metody z podrozdziału 2.1 definicją formy dwuliniowej (2.53). Do jej przedstawienia potrzebnych nam będzie kilka pomocniczych definicji. Przede wszystkim obok $\mathcal{N}_N$, $\mathcal{N}_D$ wprowadźmy oznaczenie $\mathcal{N}_M$ na zbiór indeksów podobszarów typu mieszanego. Każdemu podobszarowi Ω_i dla $i \in \mathcal{N}_M$ przypiszmy część jego brzegu

$$\Gamma_i^M \subset \partial\Omega_i, \tag{2.129}$$

do którego zaliczymy krawędzie wraz z ich wierzchołkami, którym przypisany został typ Neumanna. Zdefiniujmy również, w analogii do $\theta_{\mathcal{E}}$ i $\theta_{\mathcal{V}}$ (zob. podrozdział 2.5), kawałkami liniową i ciągłą na szkielecie funkcję θ_i^M, która znika we wszystkich punktach nodalnych Γ_h poza tymi, które należą do Γ_i^M.

Zdefiniowanie formy dwuliniowej

$$b(\cdot,\cdot)\colon\ V(\Gamma) \times V(\Gamma) \to \mathbb{R}$$

dla jednopoziomowej metody z mieszanymi elementami Neumanna-Dirichleta wymaga ustalenia dla każdego podobszaru Ω_i typu mieszanego jednego z wierzchoł-

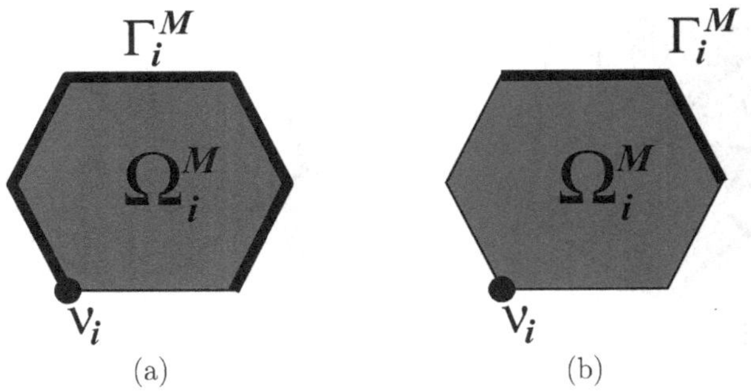

Rysunek 2.7: Sposoby ustalania wierzchołka ν_i podobszaru Ω_i typu mieszanego, gdy (a) wszystkie wierzchołki należą do Γ_i^M, (b) istnieją wierzchołki, które nie należą do Γ_i^M.

ków ν_i. Jeśli do Γ_i^M należą wszystkie wierzchołki (patrz rys. 2.7a), to wybieramy dowolny z nich, w przeciwnym razie (rys. 2.7b) wybieramy jeden z wierzchołków nie należący do Γ_i^M. Dla uproszczenia zapisu będziemy używać oznaczenia u_{ν_i} w miejsce $u(\nu_i)$. Przy tak wybranych punktach ν_i dla $i \in \mathcal{N}_M$ formę dwuliniową definiujemy następująco:

$$\begin{aligned} b(u,v) &= \sum_{i\in\mathcal{N}_N} s_i(u,v) \\ &+ \sum_{i\in\mathcal{N}_M} s_i\left(I^h\theta_i^M\left(u-u_{\nu_i}\right), I^h\theta_i^M\left(v-v_{\nu_i}\right)\right) \end{aligned} \tag{2.130}$$

dla wszystkich $u, v \in V(\Gamma)$. Zwróćmy uwagę, że w przeciwieństwie do formy (2.53), w tym wypadku sumowanie przebiega nie tylko po podobszarach typu Neumanna, lecz również po podobszarach typu mieszanego.

Analizę metody Dirichleta-Neumanna z formą dwuliniową określoną w (2.130) oprzemy, jak poprzednio (zob. podrozdział 2.1), na sprawdzeniu założeń twierdzenia 1.1. Dla uproszczenia zapisu, tak jak w podrozdziale 2.1, ograniczymy się tylko do podobszarów będących trójkątami. Skorzystamy przy tym z lematów z podrozdziału 2.5 oraz dodatku A.

Założenie (A1) – stabilna dekompozycja. Ponieważ nie dokonywaliśmy dekompozycji przestrzeni, więc wystarczy z definicji (2.130) formy dwuliniowej $b(\cdot,\cdot)$ sprawdzić, że

$$\sum_{i\in\mathcal{N}_M} s_i\left(I^h\theta_i^M\left(u-u_{\nu_i}\right), I^h\theta_i^M\left(u-u_{\nu_i}\right)\right) \le C_0^2 s(u,u),$$

dla danej funkcji u z przestrzeni $V(\Gamma)$. Dla każdego $i \in \mathcal{N}_M$ mamy

$$\begin{aligned} &\left|I^h\theta_i^M\left(u-u_{\nu_i}\right)\right|^2_{H^{1/2}(\partial\Omega_i)} \\ \le C_1 &\left(\sum_{\mathcal{E}\subset\Gamma_i^M}\left|\mathcal{H}_i\theta_{\mathcal{E}}\left(u-u_{\nu_i}\right)\right|^2_{H^{1/2}(\partial\Omega_i)} + \sum_{\mathcal{V}\subset\Gamma_i^M}\left|\mathcal{H}_i\theta_{\mathcal{V}}\left(u-u_{\nu_i}\right)\right|^2_{H^{1/2}(\partial\Omega_i)}\right), \end{aligned} \tag{2.131}$$

co z lematów 2.5 i 2.6 można oszacować przez

$$C_2\left(1+\log\frac{H}{h}\right)^2\left\|u-u_{\nu_i}\right\|^2_{H^{1/2}(\partial\Omega_i)}. \tag{2.132}$$

Z nierówności Friedrichsa A.3 w miejsce normy $\|\cdot\|^2_{H^{1/2}(\partial\Omega_i)}$ uzyskujemy seminormę:

$$\left\|u-u_{\nu_i}\right\|^2_{H^{1/2}(\partial\Omega_i)} \le |u|^2_{H^{1/2}(\partial\Omega_i)}. \tag{2.133}$$

Warunek (A1) jest zatem spełniony dla

$$C_0^2 = C\left(1+\log\frac{H}{h}\right)^2. \tag{2.134}$$

Zauważmy, iż jest to słabsze oszacowanie niż w przypadku metody bez podobszarów typu mieszanego z podrozdziału 2.1, gdzie uzyskaliśmy tylko stałą, bez zależności polilogarytmicznej od H/h.

Założenie (A2) – lokalna stabilność. Należy sprawdzić, dla jakiego ω, dla każdego $u \in V(\Gamma)$ spełniona jest nierówność:

$$\sum_{i\in\mathcal{N}_N} s_i(u,u) + \sum_{i\in\mathcal{N}_D} s_i(u,u) + \sum_{i\in\mathcal{N}_M} s_i(u,u) \le \omega b(u,u). \tag{2.135}$$

Z definicji (2.130) formy dwuliniowej $b(\cdot,\cdot)$ wystarczy zająć się tylko oszacowaniem wyrazów związanych z podobszarami typu Dirichleta i typu mieszanego. Dla tych wyrazów zatem dokonujemy rozbicia z użyciem liniowego interpolantu $I^H u$ funkcji u opartym na wierzchołkach podziału obszaru Ω na podobszary:

$$|u|^2_{H^{1/2}(\partial\Omega_i)} \leq C_1 \left(\left|I^H u\right|^2_{H^{1/2}(\partial\Omega_i)} + \left|u - I^H u\right|^2_{H^{1/2}(\partial\Omega_i)} \right). \qquad (2.136)$$

Pierwszy ze składników prawej strony szacujemy z twierdzenia o śladzie A.1 i definicji (A.7) seminormy $|\cdot|_{H^1(\partial\Omega_i)}$ (porównaj też twierdzenie 4.1 w [28]):

$$\left|I^H u\right|^2_{H^{1/2}(\partial\Omega_i)} \leq C_2 \left|I^H u\right|^2_{H^1(\partial\Omega_i)} \leq C_3 \sum_{\nu_j, \nu_k \in \mathcal{V}_i} \left(u_{\nu_j} - u_{\nu_k}\right)^2. \qquad (2.137)$$

Każdy ze składników tej sumy zawiera wartości funkcji u w dwóch wierzchołkach ν_j, ν_k należących do jednej krawędzi $\mathcal{E}$ i z lematu 2.3 dostajemy oszacowanie

$$\left(u_{\nu_j} - u_{\nu_k}\right)^2 \leq C_4 \left(1 + \log \frac{H}{h}\right) |u|^2_{H^{1/2}(\mathcal{E})}. \qquad (2.138)$$

Zajmijmy się teraz drugim ze składników prawej strony (2.136). Ponieważ funkcja $u - I^H u$ zeruje się w wierzchołkach podobszaru Ω_i, to

$$\left|u - I^H u\right|^2_{H^{1/2}(\partial\Omega_i)} \leq C_5 \sum_{\mathcal{E} \in \mathcal{E}_i} \|u\|^2_{H^{1/2}_{00}(\mathcal{E})}. \qquad (2.139)$$

Z dowodu lematu 2.4 wynika górne oszacowanie na otrzymane wyrazy związane z krawędziami:

$$\|u\|^2_{H^{1/2}_{00}(\mathcal{E})} \leq C_6 \left(1 + \log \frac{H}{h}\right)^2 |u|^2_{H^{1/2}(\mathcal{E})}. \qquad (2.140)$$

Z uzyskanych oszacowań (2.137)-(2.138) i (2.139)-(2.140) składników (2.136) wynika, że

$$\sum_{i \in \mathcal{N}_D \cup \mathcal{N}_M} |u|^2_{H^{1/2}(\partial\Omega_i)} \leq C_7 \left(1 + \log \frac{H}{h}\right)^2 \sum_{i \in \mathcal{N}_D \cup \mathcal{N}_M} \sum_{\mathcal{E} \in \mathcal{E}_i} |u|^2_{H^{1/2}(\mathcal{E})}. \qquad (2.141)$$

Każda krawędź podobszaru Ω_i typu Dirichleta lub mieszanego jest jednocześnie krawędzią podobszaru Ω_j typu Neumanna lub mieszanego (w szczególności $j = i$).

Stąd

$$\sum_{i\in\mathcal{N}_D\cup\mathcal{N}_M}\sum_{\mathcal{E}\in\mathcal{E}_i}|u|^2_{H^{1/2}(\mathcal{E})}=\sum_{j\in\mathcal{N}_N}\sum_{\mathcal{E}\in\mathcal{E}_j}|u|^2_{H^{1/2}(\mathcal{E})}+\sum_{j\in\mathcal{N}_M}\sum_{\mathcal{E}\subset\Gamma_j^M}|u|^2_{H^{1/2}(\mathcal{E})}. \tag{2.142}$$

Z twierdzenia o śladzie A.1 dla każdego podobszaru Ω_j typu Neumanna dostajemy

$$\sum_{\mathcal{E}\in\mathcal{E}_j}|u|^2_{H^{1/2}(\mathcal{E})}\leq C_8\,|u|^2_{H^{1/2}(\partial\Omega_j)}. \tag{2.143}$$

Dla podobszarów Ω_j typu mieszanego natomiast z niezmienniczości seminormy $|\cdot|^2_{H^{1/2}(\mathcal{E})}$ na dodawanie stałych i definicji funkcji Θ_j^M, pamiętając o ustalonym wierzchołku ν_j (patrz rys. 2.7)

$$\sum_{\mathcal{E}\in\subset\Gamma_j^M}|u|^2_{H^{1/2}(\mathcal{E})}=\sum_{\mathcal{E}\in\subset\Gamma_j^M}\left|I^h\theta_j^M\left(u-u_{\nu_j}\right)\right|^2_{H^{1/2}(\mathcal{E})}, \tag{2.144}$$

co z twierdzenia o śladzie A.1 jest z dokładnością do stałej mniejsze lub równe od $\left|I^h\theta_j^M\left(u-u_{\nu_j}\right)\right|^2_{H^{1/2}(\partial\Omega_j)}$. Składając uzyskane oszacowania (2.141)-(2.144) dostajemy ostatecznie stałą z warunku (A2):

$$\omega=C\left(1+\log\frac{H}{h}\right)^2, \tag{2.145}$$

gdzie C nie zależy od parametrów triangulacji h i H.

Założenie (A3), to jest wzmocnioną nierówność Cauchy-Schwarza, sprawdza się tak samo jak w przypadku metody bez mieszanych elementów Neumanna-Dirichleta z podrozdziału 2.1. Wraz z założeniami (A1)-(A2) prowadzi to do

Twierdzenie 2.3

Operator T określony w (2.54) jest odwracalny oraz

$$cond(T)\leq C\left(1+\log\frac{H}{h}\right)^4,$$

gdzie C jest stałą niezależną od h i H.

Oszacowanie to jest prawie optymalne z dokładnością do czynnika polilogarytmicznego. Nieco lepsze oszacowanie uzyskaliśmy dla jednopoziomowej metody z podrozdziału 2.1 bez mieszanych elementów, ale w tej modyfikacji metody nie mamy już ograniczeń w postaci istnienia przyporządkowania typów podobszarom. Warto dodać, iż dla podobszarów typu mieszanego przecinających się niepusto z brzegiem obszaru Ω nie jest konieczne odejmowanie wartości w wierzchołku. Wystarczy rozpatrywać formę dwuliniową następującej postaci:

$$\begin{aligned} b(u,v) &= \sum_{i\in\mathcal{N}_N} s_i(u,v) + \sum_{\substack{i\in\mathcal{N}_M \\ \partial\Omega_i\cap\partial\Omega\neq\emptyset}} s_i\left(I^h\theta_i^M u, I^h\theta_i^M v\right) \\ &+ \sum_{\substack{i\in\mathcal{N}_M \\ \partial\Omega_i\cap\partial\Omega=\emptyset}} s_i\left(I^h\theta_i^M\left(u-u_{\mathcal{V}_i}\right), I^h\theta_i^M\left(v-v_{\mathcal{V}_i}\right)\right). \end{aligned} \tag{2.146}$$

Oszacowanie z twierdzenia 2.3 można poprawić. Trzecią potęgę logarytmu można uzyskać definiując formę dwuliniową dla $u, v \in V(\Gamma)$ jako:

$$b(u,v) = \sum_{i\in\mathcal{N}_N} s_i(u,v) + \left(1+\log\frac{H}{h}\right)^{-1} \sum_{i\in\mathcal{N}_M} b_i(u,v), \tag{2.147}$$

gdzie

$$b_i(u,v) = \sum_{\mathcal{E}\subset\Gamma_i^M} s_i\left(I^h\theta_{\mathcal{E}}u, I^h\theta_{\mathcal{E}}v\right) + \sum_{\mathcal{V}\subset\Gamma_i^M} s_i\left(I^h\theta_{\mathcal{V}}u, I^h\theta_{\mathcal{V}}v\right). \tag{2.148}$$

W tym jednak przypadku zamiast rozwiązywać jedno zadanie z mieszanymi warunkami brzegowymi na podobszarach Ω_i typu mieszanego, jesteśmy zmuszeni rozwiązywać w każdym kroku procesu iteracyjnego tyle zadań ile krawędzi i wierzchołków należy do części neumannowskiej Γ_i^M brzegu podobszaru Ω_i.

Zwróćmy także uwagę, że o ile nadal na podobszarach typu Neumanna będziemy rozwiązywać zagadnienia z warunkiem brzegowym Neumanna, a na podobszarach typu Dirichleta zagadnienia z warunkiem brzegowym Dirichleta, to na podobszarach Ω_k sklasyfikowanych jako mieszane będziemy mieli do czynienia z zagadnieniami z mieszanym warunkiem brzegowym Neumanna-Dirichleta, to jest:

znaleźć funkcję u_k^* należącą do podprzestrzeni $H_0^1(\Omega_k, \Gamma_k \backslash \Gamma_k^M)$ przestrzeni $H^1(\Omega_k)$ funkcji zerujących się na $\Gamma_k \backslash \Gamma_k^M$ taką, że:

$$a_k(u_k^*, v) = \int_\Omega f v \, dx + \int_{\Gamma_k^M} g_N v \, ds. \qquad \forall v \in H_0^1(\Omega_k, \Gamma_k \backslash \Gamma_k^M), \tag{2.149}$$

gdzie $a_k(\cdot, \cdot)$ jest jak poprzednio formą dwuliniową (zob. 1.2), g należy do przestrzeni dualnej do $H_0^1(\Omega_k, \Gamma_k \backslash \Gamma_k^M)$ (porównaj Remark A.37 w [45]), zaś warunek brzegowy Neumanna dla $g_N \in H_{00}^{-1/2}(\Gamma_k^M)$ jest określony następująco:

$$\sum_{i,j=1}^{n} a_{ij} D_i u \, n_i = g_N \qquad \text{na } \Gamma_k^M. \tag{2.150}$$

Przez n_i oznaczyliśmy i-tą składową wersora normalnego $\boldsymbol{n}$. W istocie z takimi mieszanymi elementami mieliśmy też do czynienia w metodzie z podrozdziału 2.1, gdyż podobszary typu Neumanna leżące na brzegu obszaru Ω miały na współdzielonej z nim części zadany zerowy warunek brzegowy Dirichleta. Macierzowa postać metody z podrozdziału 2.2 została przedstawiona w sposób, który nie wymaga żadnych znaczących modyfikacji związanych z wprowadzeniem podobszarów mieszanego typu Neumanna-Dirichleta. Podstawowa różnica to konieczność sumowania nie tylko po indeksach podobszarów typu Neumanna, lecz również po podobszarach typu mieszanego. W związku z tym trzeba również przechowywać informacje dotyczące części neumannowskich Γ_i^M brzegów podobszarów mieszanych, czyli określić przynależność krawędzi do konkretnego podobszaru Ω_i. Obliczenia związane z każdą krawędzią bowiem są wykonywane tylko i wyłącznie w ramach jednego podobszaru typu Neumanna – tego, do którego daną krawędź została przydzielona (porównaj rys. 2.8a). Zauważmy także, że elementy mieszane można wprowadzić również w przypadku gdy podział na podobszary typu Neumanna i Dirichleta istnieje (patrz rys. 2.8b). Rośnie wówczas koszt obliczeń, gdyż w każdej iteracji procesu iteracyjnego trzeba rozwiązywać więcej lokalnych zagadnień – ich liczba jest wprost proporcjonalna do sumy liczby podobszarów Ω_i typu Neumanna i liczby podobszarów typu mieszanego.

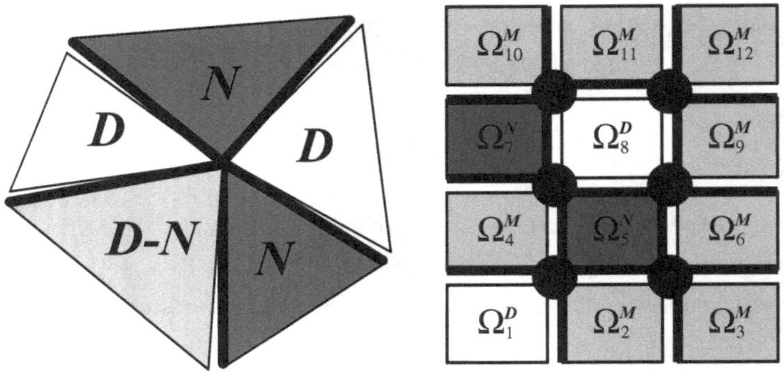

(a) (b)

Rysunek 2.8: Podział na podobszary typu Neumanna (czarne), Dirichleta (białe) i mieszane Neumanna-Dirichleta (szare) z uwzględnieniem przyporządkowania krawędzi – należące do neumannowskiej części brzegu danego podobszaru są pogrubione.

2.4 Eksperymenty numeryczne

W podrozdziale 2.3 przedstawione zostały między innymi konstrukcje i analizy jednopoziomowych metod Dirichleta-Neumanna równoległego rozwiązywania dyskretyzacji zagadnień eliptycznych w dwóch wymiarach. Podrozdział 2.2 zawiera macierzową postać wyjściowej metody, która została w pełni opisana w podrozdziale 2.1 wraz z konkretnym algorytmem odpowiadającym tej metodzie. Został on oparty o metodę iteracyjną Richardsona (2.72). Ze względu jednak na symetryczność i dodatnią określoność macierzy powstałych z dyskretyzacji metodą elementu skończonego oraz większą szybkość zbieżności (patrz [42]) w eksperymentach numerycznych zastosowana została metoda gradientów sprzężonych (ang. *Preconditioned Conjugate Gradient*). Zaimplementowane zostały między innymi:

1. jednopoziomowa metoda Dirichleta-Neumanna z punktami krzyżowymi, której konstrukcja podana została w podrozdziale 2.1 (patrz tw. 2.1),

2. modyfikacja metody wyjściowej dopuszczająca nieciągłości na brzegach sąsiadujących podobszarów typu Neumanna (patrz tw. 2.2),

3. modyfikacja metody wyjściowej dopuszczająca obok podobszarów typu Dirichleta i Neumanna, podobszary typu mieszanego (patrz tw. 2.3).

W celu sprawdzenia rezultatów teoretycznych przeprowadzona została symulacja obliczeń równoległych na maszynie jednoprocesorowej. Mierzony był czas obliczeń na jednym procesorze oraz przewidywany czas obliczeń na większej liczbie procesorów. Zależność stosunku tych czasów od liczby procesorów, określany jest mianem *speed-up*. Wykres przykładowych wyników pomiaru funkcji speed-up przedstawiony został na rysunku 2.23.

Oprócz czasów obliczeń, porównane zostały dokładność, uwarunkowanie oraz liczba iteracji poszczególnych metod. Przykładowy wykres błędu residualnego w normie indukowanej przez preconditioner w kolejnych iteracjach obliczeń jednopoziomową metodą Dirichleta-Neumanna przy założeniu ciągłości na brzegach podobszarów przedstawiony jest na rysunku 2.9. Każdy z algorytmów był testowany zarówno na dużej, jak i małej liczbie podobszarów. Za podział na małą liczbę podobszarów przyjmujemy taką triangulację Ω, w którym każdy podobszar typu Neumanna ma niepustą część wspólną z brzegiem obszaru Ω. W eksperymentach będzie to oznaczało podział na cztery lub dziewięć podobszarów (zob. rys. 2.4).

Wszystkie obliczenia wykonywane były w programie Matlab. Z pewnością znacznie szybsza byłaby implementacja algorytmów w C lub Fortranie, ale głównym celem eksperymentów numerycznych była weryfikacja wyników teoretycznych przedstawionych w monografii, a nie napisanie biblioteki numerycznej. Ze względu na zakładaną poglądowość eksperymentów liczba niewiadomych w rozpatrywanych dekompozycjach została ograniczona do rzędu miliona.

Przeprowadzone zostały między innymi serie eksperymentów:

- przy ustalonym stosunku $\frac{H}{h}$,
- przy stałej liczbie podobszarów (H=const) i malejącym kroku h drobnej triangulacji,
- przy stałym kroku h drobnej triangulacji i zmniejszającej się liczbie podobszarów (rosnącym H).

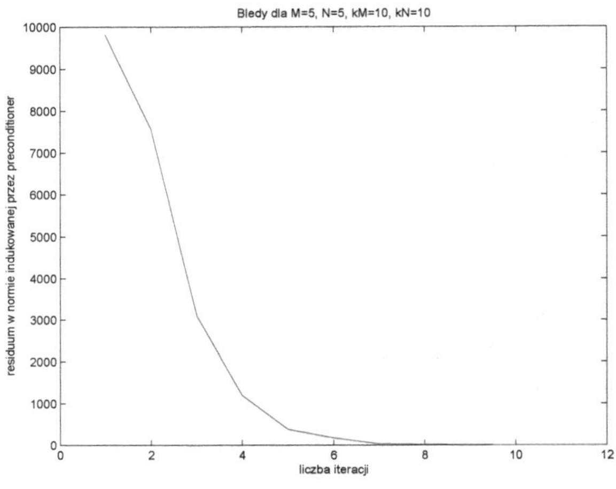

Rysunek 2.9: Wykres błędu residualnego w normie indukowanej przez preconditioner w kolejnych iteracjach obliczeń jednopoziomową metodą Dirichleta-Neumanna w 2D dla podziału na 25 podobszarów i 2401 niewiadomych.

Eksperymenty w dwóch wymiarach sprowadzały się do znalezienia przybliżonego rozwiązania zagadnienia (2.7) określonego na kwadracie $(0,1) \times (0,1)$. Dokładnym rozwiązaniem była funkcja (patrz rys. 2.10):

$$u(x,y) = 10^4 x\,(x-1)\left(x-\frac{1}{2}\right) y\,(y-1)\left(y-\frac{1}{3}\right) \tag{2.151}$$

Dla uproszczenia prezentacji wyników obszar Ω był dzielony na taką samą liczbę podobszarów zarówno w poziomie, jak i w pionie. Implementacja wszystkich metod dopuszcza również nierównomierne podziały (porównaj rys. 2.1). Graficzne przedstawienie parametrów grubej H i drobnej h siatki zostało zaprezentowane na rysunku 2.11. Jak przedstawione zostało w podrozdziale 2.2, do rozwiązania układu równań z macierzą Schura $\boldsymbol{S}$ używane były preconditionery, których konstrukcje przedstawione zostały w tym rozdziale. Oznaczmy macierz układu liniowych równań algebraicznych z uwzględnioną macierzą danego preconditionera przez $\boldsymbol{T}$ (porównaj 2.69). Do rozwiązania tego układu użyliśmy iteracyjnej

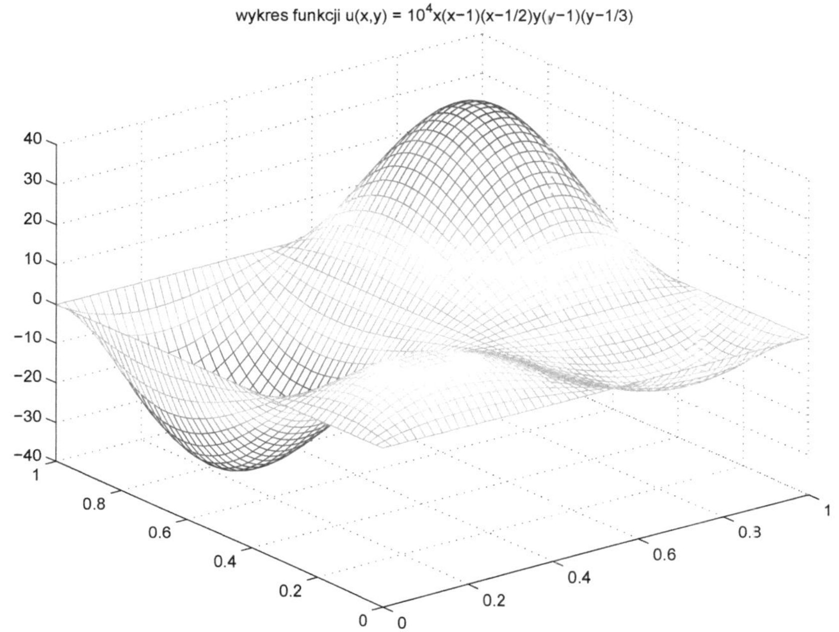

$$u(x,y) = 10^4 x\,(x-1)\left(x-\tfrac{1}{2}\right) y\,(y-1)\left(y-\tfrac{1}{3}\right)$$

Rysunek 2.10: Wykres funkcji będącej dokładnym rozwiązaniem zagadnienia w dwóch wymiarach liczonego w eksperymentach numerycznych.

metody gradientów sprzężonych (PCG), w której za kryterium stopu przyjęto maksymalną liczbę iteracji, a przede wszystkim warunek:

$$\|r_i\|_T \leq dokł \cdot \|r_0\|_T , \tag{2.152}$$

gdzie $\|\cdot\|_T$ oznacza normę indukowaną przez macierz preconditionera, zaś r_i wektor residualny w i-tej iteracji. W eksperymentach numerycznych przyjęto $dokł = 10^{-6}$. Krzywe teoretyczne na wykresach wyznaczane były liniową metodą

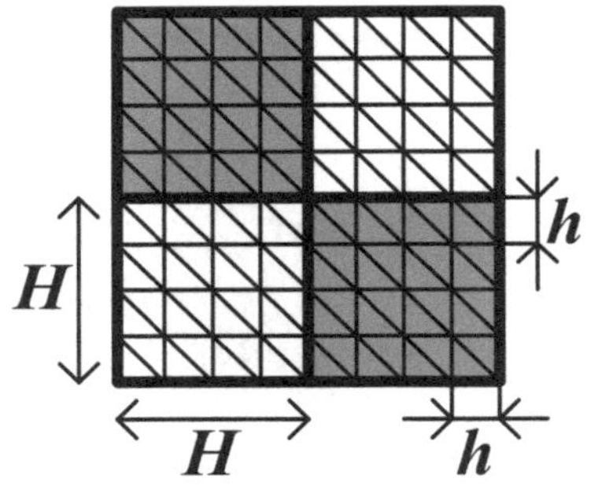

Rysunek 2.11: Graficzne przedstawienie parametrów grubej siatki (H) i drobnej siatki (h) w dwóch wymiarach.

najmniejszych kwadratów na podstawie danych eksperymentalnych.

Przedstawimy teraz oznaczenia użyte przy prezentacji wyników eksperymentów:

h	–	parametr drobnej triangulacji $\mathcal{T}^h(\Omega)$ (patrz rys. 2.11)
H	–	parametr grubej triangulacji $\mathcal{T}^H(\Omega)$ (patrz rys. 2.11)
n	–	liczba niewiadomych, to jest liczba punktów nodalnych drobnej triangulacji $\mathcal{T}^h(\Omega)$ nie leżących na brzegu obszaru Ω
N	–	liczba podobszarów na jakie podzielony został obszar Ω
iter	–	liczba iteracji metody PCG
cond	–	wskaźnik uwarunkowania macierzy $\boldsymbol{T}$ rozwiązywanego układu liniowych równań algebraicznych (z preconditionerem)
e_T^{avg}	–	średnia redukcja błędu residualnego na iterację $e_T^{avg} = (\|r_{iter}\|_T \,/\, \|r_0\|_T)^{1/iter}$
$e_{\max}$	–	błąd między znalezionym rozwiązaniem, a rozwiązaniem dokładnym liczony w normie maksimum
e_{l^2}	–	błąd między znalezionym rozwiązaniem, a rozwiązaniem dokładnym liczony w normie l^2
t_{sek}	–	sekwencyjny czas obliczeń (w sekundach)
t_{par}	–	równoległy czas obliczeń (w sekundach), przy założeniu użycia tylu procesorów ile jest podobszarów typu Neumanna

$s_{\max}$	–	przewidywany speed-up przy użyciu tylu procesorów ile jest podobszarów typu Neumanna
$\frac{t_{par}^{\text{nieciągły}}}{t_{par}^{\text{ciągły}}}$	–	stosunek równoległych czasów działania algorytmu Dirichleta-Neumanna z nieciągłymi wartościami na szkielecie i z wartościami ciągłymi przy takich samych wartościach h i H.

Pierwsza seria eksperymentów polegała na sprawdzeniu działania jednopoziomowego algorytmów Dirichleta-Neumanna przy stałym parametrze H i malejącym parametrze h (patrz rys. 2.12). Liczbowe wyniki testów numerycznych dla algorytmu z ciągłymi wartościami na brzegach podobszarów zebrane zostały w tabelach 2.1 i 2.2, dla algorytmu dopuszczającego nieciągłe wartości w punktach krzyżowych natomiast w tabelach 2.3 i 2.4. Wykresy krzywych teoretycznych

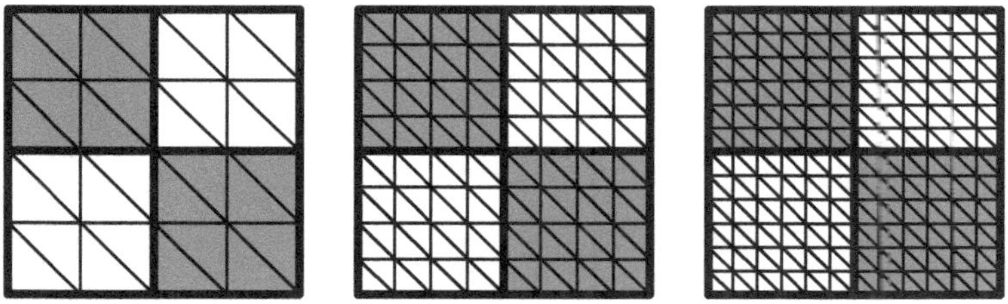

Rysunek 2.12: Graficzne przedstawienie idei testów numerycznych w dwóch wymiarach dla stałego parametru H i malejącego parametru h.

dopasowanych liniową metodą najmniejszych kwadratów do danych eksperymentalnych znajdują się na rysunkach 2.13 i 2.14. Zgodnie z oczekiwaniem zarówno dla małej jak i dla dużej liczby podobszarów dla obu algorytmów – z ciągłymi i nieciągłymi wartościami na szkielecie – wskaźniki uwarunkowania zadań związane są (przy stałym parametrze H) z parametrem drobnej triangulacji h zależnością

$$A + B \log \frac{1}{h} + C \log^2 \frac{1}{h}, \tag{2.153}$$

gdzie stałe A, B, C nie zależą od h.

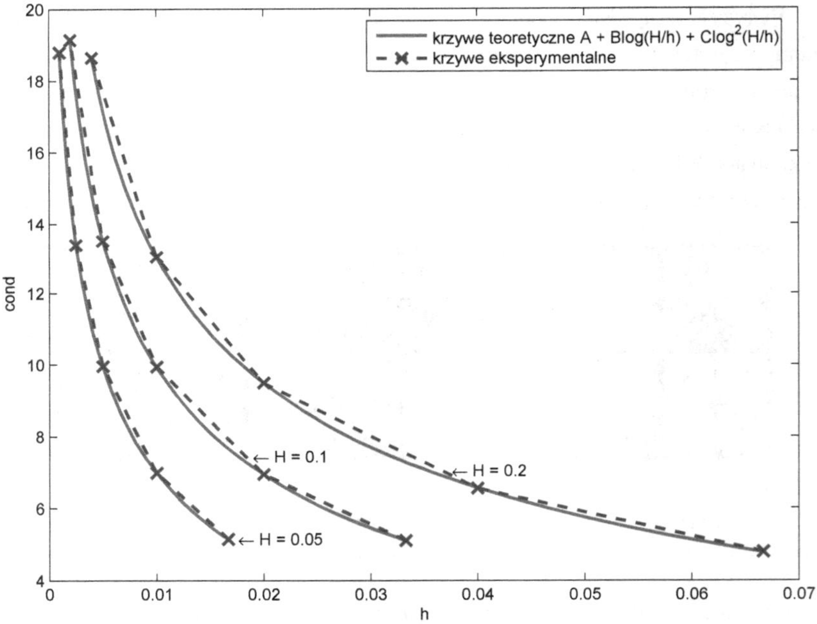

Rysunek 2.13: Porównanie teoretycznych i eksperymentalnych wartości wskaźnika uwarunkowania zadania z ciągłymi wartościami na szkielecie w zależności od parametru drobnej siatki h przy ustalonej wielkości parametru grubej siatki H.

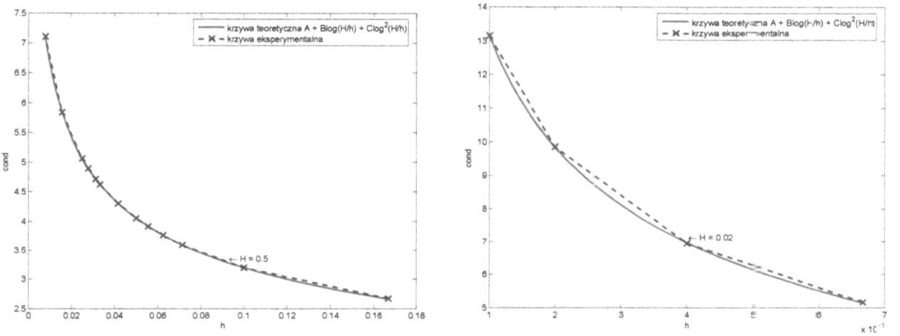

(a) $H = 1/2$ (b) $H = 1/50$

algorytm z ciągłymi wartościami na szkielecie

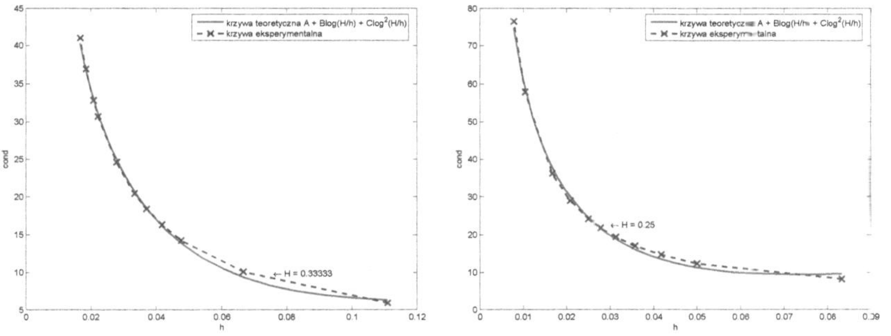

(c) $H = 1/3$ (d) $H = 1/4$

algorytm z nieciągłymi wartościami na szkielecie

Rysunek 2.14: Porównanie teoretycznej i eksperymentalnej wartości wskaźnika uwarunkowania zadania z ciągłymi – (a), (b) – i nieciągłymi – (c), (d) – wartościami na szkielecie w zależności od parametru drobnej siatki h przy ustalonej wielkości parametru grubej siatki H.

Tablica 2.1: Wyniki działania jednopoziomowego algorytmu Dirichleta-Neumanna szukania przybliżenia dokładnego rozwiązania $u(x,y) = 10^4 x\,(x-1)\left(x-\frac{1}{2}\right) y\,(y-1)\left(y-\frac{1}{3}\right)$ przy stałym parametrze H – wersja z ciągłymi wartościami na szkielecie i liczbą podobszarów $N \in \{4, 9\}$.

h	n	iter	cond	e_T^{avg}	$e_{\max}$	e_{l^2}	t_{sek}	t_{par}	$s_{\max}$
$N = 2^2 = 4$, H = 1/2									
1.67e-01	25	6	2.6685235e+00	1.5316496e-01	7.1054274e-15	1.9893854e-14	1.3872964e-01	1.1447600e-01	1.45
1.00e-01	81	7	3.1925196e+00	1.6190378e-01	6.1977801e-10	1.1868420e-09	1.8133904e-01	1.4588432e-01	1.46
7.14e-02	169	7	3.5879220e+00	2.0636438e-01	5.8539529e-08	1.6356881e-07	1.9325110e-01	1.5380509e-01	1.45
6.25e-02	225	7	3.7552140e+00	2.2149022e-01	2.4707912e-07	7.0476424e-07	2.2318311e-01	1.7761112e-01	1.44
5.56e-02	289	7	3.9076008e+00	2.3346145e-01	7.2970548e-07	2.1973547e-06	2.4316086e-01	1.9240218e-01	1.41
5.00e-02	361	7	4.0477302e+00	2.4297943e-01	1.7022141e-06	5.5098791e-06	2.8002665e-01	2.2192814e-01	1.40
4.17e-02	529	8	4.2987035e+00	1.9755764e-01	1.5931262e-08	7.0443023e-08	4.0304054e-01	3.1761509e-01	1.38
3.33e-02	841	8	4.6204701e+00	2.1998325e-01	1.0480711e-07	5.8450561e-07	6.1053849e-01	4.8089205e-01	1.36
3.13e-02	961	8	4.7165256e+00	2.2599509e-01	1.7001041e-07	1.0108344e-06	6.1826664e-01	4.7359979e-01	1.40
2.78e-02	1225	8	4.8952870e+00	2.3634713e-01	3.8451186e-07	2.5794930e-06	7.8300412e-01	5.9080889e-01	1.40
2.50e-02	1521	8	5.0589819e+00	2.4485962e-01	7.5018653e-07	5.6056793e-06	1.0035007e+00	7.5486270e-01	1.39
1.56e-02	3969	9	5.8327916e+00	2.3315271e-01	1.0154648e-07	9.1653352e-07	3.4896250e+00	2.4356489e+00	1.49
7.81e-03	16129	9	7.1040408e+00	2.7180857e-01	2.8601400e-06	5.2287537e-05	3.5217921e+01	2.2985390e+01	1.61
$N = 3^2 = 9$, H = 1/3									
1.11e-01	64	7	3.0312198e+00	1.6076654e-01	2.8887290e-07	6.9462760e-07	1.9743522e-01	1.1604974e-01	2.41
6.67e-02	196	7	3.5998383e+00	2.0265592e-01	1.5017749e-05	5.8208727e-05	2.5650439e-01	1.6226287e-01	2.15
4.76e-02	400	8	4.0288302e+00	1.8945576e-01	1.7735674e-06	9.8934259e-06	1.0508935e+00	9.2316412e-01	1.37
3.70e-02	676	8	4.3749949e+00	2.0471989e-01	7.6210596e-06	4.6148430e-05	4.8318732e-01	3.1224723e-01	1.87
3.33e-02	841	8	4.5264734e+00	2.1428418e-01	1.0648904e-05	6.2580254e-05	5.6032338e-01	3.6024893e-01	1.88
2.22e-02	1936	8	5.1437473e+00	2.5575217e-01	2.8534616e-05	2.4318840e-04	1.1475704e+00	7.1228327e-01	1.80
1.67e-02	3481	9	5.6143723e+00	2.2447748e-01	2.1343488e-06	2.1791090e-05	2.3811009e+00	1.3525218e+00	1.92
6.67e-03	22201	9	7.2921361e+00	2.8990768e-01	9.8496382e-06	2.2187890e-04	3.9250293e+01	1.5971460e+01	2.57

Tablica 2.2: Wyniki działania jednopoziomowego algorytmu Dirichleta-Neumanna szukania przybliżenia dokładnego rozwiązania $u(x,y) = 10^4 x\,(x-1)\left(x-\frac{1}{2}\right) y\,(y-1)\left(y-\frac{1}{3}\right)$ przy stałym parametrze H – wersja z ciągłymi wartościami na szkielecie i liczbą podobszarów $N > 9$.

h	n	iter	cond	e_T^{avg}	$e_{\max}$	e_{l^2}	t_{sek}	t_{par}	$s_{\max}$
$N = 5^2 = 25$, H = 1/5									
6.67e-02	196	10	4.7988128e+00	2.9225343e-01	2.2107178e-05	1.0713054e-04	5.1668815e-01	1.8558637e-01	4.40
4.00e-02	576	11	6.5441822e+00	3.2073904e-01	1.4957240e-05	1.2906116e-04	7.1672810e-01	2.7880918e-01	3.80
2.00e-02	2401	13	9.4866569e+00	3.5680663e-01	6.8599589e-06	1.1141643e-04	1.8863879e+00	8.3035546e-01	2.98
1.00e-02	9801	14	1.3038425e+01	3.8285537e-01	7.9802164e-06	1.7318247e-04	9.0448317e+00	3.2472592e+00	3.31
4.00e-03	62001	16	1.8651739e+01	4.2996287e-01	1.8837433e-05	1.0298454e-03	1.8348943e+02	3.4334216e+01	5.99
$N = 10^2 = 100$, H = 1/10									
3.33e-02	841	13	5.1133027e+00	3.6151064e-01	3.8160792e-05	3.1230934e-04	2.2093380e+00	4.1959767e-01	9.04
2.00e-02	2401	15	6.9348882e+00	4.2482749e-01	4.6998761e-05	4.3794482e-04	3.3258739e+00	8.3205079e-01	6.06
1.00e-02	9801	18	9.9442415e+00	4.8494232e-01	4.1239186e-05	7.7816226e-04	9.0916679e+00	2.8088795e+00	4.29
5.00e-03	39601	21	1.3506517e+01	5.2356552e-01	3.3361785e-05	1.7393389e-03	5.0081902e+01	1.1052062e+01	5.41
2.00e-03	249001	25	1.9150760e+01	5.7671197e-01	1.2512726e-05	1.4510339e-03	1.2046061e+03	1.0777397e+02	12.4
$N = 20^2 = 400$, H = 1/20									
1.67e-02	3481	13	5.1541189e+00	3.5635536e-01	2.0173550e-05	2.5422628e-04	8.2528738e+00	1.1593890e+00	11.2
1.00e-02	9801	15	6.9751064e+00	4.0695348e-01	2.7441976e-05	5.4462354e-04	1.2953103e+01	2.9118564e+00	6.49
5.00e-03	39601	18	9.9576462e+00	4.6639456e-01	1.4620560e-05	5.2251651e-04	3.5841283e+01	1.0439625e+01	4.50
2.50e-03	159201	20	1.3387842e+01	5.1423157e-01	3.2415522e-05	2.5478281e-03	2.0774907e+02	5.2637958e+01	4.63
1.00e-03	998001	24	1.8801262e+01	5.6674079e-01	9.3551508e-06	2.1887336e-03	5.1793345e+03	6.3279241e+02	8.91
$N = 50^2 = 2500$, H = 1/50									
6.67e-03	22201	13	5.1570218e+00	3.4841581e-01	7.1471938e-06	2.4689724e-04	5.1179443e+01	7.0200522e+00	10.9
4.00e-03	62001	14	6.9451493e+00	3.9994215e-01	2.3866192e-05	1.3370633e-03	7.6154472e+01	1.7930021e+01	6.00
2.00e-03	249001	17	9.8484142e+00	4.4824395e-01	1.0400844e-05	7.5771686e-04	2.8381800e+02	1.2650411e+02	2.75
1.00e-03	998001	19	1.3147036e+01	4.9550173e-01	1.4534496e-05	2.6806709e-03	2.1254816e+03	1.1230653e+03	2.08

Tablica 2.3: Wyniki działania jednopoziomowego algorytmu Dirichleta-Neumanna szukania przybliżenia dokładnego rozwiązania $u(x,y) = 10^4 x\,(x-1)\left(x-\frac{1}{2}\right) y\,(y-1)\left(y-\frac{1}{3}\right)$ dla małej liczby podobszarów, przy stałym parametrze H – wersja z nieciągłymi wartościami na szkielecie i liczbą podobszarów $N \in \{4, 9\}$.

h	n	iter	cond	e_T^{avg}	$e_{\max}$	e_{l^2}	t_{sek}	t_{par}	$s_{\max}$
$N = 2^2 = 4$, H = 1/2									
1.67e-01	25	10	5.0334692e+00	2.6731026e-01	6.8615228e-05	1.6963215e-04	2.7832224e-01	2.5323407e-01	1.29
1.00e-01	81	13	9.5607841e+00	3.4556590e-01	7.0095620e-05	2.6212445e-04	1.2141355e-01	8.6387236e-02	1.62
7.14e-02	169	14	1.4083120e+01	3.8906850e-01	3.3328926e-05	1.0064192e-04	1.5540152e-01	1.0968964e-01	1.58
6.25e-02	225	15	1.6345363e+01	4.0199851e-01	5.0991231e-05	1.5484237e-04	1.7073511e-01	1.1618034e-01	1.62
5.56e-02	289	15	1.8595028e+01	4.0619443e-01	1.5991613e-04	7.1878263e-04	2.1847888e-01	1.5515373e-01	1.54
5.00e-02	361	15	2.0816612e+01	4.1916230e-01	8.2473175e-05	2.9326773e-04	2.2967598e-01	1.5790987e-01	1.56
4.17e-02	529	17	2.5297752e+01	4.4578608e-01	2.1427648e-04	1.1324925e-03	3.2793393e-01	2.1951142e-01	1.59
3.33e-02	841	18	3.1910105e+01	4.7502883e-01	3.0787408e-04	1.9441801e-03	4.9825949e-01	3.2595134e-01	1.56
3.13e-02	961	19	3.4164772e+01	4.8559151e-01	1.9182394e-04	1.3620800e-03	5.9344945e-01	3.8672925e-01	1.58
2.78e-02	1225	19	3.8473291e+01	4.9989028e-01	3.2899644e-04	2.5691359e-03	7.5296218e-01	4.8614908e-01	1.57
2.50e-02	1521	20	4.2932458e+01	5.1222647e-01	2.7640392e-04	2.4783838e-03	1.0543636e+00	6.8936499e-01	1.58
$N = 3^2 = 9$, H = 1/3									
1.11e-01	64	11	5.9008246e+00	3.2492693e-01	7.2067081e-05	2.2464620e-04	1.5069981e-01	8.1391140e-02	2.44
6.67e-02	196	14	1.0076193e+01	3.9915903e-01	6.9363821e-05	2.9007506e-04	2.2180612e-01	1.1723299e-01	2.46
4.76e-02	400	16	1.4236891e+01	4.4908474e-01	9.5193138e-05	4.6404192e-04	3.1175666e-01	1.5841224e-01	2.48
4.17e-02	529	17	1.6318765e+01	4.6857518e-01	1.0537707e-04	5.9918001e-04	3.7275352e-01	1.8949790e-01	2.39
3.70e-02	676	18	1.8375415e+01	4.8454676e-01	8.4524861e-05	5.3030432e-04	4.4486248e-01	2.2209988e-01	2.44
3.33e-02	841	19	2.0430550e+01	4.9708674e-01	6.3591298e-05	5.1507480e-04	5.3806322e-01	2.6601356e-01	2.40
2.78e-02	1225	21	2.4578050e+01	5.1823630e-01	6.5024759e-05	5.6294548e-04	7.6799572e-01	3.5097701e-01	2.47
2.22e-02	1936	22	3.0715225e+01	5.5498676e-01	1.6492869e-04	1.3452854e-03	1.2498505e+00	5.5719330e-01	2.47
2.08e-02	2209	23	3.2801703e+01	5.5854785e-01	1.0912081e-04	1.0772913e-03	1.4967983e+00	6.6126889e-01	2.48
1.85e-02	2809	24	3.6894874e+01	5.7494244e-01	1.3537113e-04	1.4639249e-03	2.0711935e+00	8.8828874e-01	2.52
1.67e-02	3481	25	4.0961596e+01	5.8686994e-01	1.5938340e-04	1.9806410e-03	2.7907508e+00	1.1564774e+00	2.57

Tablica 2.4: Wyniki działania jednopoziomowego algorytmu Dirichleta-Neumanna szukania przybliżenia dokładnego rozwiązania $u(x,y) = 10^4 x\,(x-1)\left(x-\frac{1}{2}\right) y\,(y-1)\left(y-\frac{1}{3}\right)$ dla dużej liczby podobszarów, przy stałym parametrze H – wersja z nieciągłymi wartościami na szkielecie i liczbą podobszarów $N > 9$.

h	n	iter	cond	e_T^{avg}	$e_{\max}$	e_{l^2}	t_{sek}	t_{par}	$s_{\max}$
$N = 4^2 = 16$, H = 1/4									
3.57e-02	729	19	1.7038396e+01	4.8649353e-01	4.8915792e-05	3.8586798e-04	9.9722381e-01	5.6428994e-01	2.76
2.78e-02	1225	21	2.1792273e+01	5.1901553e-01	5.6906543e-05	5.0957276e-04	1.0177671e+00	3.8877294e-01	3.50
2.50e-02	1521	21	2.4159336e+01	5.2854150e-01	1.3729432e-04	1.1449670e-03	9.9329838e-01	3.6598017e-01	3.43
2.08e-02	2209	22	2.8910555e+01	5.4736956e-01	1.8158094e-04	1.8177567e-03	1.3991775e+00	5.0145891e-01	3.43
1.67e-02	3481	25	3.6162187e+01	5.7999244e-01	1.3985704e-04	1.6950601e-03	2.5006570e+00	8.4905882e-01	3.56
1.04e-02	9025	30	5.7894995e+01	6.3300310e-01	3.3409934e-04	6.8736239e-03	1.0143787e+01	2.7889594e+00	4.30
7.81e-03	16129	33	7.6440855e+01	6.6065287e-01	4.5327159e-04	1.4943346e-02	2.6944600e+01	6.5568765e+00	4.87
$N = 5^2 = 25$, H = 1/5									
2.86e-02	1156	19	2.0239875e+01	4.8885497e-01	2.0264894e-04	2.1484672e-03	8.8121465e-01	2.9225404e-01	4.15
2.00e-02	2401	21	2.5411121e+01	5.3015458e-01	2.3236080e-04	3.6984542e-03	1.5291613e+00	4.9929349e-01	3.86
1.67e-02	3481	22	2.7284227e+01	5.4120474e-01	2.4506032e-04	5.1109611e-03	2.2118181e+00	7.1035481e-01	3.90
1.33e-02	5476	22	1.9056988e+01	5.3500030e-01	6.5820927e-04	2.3493682e-02	3.6531736e+00	1.1498492e+00	3.90
1.11e-02	7921	23	2.2598498e+01	5.4875898e-01	6.8623259e-04	2.7395988e-02	5.8857887e+00	1.6583992e+00	4.19
1.00e-02	9801	23	2.4960389e+01	5.5854262e-01	7.5956068e-04	2.9881527e-02	7.7543201e+00	2.1316775e+00	4.27
8.00e-03	15376	26	3.1042262e+01	5.9043767e-01	4.7066021e-04	2.3751133e-02	1.6408381e+01	3.7799900e+00	5.00
6.67e-03	22201	28	3.7285304e+01	6.2007713e-01	4.7046368e-04	2.5571247e-02	3.0488732e+01	6.1556291e+00	5.67
5.00e-03	39601	32	4.9564112e+01	6.5053056e-01	3.8934357e-04	2.4844271e-02	9.0687240e+01	1.4870841e+01	6.90
$N = 10^2 = 100$, H = 1/10									
1.43e-02	4761	33	3.3350535e+01	6.5861576e-01	5.8176704e-04	1.7634319e-02	5.3529847e+00	9.3345879e-01	8.39
1.00e-02	9801	33	3.7076300e+01	6.6664509e-01	5.5231841e-04	2.4868788e-02	8.7790079e+00	1.6671254e+00	7.09
8.33e-03	14161	34	4.0397802e+01	6.6931376e-01	4.7172809e-04	2.5837696e-02	1.2821803e+01	2.4226203e+00	6.88
6.67e-03	22201	36	4.5044743e+01	6.8240325e-01	3.7673377e-04	2.6112535e-02	2.2325705e+01	3.8639670e+00	7.34
5.56e-03	32041	35	4.9489834e+01	6.8594711e-01	3.9242409e-04	3.2276900e-02	3.4803717e+01	5.5171012e+00	7.79
5.00e-03	39601	36	5.2616846e+01	6.8795723e-01	3.2927966e-04	3.1818477e-02	4.7618421e+01	6.9688608e+00	8.23
4.00e-03	62001	38	6.0958505e+01	6.9913786e-01	2.8593170e-04	3.3388649e-02	9.7384401e+01	1.1531432e+01	9.88
3.33e-03	89401	39	6.9964839e+01	7.0513776e-01	3.4707913e-04	4.0625086e-02	1.7904841e+02	1.8173905e+01	11.3
2.50e-03	159201	42	9.2542734e+01	7.2337894e-01	3.9284604e-04	5.2109644e-02	5.1563566e+02	4.0167625e+01	14.3

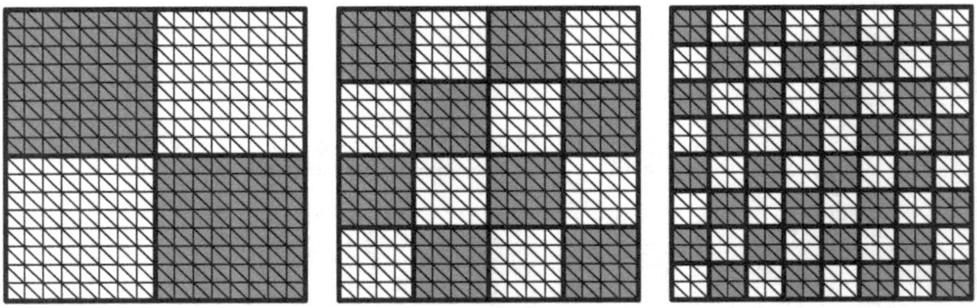

Rysunek 2.15: Graficzne przedstawienie idei testów numerycznych w dwóch wymiarach dla stałego parametru h i rosnącego parametru H.

Druga seria testów polegała na zbadaniu działania algorytmów Dirichleta-Neumanna przy stałym parametrze h i rosnącym parametrze H (patrz rys. 2.15). Wyniki eksperymentów numerycznych dla algorytmów z ciągłymi i nieciągłymi wartościami na brzegach podobszarów zostały zebrane w tabelach odpowiednio 2.5 i 2.6. Wykresy dopasowanych do danych eksperymentalnych krzywych teoretycznych znajdują się na rysunkach 2.16 i 2.18. W przypadku algorytmu z ciągłymi wartościami na brzegach podobszarów dostajemy następującą, zgodną z rezultatami teoretycznymi, zależność wskaźnika uwarunkowania od (przy stałym parametrze h) od parametru grubej triangulacji H:

$$A + B \log H + C \log^2 H, \tag{2.154}$$

gdzie stałe A, B, C nie zależą od H. Dla algorytmu z nieciągłymi wartościami otrzymujemy zależność od liczby podobszarów:

$$H^{-2} \left(A + B \log H + C \log^2 H\right), \tag{2.155}$$

gdzie, jak powyżej, stałe A, B, C nie zależą od parametru grubej siatki.

Przy analizie wykresu dla algorytmu z ciągłymi wartościami na szkielecie z rysunku 2.18a zauważmy, że dane eksperymentalne dla $H = 1/3$ i $H = 1/2$ leżą poniżej krzywej teoretycznej określającej zależność od $H < 1/3$. Oznacza to, iż szybkość zbieżności dla małej liczby podobszarów jest lepsza niż $\left(1 + \log \frac{H}{h}\right)^2$. Dla

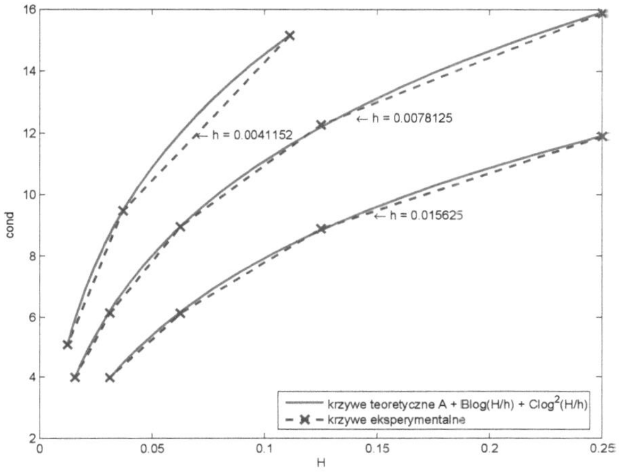

Rysunek 2.16: Porównanie teoretycznych i eksperymentalnych wartości wskaźnika uwarunkowania zadania z ciągłymi wartościami na szkielecie w zależności od parametru grubej siatki H przy ustalonej wielkości parametru drobnej siatki h.

$N > 9$ szybkość zbieżności pokrywa się już z funkcją określoną w (2.154), patrz rysunek 2.17.

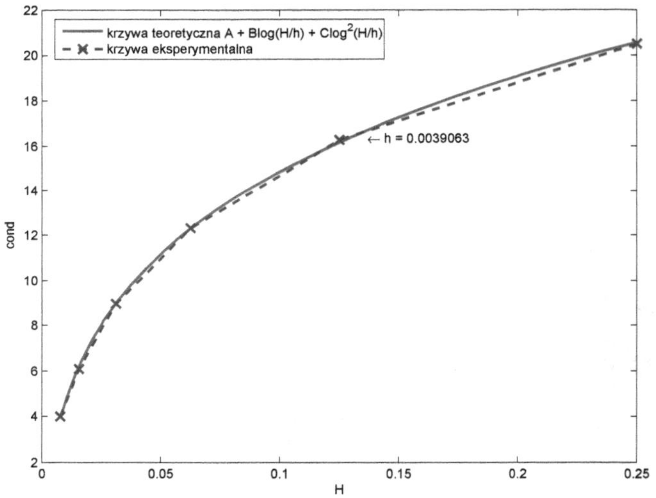

Rysunek 2.17: Porównanie teoretycznej i eksperymentalnej wartości wskaźnika uwarunkowania zadania z ciągłymi wartościami na szkielecie w zależności od parametru grubej siatki H dla $h = 1/256$.

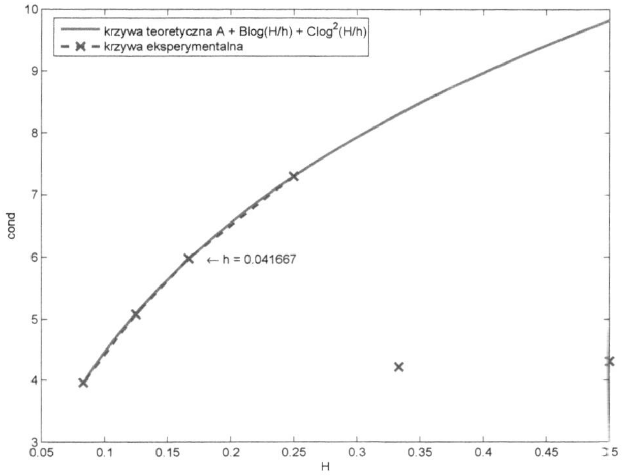

(a) $h = 1/24$

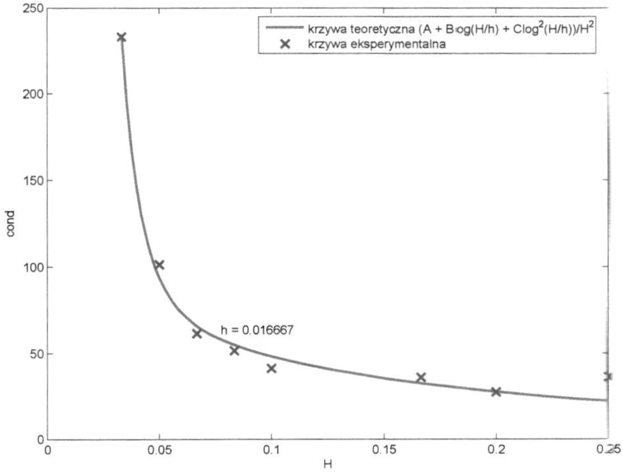

(b) $h = 1/40$

Rysunek 2.18: Porównanie teoretycznej i eksperymentalnej wartości wskaźnika uwarunkowania zadania z ciągłymi – (a) – i nieciągłymi – (b) – wartościami na szkielecie w zależności od parametru grubej siatki H przy ustalonej wielkości parametru drobnej siatki h.

Tablica 2.5: Wyniki działania jednopoziomowego algorytmu Dirichleta-Neumanna szukania przybliżenia dokładnego rozwiązania $u(x,y) = 10^4 x(x-1)\left(x-\frac{1}{2}\right)y(y-1)\left(y-\frac{1}{3}\right)$ przy stałym parametrze h – wersja z ciągłymi wartościami na szkielecie.

H	N	iter	cond	e_T^{avg}	$e_{\max}$	e_{l^2}	t_{sek}	t_{par}	$s_{\max}$
				n = 3969, h = 1.5625000e-02					
1/2	4	9	5.8327916e+00	2.3315271e-01	1.0154648e-07	9.1653352e-07	3.4896250e+00	2.4356489e+00	1.49
1/4	16	15	1.1890501e+01	4.1317530e-01	1.3576015e-05	2.2011940e-04	3.2394313e+00	1.3678696e+00	2.87
1/8	64	18	8.8849484e+00	4.6518895e-01	1.9745775e-05	3.5771492e-04	3.8476422e+00	1.1631068e+00	4.53
1/16	256	14	6.1267451e+00	4.0039934e-01	2.7681733e-05	5.2360333e-04	6.4159316e+00	1.2008810e+00	8.21
1/32	1024	11	3.9803832e+00	3.1327569e-01	1.6160357e-05	2.2334957e-04	2.1296066e+01	4.0870314e+00	14.0
				n = 16129, h = 7.8125000e-03					
1/2	4	9	7.1040408e+00	2.7180857e-01	2.8601400e-06	5.2287537e-05	3.5217921e+01	2.2985390e+01	1.61
1/4	16	16	1.5873194e+01	4.3340011e-01	3.5023399e-05	1.0626442e-03	2.3298960e+01	7.0910000e+00	3.81
1/8	64	20	1.2261462e+01	5.2412782e-01	2.6133602e-05	1.0471624e-03	1.6156239e+01	4.3492574e+00	4.52
1/16	256	17	8.9488628e+00	4.6606118e-01	1.4764223e-05	4.5966688e-04	1.4542904e+01	4.0938511e+00	4.78
1/32	1024	14	6.1378329e+00	3.8691019e-01	1.7348170e-05	5.5459073e-04	2.4912617e+01	4.2915609e+00	8.45
1/64	4096	11	3.9854545e+00	3.0565882e-01	1.1440385e-05	2.3891597e-04	5.8606712e+01	5.2387036e+00	16.7
				n = 58564, h = 4.1152263e-03					
1/3	9	10	8.2847598e+00	2.7820112e-01	2.6818154e-06	8.6895742e-05	2.3313100e+02	8.4474382e+01	2.90
1/9	81	20	1.5140864e+01	5.3220695e-01	5.4582906e-05	4.0076779e-03	9.4958965e+01	1.7093038e+01	6.53
1/27	729	17	9.4654084e+00	4.6223143e-01	1.2674909e-05	6.3823597e-04	5.1953913e+01	1.5190490e+01	4.47
1/81	6561	12	5.0987928e+00	3.2937106e-01	1.9995351e-05	3.9896331e-04	1.2714572e+02	1.8570544e+01	10.4
				n = 65025, h = 3.9062500e-03					
1/4	16	17	2.0486017e+01	4.5906386e-01	4.9941789e-05	2.6612667e-03	3.0339178e+02	6.7834793e+01	5.33
1/8	64	23	1.6272616e+01	5.5337381e-01	1.9562196e-05	1.6271296e-03	1.4557125e+02	2.1710607e+01	7.69
1/16	256	20	1.2302260e+01	5.0802361e-01	2.2671399e-05	1.3706781e-03	7.1738698e+01	1.7764283e+01	4.96
1/32	1024	17	8.9537429e+00	4.4822057e-01	7.9182840e-06	3.6956747e-04	6.4911774e+01	1.8702308e+01	4.74
1/64	4096	13	6.0847346e+00	3.7580467e-01	1.6204725e-05	1.3054495e-03	1.0522433e+02	1.9742637e+01	8.06
1/128	16384	11	3.9861200e+00	2.9543770e-01	5.7435919e-06	2.1256628e-04	2.4078985e+02	2.5235735e+01	14.2

Tablica 2.6: Wyniki działania jednopoziomowego algorytmu Dirichleta-Neumanna szukania przybliżenia dokładnego rozwiązania $u(x,y) = 10^4 x\,(x-1)\left(x-\frac{1}{2}\right) y\,(y-1)\left(y-\frac{1}{3}\right)$ przy stałym parametrze h – wersja z nieciągłymi wartościami na szkielecie.

H	N	iter	cond	e_T^{avg}	$e_{\max}$	e_{l^2}	t_{sek}	t_{par}	$s_{\max}$
n = 3481, h = 1.6666667e-02									
1/4	16	25	3.6162187e+01	5.7999244e-01	1.3985704e-04	1.6950601e-03	2.5006570e+00	8.4905882e-01	3.556
1/5	25	22	2.7284227e+01	5.4120474e-01	2.4506032e-04	5.1109611e-03	2.2118181e+00	7.1035481e-01	3.902
1/6	36	25	3.5923603e+01	5.7567654e-01	1.4357525e-04	2.3492092e-03	2.5502835e+00	7.1924435e-01	4.697
1/10	100	34	4.1289727e+01	6.6858603e-01	3.2322430e-04	7.2194153e-03	4.6057037e+00	7.2521787e-01	9.335
1/12	144	37	5.1596580e+01	7.0065432e-01	4.6383291e-04	1.1846528e-02	6.0719733e+00	7.0024221e-01	13.45
1/15	225	42	6.1534416e+01	7.2733851e-01	3.6961462e-04	1.0193442e-02	9.3045317e+00	7.4781495e-01	20.81
1/20	400	58	1.0146804e+02	7.9189018e-01	2.4377640e-04	6.8379052e-03	1.9920290e+01	8.6019452e-01	41.94
1/30	900	84	2.3272137e+02	8.4952779e-01	7.0570849e-05	2.2806435e-03	5.5560682e+01	1.2804471e+00	104.2
n = 9025, h = 1.0416667e-02									
1/4	16	30	5.7894995e+01	6.3300310e-01	3.3409934e-04	6.8736239e-03	1.0143787e+01	2.7889594e+00	4.298
1/6	36	28	5.2602542e+01	6.1107240e-01	3.0099400e-04	1.0239347e-02	7.4455841e+00	1.7746494e+00	5.196
1/8	64	29	3.1611573e+01	6.2589348e-01	8.2300532e-04	3.3023613e-02	7.1473293e+00	1.5764689e+00	5.825
1/12	144	39	4.7925933e+01	7.0343268e-01	3.7124522e-04	1.6113453e-02	1.0200420e+01	1.5667951e+00	9.273
1/16	256	49	7.3609487e+01	7.5918771e-01	2.4963934e-04	1.1565671e-02	1.5943703e+01	1.6191610e+00	15.04
1/24	576	65	1.4805093e+02	8.1428500e-01	2.5645791e-04	1.2380389e-02	3.5657119e+01	1.8568555e+00	33.27
1/32	1024	84	2.5982620e+02	8.5110306e-01	1.8605724e-04	8.3841868e-03	7.2115389e+01	2.2055014e+00	64.72
1/48	2304	133	5.9659045e+02	9.0159566e-01	3.3630253e-05	1.5202574e-03	2.2181889e+02	3.8410840e+00	171.5
n = 16129, h = 7.8125000e-03									
1/2	4	27	4.7274268e+01	6.0285798e-01	1.3207934e-03	5.5435234e-02	5.9023002e+01	3.6224493e+01	1.726
1/4	16	33	7.6440855e+01	6.6065287e-01	4.5327159e-04	1.4943346e-02	2.6944600e+01	6.5568765e+00	4.867
1/8	64	30	3.5496121e+01	6.3382324e-01	7.8074606e-04	4.5618394e-02	1.4080850e+01	2.8174340e+00	6.166
1/16	256	50	8.3348808e+01	7.6016565e-01	2.9502866e-04	1.3705655e-02	2.2433442e+01	2.7400070e+00	11.88
1/32	1024	83	2.6293879e+02	8.5126756e-01	2.4050824e-04	1.2445838e-02	7.9935717e+01	3.4918098e+00	42.01
1/64	4096	170	1.0610934e+03	9.2240859e-01	3.8264429e-05	1.4729966e-03	5.0477021e+02	6.3179631e+00	225.2

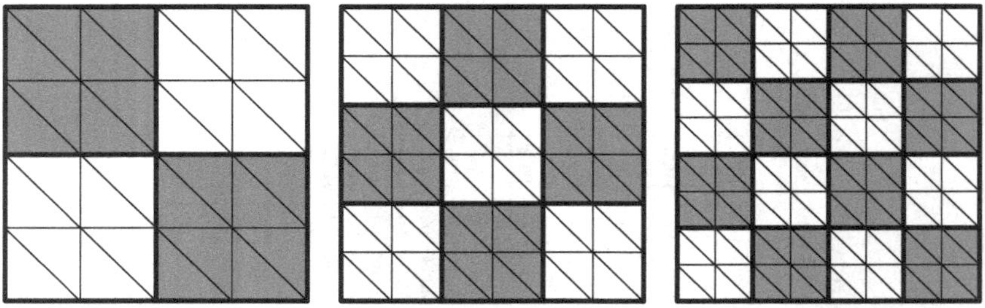

Rysunek 2.19: Graficzne przedstawienie idei testów numerycznych w dwóch wymiarach dla stałego stosunku H/h.

Trzecia seria eksperymentów zakładała stały stosunek H/h parametrów triangulacji (patrz rys. 2.19). Rezultaty testów dla algorytmów z ciągłymi i nieciągłymi wartościami w punktach krzyżowych znajdują się w tabelach 2.7 i 2.8. Wykresy dopasowanych do danych eksperymentalnych krzywych teoretycznych są natomiast przedstawione na rysunkach 2.20 i 2.21. Dla algorytmu z ciągłymi wartościami na brzegach podobszarów dla stałego stosunku H/h, zgodnie z teorią, wskaźnik uwarunkowania jest stały. Dla algorytmu z nieciągłymi wartościami otrzymujemy zależność od liczby podobszarów:

$$H^{-2}C, \tag{2.156}$$

gdzie stała C nie zależy od parametrów H i h. Zauważmy, że dla małej liczby podobszarów (zob. wykres 2.21a) możemy spodziewać się lepszego uwarunkowania niż wynika z dopasowania krzywej teoretycznej dla liczby podobszarów większej od 9.

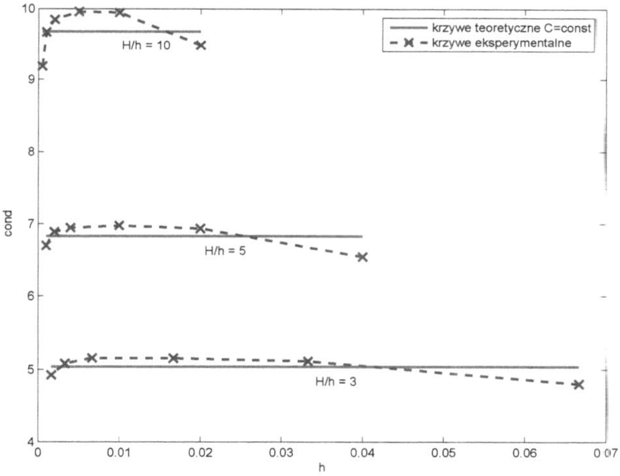

Rysunek 2.20: Porównanie teoretycznych i eksperymentalnych wartości wskaźnika uwarunkowania zadania z ciągłymi wartościami na szkielecie w zależności od parametru grubej siatki H przy ustalonym stosunku H/h.

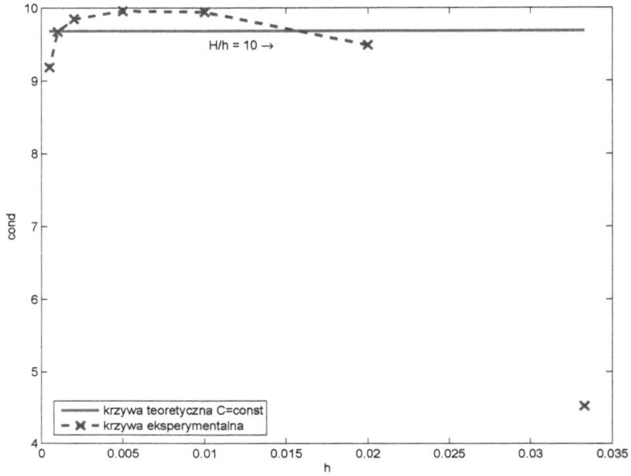

(a)

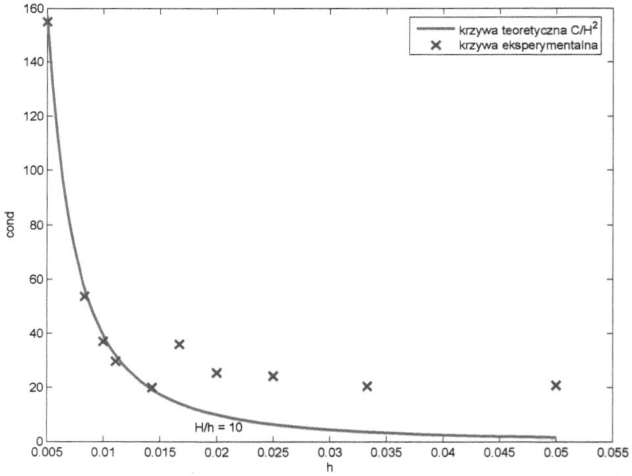

(b)

Rysunek 2.21: Porównanie teoretycznej i eksperymentalnej wartości wskaźnika uwarunkowania zadania z ciągłymi (a) i nieciągłymi (b) wartościami na szkielecie przy ustalonym stosunku $H/h = 10$.

Tablica 2.7: Wyniki działania jednopoziomowego algorytmu Dirichleta-Neumanna szukania przybliżenia dokładnego rozwiązania $u(x, y) = 10^4 x (x-1) \left(x - \frac{1}{2}\right) y (y-1) \left(y - \frac{1}{3}\right)$ przy stałym stosunku $\frac{H}{h}$ – wersja z ciągłymi wartościami na szkielecie.

h	n	iter	cond	e_T^{avg}	$e_{\max}$	e_{l^2}	t_{sek}	t_{par}	$s_{\max}$
					H/h = 3				
1.11e-01	64	7	3.0312198e+00	1.6076654e-01	2.8887290e-07	6.9462760e-07	2.6039085e-01	1.8582466e-01	1.83
6.67e-02	196	10	4.7988128e+00	2.9225343e-01	2.2107178e-05	1.0713054e-04	5.0999533e-01	1.8522361e-01	4.98
3.33e-02	841	13	5.1133027e+00	3.6151064e-01	3.8160792e-05	3.1230934e-04	2.1303671e+00	3.8309715e-01	9.37
1.67e-02	3481	13	5.1541189e+00	3.5635536e-01	2.0173550e-05	2.5422628e-04	8.2558666e+00	1.1530999e+00	11.7
6.67e-03	22201	13	5.1570218e+00	3.4841581e-01	7.1471938e-06	2.4689724e-04	5.2066313e+01	7.1809791e+00	11.6
3.33e-03	89401	12	5.0812618e+00	3.2513506e-01	1.6492756e-05	3.1777813e-04	1.9204028e+02	2.9841598e+01	9.47
1.67e-03	358801	11	4.9232440e+00	3.2030478e-01	1.4526247e-05	2.7931001e-03	1.0869388e+03	4.6502172e+02	3.04
					H/h = 5				
6.67e-02	196	7	3.5998383e+00	2.0265592e-01	1.5017749e-05	5.8208727e-05	2.3523080e-01	1.4500712e-01	2.15
4.00e-02	576	11	6.5441822e+00	3.2073904e-01	1.4957240e-05	1.2906116e-04	7.1734019e-01	2.7463246e-01	3.97
2.00e-02	2401	15	6.9348882e+00	4.2482749e-01	4.6998761e-05	4.3794482e-04	3.1909402e+00	7.9823595e-01	6.23
1.00e-02	9801	15	6.9751064e+00	4.0695348e-01	2.7441976e-05	5.4462354e-04	1.3784993e+01	3.3071992e+00	6.95
4.00e-03	62001	14	6.9451493e+00	3.9994215e-01	2.3866192e-05	1.3370633e-03	7.7997981e+01	1.8760021e+01	6.03
2.00e-03	249001	14	6.8884787e+00	3.7474918e-01	1.4369827e-05	1.1086220e-03	3.9574457e+02	1.6135048e+02	3.21
1.00e-03	998001	13	6.6998547e+00	3.6835231e-01	1.1172566e-05	3.6182533e-03	3.8652618e+03	2.9325369e+03	1.48
					H/h = 10				
3.33e-02	841	8	4.5264734e+00	2.1428418e-01	1.0648904e-05	6.2580254e-05	7.3834468e-01	5.4370262e-01	1.78
2.00e-02	2401	13	9.4866569e+00	3.5680663e-01	6.8599589e-06	1.1141643e-04	1.8908234e+00	8.5446551e-01	2.93
1.00e-02	9801	18	9.9442415e+00	4.8494232e-01	4.1239186e-05	7.7816226e-04	8.8427461e+00	2.7391889e+00	4.36
5.00e-03	39601	18	9.9576462e+00	4.6639456e-01	1.4620560e-05	5.2251651e-04	3.7190840e+01	1.0983482e+01	4.46
2.00e-03	249001	17	9.8484142e+00	4.4824395e-01	1.0400844e-05	7.5771686e-04	2.8613746e+02	1.3134502e+02	2.66
1.00e-03	998001	16	9.6720847e+00	4.3083399e-01	1.0039910e-05	1.4076235e-03	2.3431399e+03	1.7224111e+03	1.50
5.00e-04	3996001	15	9.1858141e+00	4.1243833e-01	8.3412915e-06	2.0798266e-03	2.7304812e+04	2.5083923e+04	1.12

Tablica 2.8: Wyniki działania jednopoziomowego algorytmu Dirichleta-Neumanna szukania przybliżenia dokładnego rozwiązania $u(x,y) = 10^4 x\,(x-1)\left(x-\frac{1}{2}\right) y\,(y-1)\left(y-\frac{1}{3}\right)$ przy stałym stosunku $\frac{H}{h}$ – wersja z nieciągłymi wartościami na szkielecie.

h	n	iter	cond	e_T^{avg}	$e_{\max}$	e_{l^2}	t_{sek}	t_{par}	$s_{\max}$
H/h = 5									
5.00e-02	361	16	1.2313120e+01	4.4852926e-01	1.0368987e-04	6.9745432e-04	7.0401601e-01	3.2030111e-01	3.917
4.00e-02	576	17	1.5596201e+01	4.5788762e-01	1.8932784e-04	1.4084662e-03	5.9097211e-01	1.7532151e-01	4.792
3.33e-02	841	21	2.2487503e+01	5.3382005e-01	1.6099874e-04	1.7976323e-03	9.9625183e-01	2.4389580e-01	6.500
2.86e-02	1156	23	2.5296814e+01	5.5047313e-01	2.4687733e-04	2.5695363e-03	1.5932943e+00	3.2277161e-01	8.144
2.22e-02	1936	28	3.0264233e+01	6.2209938e-01	4.0844003e-04	7.1199578e-03	3.5769875e+00	5.7814645e-01	10.58
2.00e-02	2401	34	5.2244112e+01	6.6686068e-01	1.7248061e-04	2.8542402e-03	3.9747146e+00	5.5515799e-01	11.77
1.67e-02	3481	37	5.1596580e+01	7.0065432e-01	4.6383291e-04	1.1846528e-02	6.0719733e+00	7.0024221e-01	13.45
1.00e-02	9801	56	1.0641628e+02	7.8615863e-01	3.4645443e-04	1.4142571e-02	2.4494349e+01	1.9123365e+00	21.45
H/h = 7									
3.57e-02	729	19	1.7038396e+01	4.8649353e-01	4.8915792e-05	3.8586798e-04	9.9722381e-01	5.6428994e-01	2.761
2.86e-02	1156	19	2.0239875e+01	4.8885497e-01	2.0264894e-04	2.1484672e-03	8.8121465e-01	2.9225404e-01	4.152
2.38e-02	1681	22	2.7422752e+01	5.4565760e-01	2.1651051e-04	3.0077752e-03	1.7137981e+00	4.7470845e-01	5.223
2.04e-02	2304	23	1.8985385e+01	5.5346218e-01	4.6156849e-04	9.2538182e-03	1.9169611e+00	4.6530055e-01	5.649
1.59e-02	3844	29	2.5755964e+01	6.2277513e-01	4.1871641e-04	1.2067184e-02	4.4950106e+00	8.7135816e-01	7.520
1.43e-02	4761	33	3.3350535e+01	6.5861576e-01	5.8176704e-04	1.7634319e-02	5.3529847e+00	9.3345879e-01	8.394
7.14e-03	19321	61	1.1893453e+02	7.9817347e-01	1.2983349e-04	8.9025128e-03	3.5864068e+01	3.4355118e+00	15.91
H/h = 10									
2.50e-02	1521	21	2.4159336e+01	5.2854150e-01	1.3729432e-04	1.1449670e-03	9.9329838e-01	3.6598017e-01	3.431
2.00e-02	2401	21	2.5411121e+01	5.3015458e-01	2.3236080e-04	3.6984542e-03	1.5291613e+00	4.9929349e-01	3.861
1.67e-02	3481	25	3.5923603e+01	5.7567654e-01	1.4357525e-04	2.3492092e-03	2.5502835e+00	7.1924435e-01	4.697
1.43e-02	4761	24	2.0002434e+01	5.6516498e-01	4.6235903e-04	1.4368378e-02	4.0541751e+00	1.0829546e+00	5.052
1.11e-02	7921	30	2.9593212e+01	6.3440242e-01	2.6647781e-04	1.1370028e-02	7.4460607e+00	1.6134492e+00	6.421
1.00e-02	9801	33	3.7076300e+01	6.6664509e-01	5.5231841e-04	2.4868788e-02	8.7790079e+00	1.6671254e+00	7.092
8.33e-03	14161	39	5.3776768e+01	7.1276203e-01	5.0731544e-04	2.2008023e-02	1.4621746e+01	2.4429747e+00	8.365
5.00e-03	39601	70	1.5510630e+02	8.2373937e-01	1.7829858e-04	1.1586007e-02	6.7885456e+01	6.7134662e+00	14.39

Ważnym czynnikiem porównawczym w analizie algorytmów numerycznych jest, poza dokładnością, czas ich działania. Oczywiście sekwencyjny czas działania t_{sek}, w związku z dużo większą liczbą iteracji, będzie w przypadku nieciągłych wartości w punktach krzyżowych dłuższy niż dla algorytmu z ciągłymi wartościami. Kluczową rolę w przypadku metod opartych na dekompozycji obszaru odgrywa jednak nie czas sekwencyjny, ale równoległy t_{par}. W tabelach 2.9 i 2.10 porównane zostały czasy działania obu wersji algorytmów. Pierwsza z tabel zawiera dane eksperymentów dla podziałów na małe liczby podobszarów, to jest cztery lub dziewięć, druga natomiast dane dla $N > 9$.

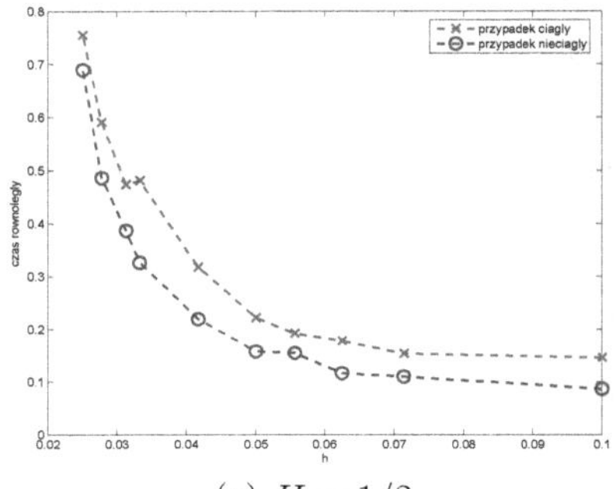

(a) $H = 1/2$

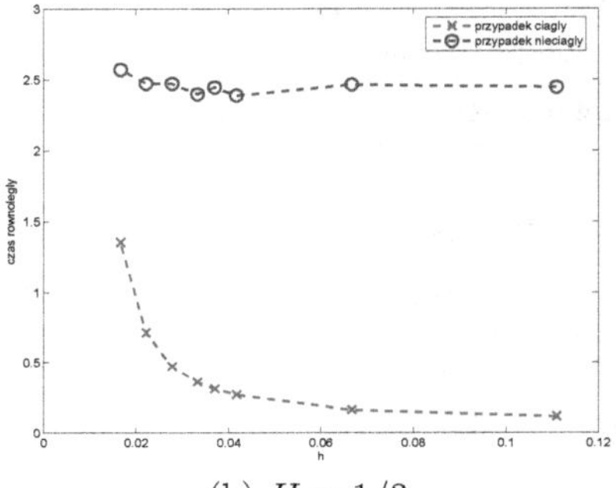

(b) $H = 1/3$

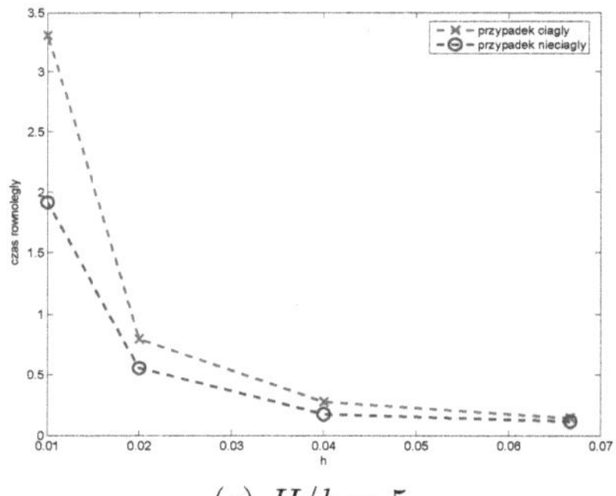

(c) $H/h = 5$

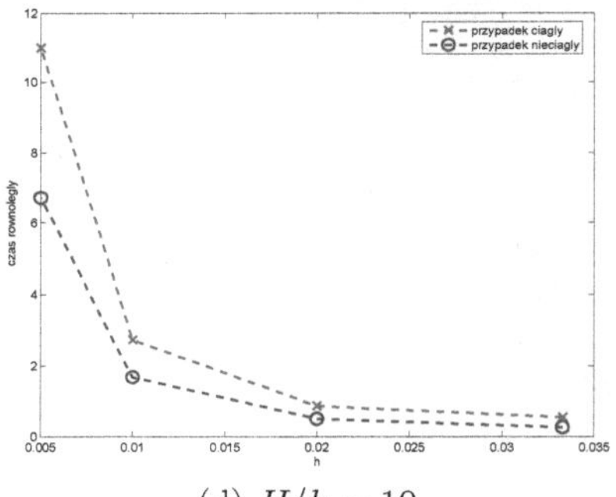

(d) $H/h = 10$

Rysunek 2.22: Porównanie równoległych czasów działania algorytmu z ciągłymi i nieciągłymi wartościami na szkielecie dla małej – (a), (b) – i dużej – (c), (d) – liczby podobszarów.

Tablica 2.9: Porównanie czasów działania jednopoziomowych algorytmów Dirichleta-Neumanna szukania przybliżenia dokładnego rozwiązania $u(x,y) = 10^4 x\,(x-1)\left(x-\frac{1}{2}\right) y\,(y-1)\left(y-\frac{1}{3}\right)$ w wersji z ciągłymi i nieciągłymi wartościami na szkielecie dla liczby podobszarów $N \in \{4,9\}$.

		przypadek ciągły				przypadek nieciągły				
h	n	iter	cond	t_{sek}	t_{par}	iter	cond	t_{sek}	t_{par}	$\frac{t_{par}^{\text{nieciągły}}}{t_{par}^{\text{ciągły}}}$
$N = 2^2 = 4$, H = 1/2										
1.00e-01	81	7	3.1925196e+00	1.8133e-01	1.4588e-01	13	9.5607841e+00	1.2141e-01	8.6387e-02	0.5922
7.14e-02	169	7	3.5879220e+00	1.9325e-01	1.5380e-01	14	1.4083120e+01	1.5540e-01	1.0968e-01	0.7132
6.25e-02	225	7	3.7552140e+00	2.2318e-01	1.7761e-01	15	1.6345363e+01	1.7073e-01	1.1618e-01	0.6541
5.56e-02	289	7	3.9076008e+00	2.4316e-01	1.9240e-01	15	1.8595028e+01	2.1847e-01	1.5515e-01	0.8064
5.00e-02	361	7	4.0477302e+00	2.8002e-01	2.2192e-01	15	2.0816612e+01	2.2967e-01	1.5790e-01	0.7115
4.17e-02	529	8	4.2987035e+00	4.0304e-01	3.1761e-01	17	2.5297752e+01	3.2793e-01	2.1951e-01	0.6911
3.33e-02	841	8	4.6204701e+00	6.1053e-01	4.8089e-01	18	3.1910105e+01	4.9825e-01	3.2595e-01	0.6778
3.13e-02	961	8	4.7165256e+00	6.1826e-01	4.7359e-01	19	3.4164772e+01	5.9344e-01	3.8672e-01	0.8166
2.78e-02	1225	8	4.8952870e+00	7.8300e-01	5.9080e-01	19	3.8473291e+01	7.5296e-01	4.8614e-01	0.8229
2.50e-02	1521	8	5.0589819e+00	1.0035e+00	7.5486e-01	20	4.2932458e+01	1.0543e+00	6.8936e-01	0.9132
$N = 3^2 = 9$, H = 1/3										
1.11e-01	64	7	3.0312198e+00	1.9743e-01	1.1604e-01	11	5.9008246e+00	8.1391e-02	2.4443e+00	21.0632
6.67e-02	196	7	3.5998383e+00	2.5650e-01	1.6226e-01	14	1.0076193e+01	1.1723e-01	2.4628e+00	15.1782
4.17e-02	529	8	4.2100793e+00	4.1847e-01	2.7196e-01	17	1.6318765e+01	1.8949e-01	2.3869e+00	8.7767
3.70e-02	676	8	4.3749949e+00	4.8318e-01	3.1224e-01	18	1.8375415e+01	2.2209e-01	2.4443e+00	7.8281
3.33e-02	841	8	4.5264734e+00	5.6032e-01	3.6024e-01	19	2.0430550e+01	2.6601e-01	2.3966e+00	6.6527
2.78e-02	1225	8	4.7973316e+00	7.4628e-01	4.6879e-01	21	2.4578050e+01	3.5097e-01	2.4707e+00	5.2705
2.22e-02	1936	8	5.1437473e+00	1.1475e+00	7.1228e-01	22	3.0715225e+01	5.5719e-01	2.4706e+00	3.4686
1.67e-02	3481	9	5.6143723e+00	2.3811e+00	1.3525e+00	25	4.0961596e+01	1.1564e+00	2.5703e+00	1.9004

Tablica 2.10: Porównanie czasów działania jednopoziomowych algorytmów Dirichleta-Neumanna szukania przybliżenia dokładnego rozwiązania $u(x,y) = 10^4 x\,(x-1)\left(x-\frac{1}{2}\right) y\,(y-1)\left(y-\frac{1}{3}\right)$ w wersji z ciągłymi i nieciągłymi wartościami na szkielecie dla liczby podobszarów $N > 9$.

		przypadek ciągły				przypadek nieciągły				
h	n	iter	cond	t_{sek}	t_{par}	iter	cond	t_{sek}	t_{par}	$\frac{t_{par}^{\text{nieciągły}}}{t_{par}^{\text{ciągły}}}$
H/h = 3										
1.11e-01	64	7	3.0312198e+00	2.6039e-01	1.8582e-01	11	5.9008246e+00	1.5069e-01	8.1391e-02	0.4380
6.67e-02	196	10	4.7988128e+00	5.0999e-01	1.8522e-01	15	1.0605139e+01	4.1032e-01	1.0935e-01	0.5904
3.33e-02	841	13	5.1133027e+00	2.1303e+00	3.8309e-01	31	4.7100102e+01	2.8344e+00	2.8176e-01	0.7355
1.67e-02	3481	13	5.1541189e+00	8.2558e+00	1.1530e+00	58	1.0146804e+02	1.9920e+01	8.6019e-01	0.7460
H/h = 5										
6.67e-02	196	7	3.5998383e+00	2.3523e-01	1.4500e-01	14	1.0076193e+01	2.2180e-01	1.1723e-01	0.8085
4.00e-02	576	11	6.5441822e+00	7.1734e-01	2.7463e-01	17	1.5596201e+01	5.9097e-01	1.7532e-01	0.6384
2.00e-02	2401	15	6.9348882e+00	3.1909e+00	7.9823e-01	34	5.2244112e+01	3.9747e+00	5.5515e-01	0.6955
1.00e-02	9801	15	6.9751064e+00	1.3784e+01	3.3071e+00	56	1.0641628e+02	2.4494e+01	1.9123e+00	0.5782
H/h = 10										
3.33e-02	841	8	4.5264734e+00	7.3834e-01	5.4370e-01	19	2.0430550e+01	5.3806e-01	2.6601e-01	0.4893
2.00e-02	2401	13	9.4866569e+00	1.8908e+00	8.5446e-01	21	2.5411121e+01	1.5291e+00	4.9929e-01	0.5843
1.00e-02	9801	18	9.9442415e+00	8.8427e+00	2.7391e+00	33	3.7076300e+01	8.7790e+00	1.6671e+00	0.6086
5.00e-03	39601	18	9.9576462e+00	3.7190e+01	1.0983e+01	70	1.5510630e+02	6.7885e+01	6.7134e+00	0.6112

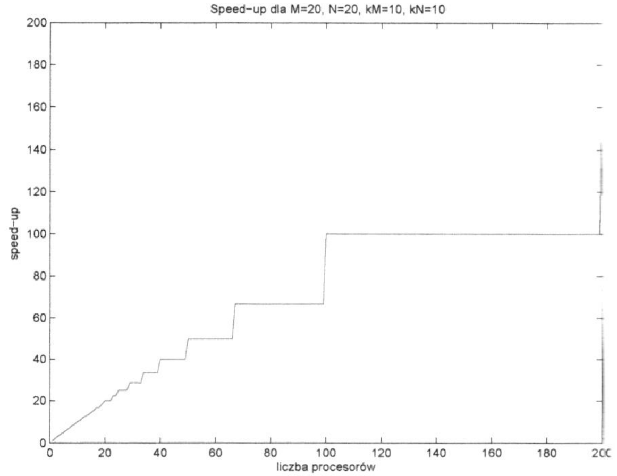

(a) algorytm z ciągłymi wartościami na szkielecie

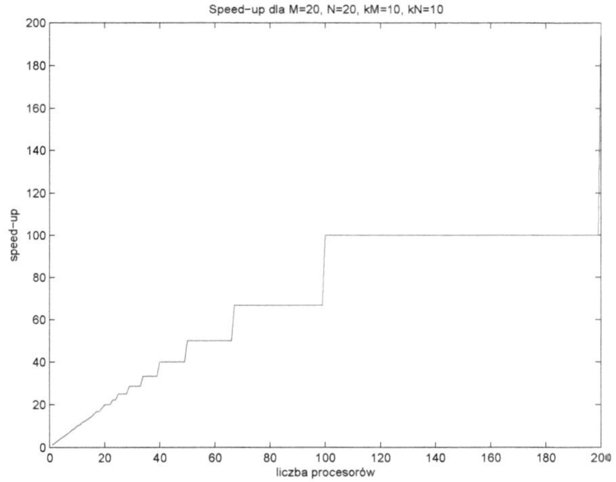

(b) algorytm z nieciągłymi wartościami na szkielecie

Rysunek 2.23: Speed-up jednopoziomowej metody Dirichleta-Neumanna w 2D dla podziału na 400 podobszarów i 39601 niewiadomych.

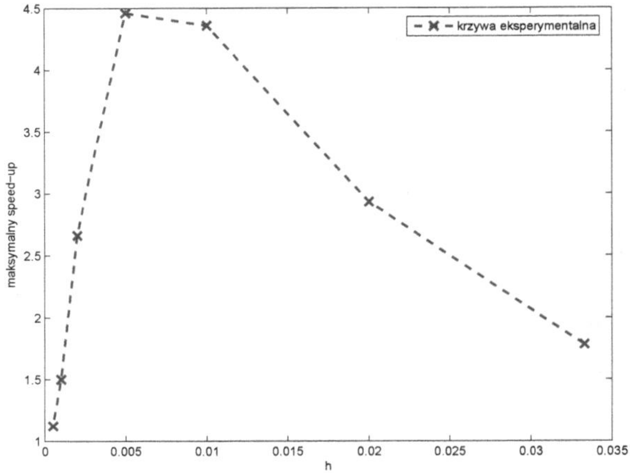

(a) algorytm z ciągłymi wartościami na szkielecie

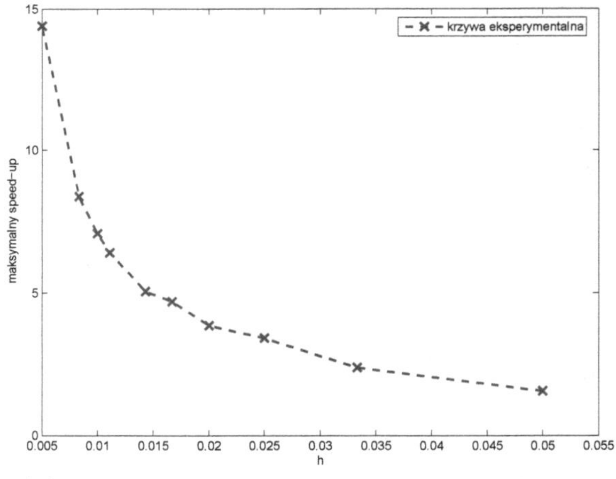

(b) algorytm z nieciągłymi wartościami na szkielecie

Rysunek 2.24: Wykres zależności maksymalnego speed-up od parametru h drobnej triangulacji dla jednopoziomowej metody Dirichleta-Neumanna w 2D przy ustalonym stosunku $H/h = 10$.

Z wykresów z rysunku 2.22 można odczytać, że poza przypadkiem podziału na dziewięć podobszarów szybszy okazuje się algorytm z nieciągłymi wartościami w punktach krzyżowych. Należy jednak pamiętać, iż eksperymenty były wykonywane na jednym procesorze, więc wykresy te nie uwzględniają strat czasowych na komunikację między procesorami. W przypadku, gdy obliczenia wykonywane są na wielu komputerach połączonych ze sobą łączami o słabych parametrach przepustowości, przewaga algorytmu z nieciągłymi wartościami na brzegach podobszarów powinna być jeszcze większa.

O dobrych własnościach zrównoleglenia świadczy tak zwany speed-up, to jest zależność od liczby procesorów stosunku czasu obliczeń na wielu procesorach do czasu obliczeń na jednym procesorze. Wykresy funkcji speed-up dla podziału na 25 podobszarów przedstawione zostały na rysunku 2.23. W celu osiągnięcia lepszego efektu wizualnego uzyskane wartości zostały interpolowane funkcją liniową. Potwierdzają one bardzo dobrą podatność na zrównoleglenie analizowanych w pracy metod.

Wiadomo, że maksymalny speed-up dla danego podziału uzyskiwany jest w przypadku, gdy liczba procesorów jest równa liczbie podobszarów typu Neumanna. Na rysunku 2.24 przedstawione zostały wykresy zależności maksymalnego speed-up od parametru h drobnej triangulacji przy ustalonym stosunku H/h (zob. rysunek 2.19). Okazuje się, iż dla algorytmu z ciągłymi wartościami na brzegach podobszarów istnieje optymalny podział, dla którego zrównoleglenie jest najlepsze. Dla algorytmu z nieciągłymi wartościami na szkielecie natomiast, zgodnie z oczekiwaniami, przyspieszenie obliczeń związane z ich zrównolegleniem, jest tym większe im większa jest liczba podobszarów, na jakie podzielony został wyjściowy obszar.

Na rysunku 2.25 przedstawiona jest wizualizacja wyników działania algorytmu z ciągłymi wartościami w punktach krzyżowych, na rysunku 2.26 zaś, przykładowe wykresy przybliżeń rozwiązania znalezionych w trzech pierwszych iteracjach procesu iteracyjnego.

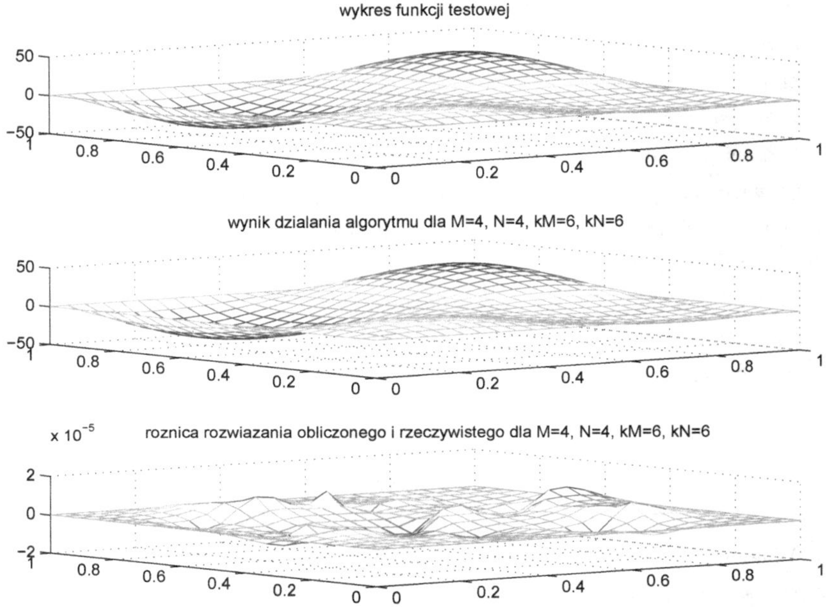

Rysunek 2.25: Wynik działania algorytmu z ciągłymi wartościami w punktach krzyżowych dla podziału na 16 podobszarów i 529 niewiadomych.

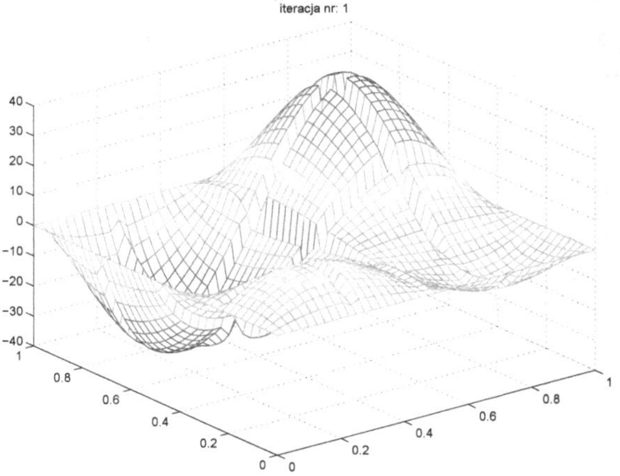

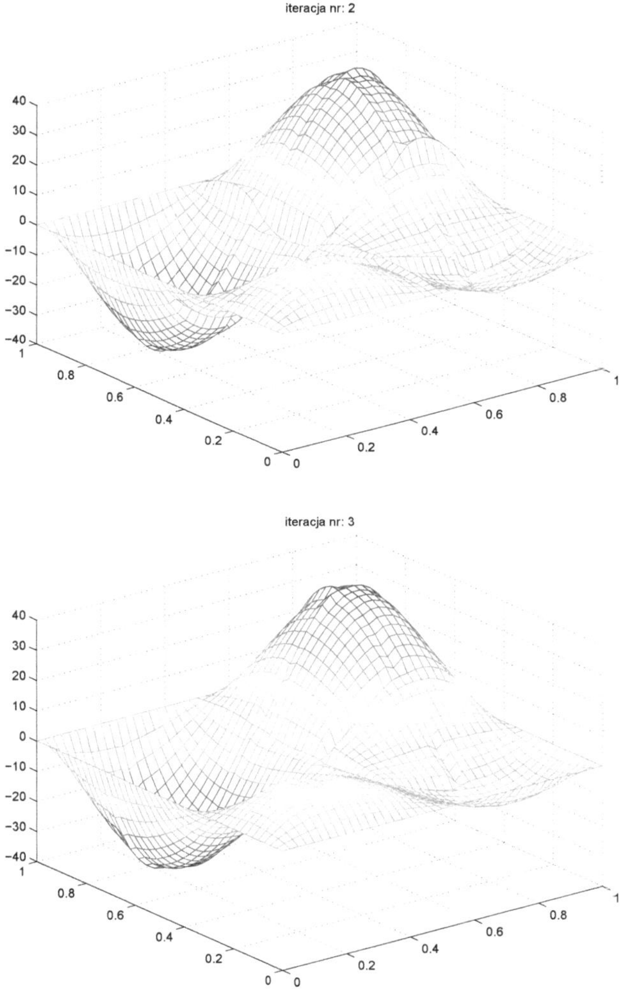

Rysunek 2.26: Przykładowe wykresy przybliżeń rozwiązania znalezionych w trzech pierwszych iteracjach procesu iteracyjnego jednopoziomowego algorytmu Dirichleta-Neumanna w dwóch wymiarach.

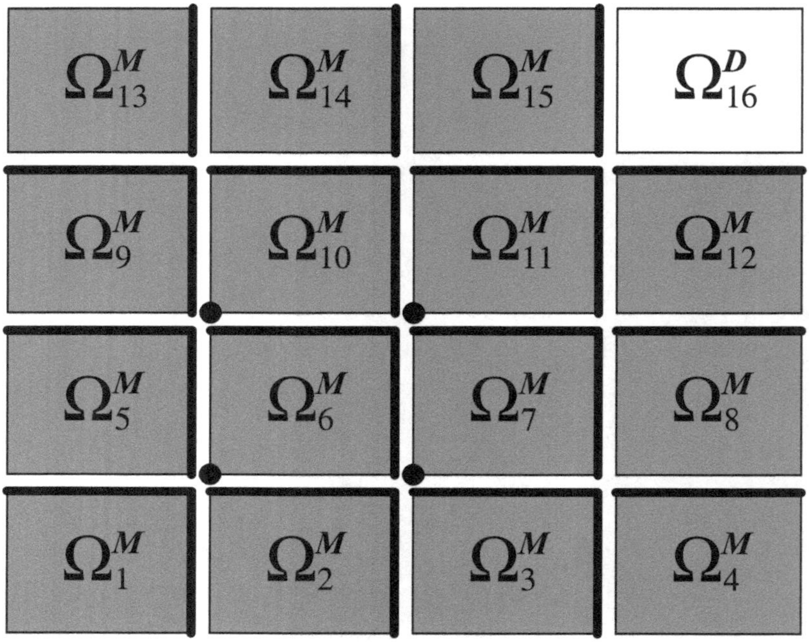

Rysunek 2.27: Przykładowy schemat podziału na podobszary zastosowany w eksperymentach numerycznych algorytmu Dirichleta-Neumanna w dwóch wymiarach z elementami mieszanymi. Pogrubione zostały części brzegu typu neumannowskiego. Kółkami oznaczono wierzchołki, których wartości uwzględniane są w formie dwuliniowej (2.146).

Zaimplementowany został również algorytm Dirichleta-Neumanna w dwóch wymiarach z elementami mieszanymi. Rozpatrywana była wersja algorytmu z formą dwuliniową daną wzorem (2.146). Eksperymenty numeryczne, mające na celu weryfikację twierdzenia 2.3 polegały na podziale jednostkowego kwadratu na kwadratowe podobszary i założeniu, że warunek brzegowy Neumanna określony jest na prawych i górnych krawędziach wraz z ich wierzchołkami (patrz rys. 2.27). Pamiętając o zerowym warunku brzegowym Dirichleta zadanym na brzegu wyjściowego obszaru, wszystkie podobszary mają przypisany typ mieszany z wyjątkiem podobszaru leżącego przy prawym, górnym wierzchołku obszaru, który jest typu Dirichleta. Dla podobszarów typu mieszanego przecinających się niepusto z brzegiem obszaru Ω nie były odejmowanie wartości w wierzchołku.

Wyniki pierwszej serii testów numerycznych – dla ustalonego parametru H (patrz rys. 2.12) – zebrane zostały w tabelach 2.11 i 2.12. Wykresy z rysunków 2.28 i 2.29, na których przedstawione zostały dane eksperymentalne oraz dopasowane do nich liniową metodą najmniejszych kwadratów krzywe teoretyczne, potwierdzają rezultaty teoretyczne. Dla dużej liczby podobszarów uzyskana została bowiem następująca zależność wskaźnika uwarunkowania zadania od parametru drobnej triangulacji h:

$$A + B \log \frac{1}{h} + C \log^2 \frac{1}{h} + D \log^3 \frac{1}{h} + E \log^4 \frac{1}{h}, \tag{2.157}$$

gdzie stałe A, B, C, D i E nie zależą od h. Dla małej liczby podobszarów dość dobrze dopasowana okazała się krzywa polilogarytmiczna stopnia dwa.

Tablica 2.11: Wyniki działania jednopoziomowego algorytmu Dirichleta-Neumanna szukania przybliżenia dokładnego rozwiązania $u(x,y) = 10^4 x\,(x-1)\left(x-\frac{1}{2}\right) y\,(y-1)\left(y-\frac{1}{3}\right)$ przy stałym parametrze H – wersja z elementami mieszanymi i liczbą podobszarów $N \in \{4,9\}$.

h	n	iter	cond	e_T^{avg}	$e_{\max}$	e_{l^2}	t_{sek}	t_{par}	$s_{\max}$
$N = 2^2 = 4$, H = 1/2									
1.67e-01	25	8	2.5180014e+00	1.7934199e-01	2.0505710e-09	2.2956821e-09	9.6799035e-02	7.5424181e-02	2.26
1.00e-01	81	8	3.4649976e+00	2.5483641e-01	1.7780175e-05	3.6604957e-05	1.0885664e-01	8.2792855e-02	2.25
7.14e-02	169	9	4.2950084e+00	2.3434207e-01	9.3361071e-07	3.6286505e-06	1.3380618e-01	1.0115622e-01	2.16
5.56e-02	289	9	5.0372548e+00	2.6256428e-01	6.5973013e-06	3.0457798e-05	1.5967909e-01	1.1884625e-01	2.08
5.00e-02	361	9	5.3823452e+00	2.7399996e-01	1.3558249e-05	6.6538567e-05	1.8008958e-01	1.3377915e-01	2.06
4.17e-02	529	9	6.0299798e+00	2.9240980e-01	3.7627179e-05	2.1782336e-04	2.2661972e-01	1.6660455e-01	2.01
3.13e-02	961	10	7.1914372e+00	2.6707036e-01	1.0756919e-05	7.1387396e-05	3.9041002e-01	2.7889089e-01	1.96
2.78e-02	1225	10	7.7196157e+00	2.7690697e-01	1.8364428e-05	1.3835434e-04	4.9802091e-01	3.5159650e-01	1.97
2.50e-02	1521	10	8.2195859e+00	2.8589530e-01	2.8558179e-05	2.3930391e-04	6.2834522e-01	4.3579184e-01	1.98
1.11e-02	7921	11	1.3043870e+01	3.2053664e-01	2.8389879e-05	4.5063083e-04	7.1060767e+00	4.2860773e+00	2.16
8.33e-03	14161	12	1.5226959e+01	3.2373051e-01	3.2613316e-06	1.0423493e-04	2.1734161e+01	1.2530376e+01	2.29
7.81e-03	16129	12	1.5754750e+01	3.2654412e-01	3.7940349e-06	1.2902964e-04	2.8229553e+01	1.6088647e+01	2.32
$N = 3^2 = 9$, H = 1/3									
1.11e-01	64	12	6.8029957e+00	3.5629157e-01	2.5689703e-05	4.5194788e-05	1.8915791e-01	9.4874349e-02	6.01
6.67e-02	196	14	1.1241778e+01	3.9832667e-01	4.6996666e-05	1.6970335e-04	2.5301791e-01	1.2336826e-01	5.91
4.76e-02	400	16	1.5214369e+01	4.3529437e-01	1.1806716e-05	8.3499341e-05	3.4060237e-01	1.5977170e-01	5.85
3.70e-02	676	17	1.8790199e+01	4.6238575e-01	1.1132809e-05	8.1165964e-05	4.7476146e-01	2.2700685e-01	5.41
3.33e-02	841	17	2.0457028e+01	4.7973315e-01	2.3635632e-05	1.8684980e-04	5.7542223e-01	2.7791200e-01	5.46
2.78e-02	1225	18	2.3590686e+01	4.7211711e-01	1.5523188e-05	1.2227490e-04	7.6352078e-01	3.6678579e-01	5.42
2.08e-02	2209	18	2.9218887e+01	4.9990943e-01	6.7953032e-05	6.3834426e-04	1.2841952e+00	5.8717442e-01	5.30
1.85e-02	2809	19	3.1780777e+01	4.9851211e-01	3.1034282e-05	3.4615427e-04	1.8723521e+00	8.3739211e-01	5.31
1.67e-02	3481	19	3.4205809e+01	5.0885960e-01	4.6995049e-05	6.4292295e-04	2.3010691e+00	1.0234149e+00	5.28
1.11e-02	7921	20	4.4792920e+01	5.1569739e-01	3.2029408e-05	6.7459226e-04	7.5315988e+00	2.7417447e+00	5.65
8.33e-03	14161	21	5.3610054e+01	5.3961898e-01	5.6647116e-05	1.4685547e-03	1.9620913e+01	6.1563344e+00	6.00

Tablica 2.12: Wyniki działania jednopoziomowego algorytmu Dirichleta-Neumanna szukania przybliżenia dokładnego rozwiązania $u(x,y) = 10^4 x\,(x-1)\left(x-\frac{1}{2}\right) y\,(y-1)\left(y-\frac{1}{3}\right)$ przy stałym parametrze H – wersja z elementami mieszanymi i liczbą podobszarów $N > 9$.

h	n	iter	cond	e_T^{avg}	$e_{\max}$	e_{l^2}	t_{sek}	t_{par}	$s_{\max}$
				$N = 10^2 = 100$, H = 1/10					
2.50e-02	1521	21	1.1206457e+01	5.1927314e-01	6.9915873e-05	8.2980416e-04	3.3064749e+00	5.4939692e-01	86.89
2.00e-02	2401	23	1.3785894e+01	5.4853477e-01	8.4836157e-05	1.0948772e-03	3.9050810e+00	5.4908438e-01	84.16
1.67e-02	3481	24	1.6133284e+01	5.7120709e-01	1.3339515e-04	1.9512481e-03	4.8343476e+00	7.2911983e-01	82.54
1.43e-02	4761	26	1.8360614e+01	5.9207295e-01	1.2395702e-04	1.8540938e-03	5.8531227e+00	8.7218857e-01	81.92
1.25e-02	6241	27	2.0409118e+01	6.0647042e-01	1.5952799e-04	2.6196756e-03	7.6592132e+00	1.2028239e+00	81.44
1.11e-02	7921	29	2.2399272e+01	6.2149350e-01	1.2190752e-04	2.4068457e-03	9.7392339e+00	1.4988858e+00	81.56
1.00e-02	9801	30	2.4244022e+01	6.3197074e-01	1.3685089e-04	2.6110409e-03	1.2013485e+01	1.8176082e+00	81.40
8.33e-03	14161	32	2.7732495e+01	6.5039630e-01	1.5261760e-04	3.3252392e-03	1.7829024e+01	2.5577904e+00	81.57
6.67e-03	22201	34	3.2485420e+01	6.6772037e-01	1.8956693e-04	4.9104268e-03	2.8458795e+01	3.6446595e+00	81.90
5.56e-03	32041	36	3.6867311e+01	6.8464220e-01	2.1689211e-04	7.1836944e-03	4.9515244e+01	5.7925139e+00	82.96
5.00e-03	39601	37	3.9603381e+01	6.9251740e-01	2.3809380e-04	8.6791626e-03	6.1514323e+01	6.6023101e+00	83.17
4.17e-03	57121	40	4.4919327e+01	7.0819392e-01	1.9096570e-04	9.2465757e-03	1.1298001e+02	1.0044930e+01	85.37
4.00e-03	62001	40	4.6101601e+01	7.1090103e-01	2.2693585e-04	1.1064869e-02	1.2137960e+02	1.0661566e+01	84.66
3.33e-03	89401	43	5.2245475e+01	7.2548502e-01	2.3537194e-04	1.1279621e-02	2.3828125e+02	1.8487887e+01	85.68
2.50e-03	159201	46	6.2912689e+01	7.4348506e-01	3.5274914e-04	1.9442924e-02	6.4375305e+02	3.8745251e+01	86.92
				$N = 20^2 = 400$, H = 1/20					
1.00e-02	9801	23	1.3907122e+01	5.5410026e-01	9.9906898e-05	2.1425497e-03	1.6035357e+01	1.7730121e+00	343.5
8.33e-03	14161	25	1.6306777e+01	5.7903007e-01	9.4901531e-05	2.5700324e-03	2.0925045e+01	2.5091844e+00	338.8
7.14e-03	19321	26	1.8487704e+01	5.9779419e-01	1.1251494e-04	4.1032842e-03	2.5587664e+01	3.1785645e+00	334.6
5.56e-03	32041	29	2.2479439e+01	6.2617284e-01	9.2644307e-05	4.9011138e-03	4.1977483e+01	5.3898510e+00	333.0
5.00e-03	39601	30	2.4282550e+01	6.3540374e-01	1.0042305e-04	5.4597711e-03	5.2862751e+01	6.8705927e+00	332.4
4.17e-03	57121	32	2.7641460e+01	6.5230272e-01	1.2396718e-04	6.4892816e-03	7.9138503e+01	1.0086938e+01	334.6
3.33e-03	89401	34	3.2137385e+01	6.7259758e-01	1.8790933e-04	9.5076699e-03	1.3195013e+02	1.6094052e+01	330.3
2.78e-03	128881	37	3.6294552e+01	6.8940934e-01	1.8194655e-04	7.7683000e-03	2.2600614e+02	2.6342335e+01	328.0
2.50e-03	159201	38	3.8829023e+01	6.9624863e-01	2.0416288e-04	9.6834535e-03	3.0198084e+02	3.5778150e+01	324.4
2.00e-03	249001	41	4.4832606e+01	7.1448719e-01	2.1809230e-04	1.2229901e-02	6.1050961e+02	6.7031791e+01	322.1

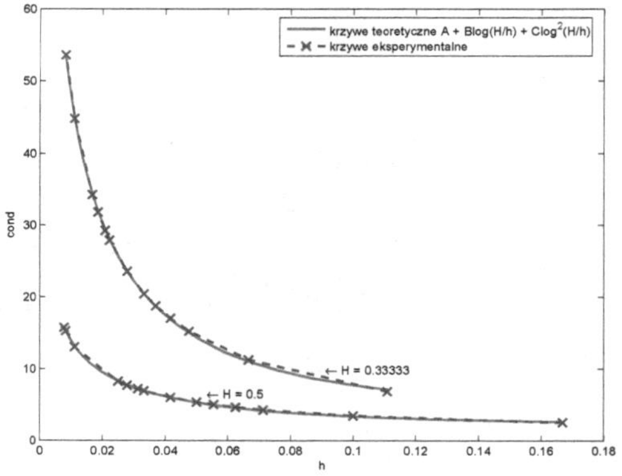

Rysunek 2.28: Porównanie teoretycznych i eksperymentalnych wartości wskaźnika uwarunkowania zadania z elementami mieszanymi w zależności od parametru drobnej siatki h przy ustalonej wielkości parametru grubej siatki $H \in \{1/2, 1/3\}$.

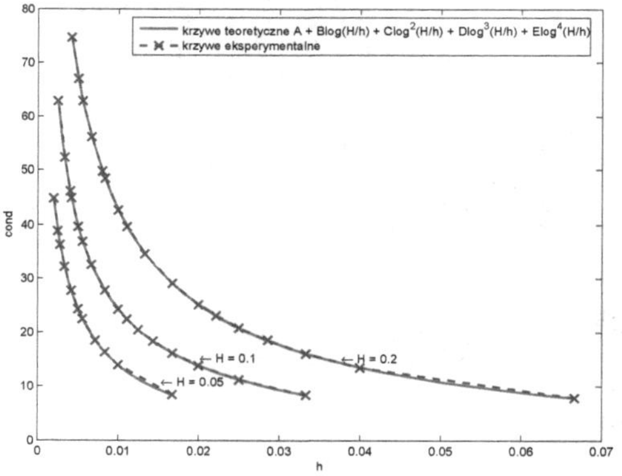

Rysunek 2.29: Porównanie teoretycznych i eksperymentalnych wartości wskaźnika uwarunkowania zadania z elementami mieszanymi w zależności od parametru drobnej siatki h przy ustalonej wielkości parametru grubej siatki $H < 1/3$.

Tablica 2.13: Wyniki działania jednopoziomowego algorytmu Dirichleta-Neumanna szukania przybliżenia dokładnego rozwiązania $u(x,y) = 10^4 x\,(x-1)\left(x-\frac{1}{2}\right) y\,(y-1)\left(y-\frac{1}{3}\right)$ przy stałym parametrze h – wersja z mieszanymi elementami.

H	N	iter	cond	e_T^{avg}	$e_{\max}$	e_{l^2}	t_{sek}	t_{par}	$s_{\max}$
n = 32041, h = 5.5555556e-03									
1/6	36	40	5.4523425e+01	7.1142953e-01	5.2493239e-04	1.2393385e-02	7.0095822e+01	7.8287060e+00	29.674
1/9	81	37	3.9972238e+01	6.9098465e-01	2.4200940e-04	8.9271180e-03	5.4050698e+01	6.3841944e+00	67.735
1/10	100	36	3.6867311e+01	6.8464220e-01	2.1689211e-04	7.1836944e-03	4.9515244e+01	5.7925139e+00	82.963
1/12	144	34	3.2230881e+01	6.7026591e-01	1.8171951e-04	5.2269902e-03	4.4797436e+01	5.5649272e+00	119.15
1/15	225	32	2.7581873e+01	6.5207760e-01	1.2810617e-04	4.5621156e-03	4.2380911e+01	5.3867154e+00	186.73
1/18	324	30	2.4245323e+01	6.3455176e-01	1.0903893e-04	4.7742925e-03	4.1707864e+01	5.3394885e+00	269.64
1/20	400	29	2.2479439e+01	6.2617284e-01	9.2644307e-05	4.9011138e-03	4.1977483e+01	5.3898510e+00	333.05
1/30	900	25	1.6451306e+01	5.8155298e-01	9.0586309e-05	3.9016626e-03	4.7957950e+01	5.5963975e+00	761.86
1/36	1296	23	1.4086621e+01	5.5919385e-01	6.3248215e-05	3.7219753e-03	5.3314872e+01	5.7313108e+00	1109.3
1/45	2025	21	1.1494861e+01	5.2641073e-01	4.5096245e-05	2.9034883e-03	6.3810351e+01	6.0463324e+00	1763.1
1/60	3600	18	8.6005666e+00	4.7743011e-01	4.7395284e-05	3.2226508e-03	8.2610522e+01	6.3995358e+00	3203.3
1/90	8100	14	5.4524050e+00	3.9277879e-01	4.0603759e-05	2.5997285e-03	1.2251151e+02	7.9264735e+00	7323.3
n = 57121, h = 4.1666667e-03									
1/6	36	44	6.5745214e+01	7.3157176e-01	4.6086985e-04	1.7672547e-02	1.8605622e+02	1.6566665e+01	30.684
1/8	64	42	5.3410697e+01	7.2353179e-01	3.2799311e-04	1.5020580e-02	1.3194990e+02	1.0939584e+01	54.421
1/10	100	40	4.4919327e+01	7.0819392e-01	1.9096570e-04	9.2465757e-03	1.1298001e+02	1.0044930e+01	85.373
1/12	144	37	3.9140722e+01	6.9377854e-01	2.3058811e-04	8.7880319e-03	9.7468886e+01	9.9176637e+00	121.14
1/15	225	35	3.3565854e+01	6.7602199e-01	1.8162185e-04	6.3122917e-03	8.6044460e+01	9.6775956e+00	188.54
1/16	256	34	3.2115499e+01	6.7074569e-01	1.9034339e-04	7.1409985e-03	8.3193831e+01	9.4854633e+00	214.31
1/20	400	32	2.7641460e+01	6.5230272e-01	1.2396718e-04	6.4892816e-03	7.9138503e+01	1.0086938e+01	334.56
1/24	576	30	2.4355839e+01	6.3719831e-01	9.7516053e-05	6.5869479e-03	7.6141441e+01	9.7479641e+00	478.35
1/30	900	28	2.0729581e+01	6.1508327e-01	9.9805200e-05	5.3431299e-03	7.8091300e+01	9.7952481e+00	752.37
1/40	1600	25	1.6540688e+01	5.8285291e-01	6.6002328e-05	5.0450179e-03	8.6742149e+01	1.0175629e+01	1351.9
1/48	2304	23	1.4153548e+01	5.6022816e-01	6.8274357e-05	4.9203218e-03	9.6144808e+01	1.0543137e+01	1963.0
1/60	3600	21	1.1536955e+01	5.2667327e-01	4.3725199e-05	4.1073616e-03	1.1456876e+02	1.1026042e+01	3121.0
1/80	6400	18	8.6232566e+00	4.7704367e-01	5.0854182e-05	4.5300817e-03	1.4856040e+02	1.1984508e+01	5657.0
1/120	14400	14	5.4582666e+00	3.9295981e-01	3.7595281e-05	3.5564821e-03	2.1920643e+02	1.4675049e+01	12932

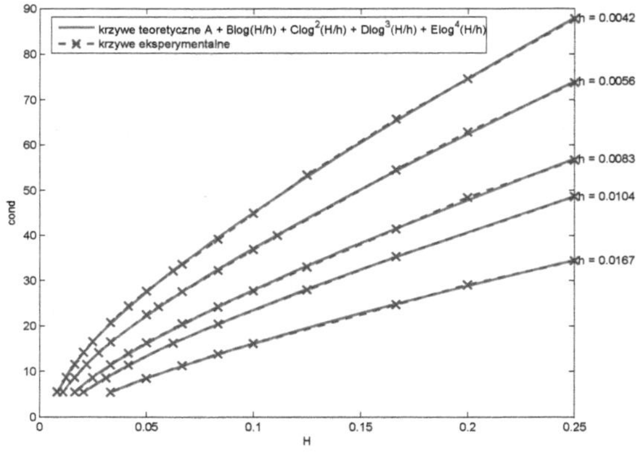

Rysunek 2.30: Porównanie teoretycznych i eksperymentalnych wartości wskaźnika uwarunkowania zadania z elementami mieszanymi w zależności od parametru grubej siatki H przy ustalonej wielkości parametru drobnej siatki h.

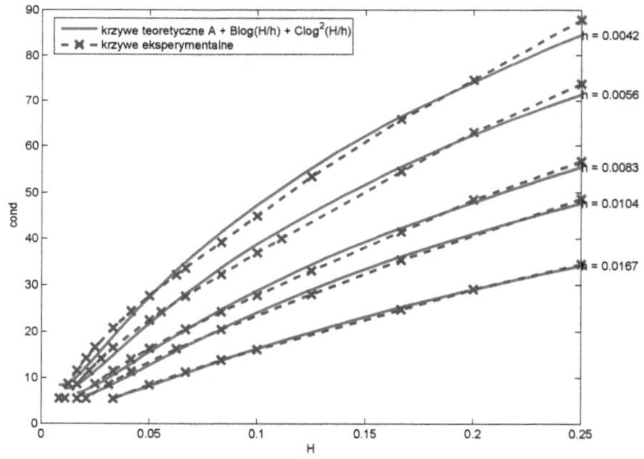

Rysunek 2.31: Dopasowanie krzywej polilogarytmicznej stopnia dwa do eksperymentalnych wartości wskaźnika uwarunkowania zadania z elementami mieszanymi w zależności od parametru grubej siatki H przy ustalonej wielkości parametru drobnej siatki h.

Druga z serii trzech testów, przeprowadzona była przy założeniu stałej wartości parametru h (patrz rys. 2.15). Wyniki eksperymentów numerycznych zebrane zostały w tabeli 2.13, zaś wykresy krzywych eksperymentalnych i teoretycznych przedstawione na rysunku 2.30. Do zawartych tam danych dopasowane zostały liniową metodą najmniejszych kwadratów krzywe postaci:

$$A + B \log H + C \log^2 H + D \log^3 H + E \log^4 H, \tag{2.158}$$

gdzie stałe A, B, C, D i E nie zależą od parametru grubej siatki H. Rysunek 2.31 przedstawia wykres z próbą dopasowania funkcji polilogarytmicznej stopnia co najwyżej dwa. W porównaniu z wykresem z rysunku 2.30 dopasowanie jest znacznie gorsze. Stanowi to odzwierciedlenie czwartej potęgi logarytmu z twierdzenia 2.3 o wskaźniku uwarunkowania metody z elementami mieszanymi w odróżnieniu od drugiej potęgi w twierdzeniu 2.1 dotyczącym uwarunkowania podstawowej metody z podrozdziału 2.1.

Trzecia seria testów przeprowadzona została przy ustalonym stosunku H/h parametrów triangulacji (patrz rys. 2.19). Wyniki zebrane są w tabeli 2.14, a wykresy otrzymane w wyniku dopasowania do danych eksperymentalnych krzywych teoretycznych postaci krzywych postaci $\xi(h) = const$ przedstawione są na rysunku 2.32.

Na rysunku 2.33 przedstawione są wykresy obrazujące własności zrównoleglenia algorytmu Dirichleta-Neumanna z elementami mieszanymi. Pokazują one, że speed-up jest liniowy (rys. 2.33a), a przyspieszenie obliczeń związane z ich zrównolegleniem, jest tym większe im większa jest liczba podobszarów, na jakie podzielony został wyjściowy obszar (rys. 2.33b).

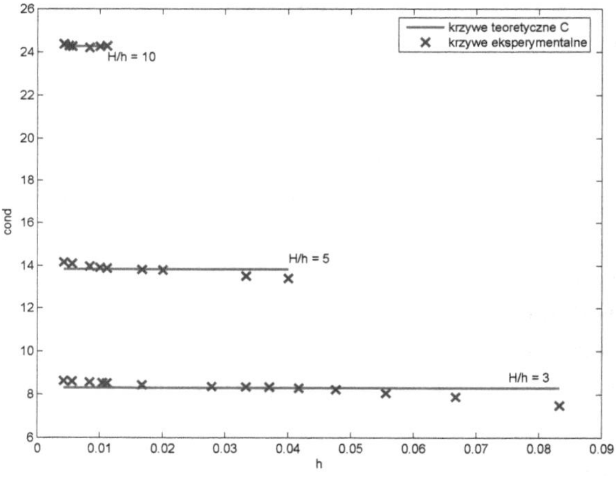

Rysunek 2.32: Porównanie teoretycznych i eksperymentalnych wartości wskaźnika uwarunkowania zadania z elementami mieszanymi w zależności od parametru grubej siatki H przy ustalonym stosunku H/h.

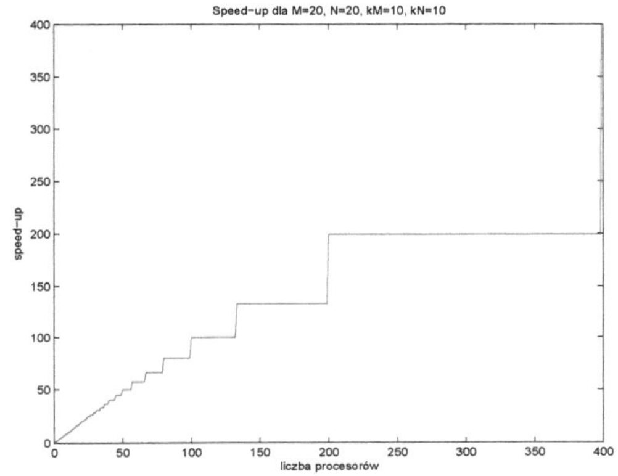

(a) podział na 400 podobszarów i 39601 niewiadomych

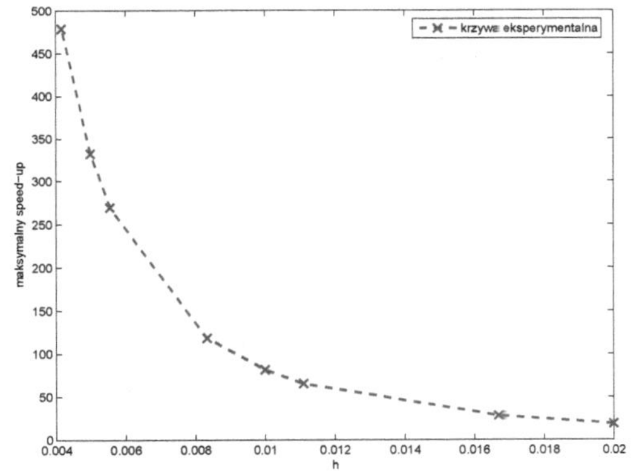

(b) $H/h = 10$

Rysunek 2.33: Jednopoziomowa metoda Dirichleta-Neumanna z elementami mieszanymi w 2D. (a) Speed-up. (b) Wykres zależności maksymalnego speed-up od parametru h drobnej triangulacji przy ustalonym stosunku H/h.

Tablica 2.14: Wyniki działania jednopoziomowego algorytmu Dirichleta-Neumanna szukania przybliżenia dokładnego rozwiązania $u(x,y) = 10^4 x(x-1)\left(x-\frac{1}{2}\right) y(y-1)\left(y-\frac{1}{3}\right)$ przy stałym stosunku $\frac{H}{h}$ – wersja z mieszanymi elementami.

h	n	iter	cond	e_T^{avg}	$e_{\max}$	e_{l^2}	t_{sek}	t_{par}	$s_{\max}$
				H/h = 3					
6.67e-02	196	17	7.8763875e+00	4.4839929e-01	8.8601415e-05	4.1729829e-04	5.4678905e-01	1.3100045e-01	20.330
4.76e-02	400	18	8.2149336e+00	4.6500330e-01	6.0528748e-05	2.8927414e-04	1.0924061e+00	1.8043187e-01	41.714
3.70e-02	676	18	8.3350908e+00	4.6696224e-01	5.9209818e-05	4.4700379e-04	1.8182754e+00	2.4733150e-01	70.235
3.33e-02	841	18	8.3454567e+00	4.6733955e-01	6.3383835e-05	5.0753455e-04	2.1702584e+00	2.5007229e-01	87.420
2.78e-02	1225	18	8.3599376e+00	4.6835745e-01	5.9172954e-05	5.9672630e-04	3.1391643e+00	3.2264422e-01	126.65
1.67e-02	3481	18	8.4363587e+00	4.7239428e-01	8.4658710e-05	9.8956451e-04	9.6846696e+00	1.2351939e+00	362.02
1.11e-02	7921	18	8.5154933e+00	4.7565366e-01	4.4572542e-05	1.4604046e-03	2.0429764e+01	1.6389674e+00	802.41
8.33e-03	14161	18	8.5571276e+00	4.7702438e-01	4.0953959e-05	1.9909898e-03	3.6487820e+01	2.8571927e+00	1429.1
5.56e-03	32041	18	8.6005666e+00	4.7743011e-01	4.7395284e-05	3.2226508e-03	8.2610522e+01	6.3995358e+00	3203.3
4.17e-03	57121	18	8.6232566e+00	4.7704367e-01	5.0854182e-05	4.5300817e-03	1.4856040e+02	1.1984508e+01	5657.1
				H/h = 5					
3.33e-02	841	22	1.3508862e+01	5.4250081e-01	1.6288533e-04	7.5959609e-04	1.3220008e+00	2.7174159e-01	29.037
2.00e-02	2401	23	1.3785894e+01	5.4853477e-01	8.4836157e-05	1.0948772e-03	3.9050810e+00	5.4908438e-01	84.156
1.67e-02	3481	23	1.3816342e+01	5.5142559e-01	9.4781941e-05	1.3105592e-03	5.6649862e+00	7.3329704e-01	121.99
1.11e-02	7921	23	1.3872855e+01	5.5350333e-01	9.4342174e-05	1.9105037e-03	1.2956277e+01	1.4889327e+00	276.77
1.00e-02	9801	23	1.3907122e+01	5.5410026e-01	9.9906898e-05	2.1425497e-03	1.6035357e+01	1.7730121e+00	343.48
8.33e-03	14161	23	1.3967372e+01	5.5569849e-01	9.9980174e-05	2.6065921e-03	2.3287793e+01	2.5196639e+00	494.40
5.56e-03	32041	23	1.4086621e+01	5.5919385e-01	6.3248215e-05	3.7219753e-03	5.3314872e+01	5.7313108e+00	1109.3
4.17e-03	57121	23	1.4153548e+01	5.6022816e-01	6.8274357e-05	4.9203218e-03	9.6144808e+01	1.0543137e+01	1963.0
				H/h = 10					
1.67e-02	3481	29	2.4664917e+01	6.2164475e-01	3.0954991e-04	2.3181116e-03	3.8191067e+00	7.7780612e-01	28.008
1.11e-02	7921	29	2.4263568e+01	6.3120174e-01	1.8658359e-04	3.7585537e-03	9.2974129e+00	1.4801516e+00	65.329
1.00e-02	9801	30	2.4244022e+01	6.3197074e-01	1.3685089e-04	2.6110409e-03	1.2013485e+01	1.8176082e+00	81.399
8.33e-03	14161	30	2.4191291e+01	6.3268773e-01	1.1140300e-04	2.9065939e-03	1.7700449e+01	2.5443489e+00	118.32
5.56e-03	32041	30	2.4245323e+01	6.3455176e-01	1.0903893e-04	4.7742925e-03	4.1707864e+01	5.3394885e+00	269.64
5.00e-03	39601	30	2.4282550e+01	6.3540374e-01	1.0042305e-04	5.4597711e-03	5.2862751e+01	6.8705927e+00	332.38
4.17e-03	57121	30	2.4355839e+01	6.3719831e-01	9.7516053e-05	6.5869479e-03	7.6141441e+01	9.7479641e+00	478.35

2.5 Lematy pomocnicze

Do analizy podanych w tym rozdziale metod potrzebnych było szereg lematów i definicji. W celu łatwiejszego z nich korzystania zostały one zebrane w jednym miejscu. Zacznijmy od podania lematu, którego dowód można znaleźć w [45, lemat 4.15] (patrz także [44, lemat 7]).

Lemat 2.3
Rozpatrzmy konforemną i regularną triangulację $\mathcal{T}^h(\Omega_i)$ wielokąta $\Omega_i \subset \mathbb{R}^2$ o średnicy H_i. Wówczas dla funkcji $v \in V_h(\Omega_i)$

$$\|v\|^2_{L^\infty(\Omega_i)} \leq C\left(1 + \log\frac{H_i}{h}\right)\|v\|^2_{H^1(\Omega_i)}.$$

Niech $\alpha = v(\widehat{x})$ dla pewnego punktu nodalnego $\widehat{x} \in \Omega_i$. Wówczas

$$\|v - \alpha\|^2_{L^\infty(\Omega_i)} \leq C\left(1 + \log\frac{H_i}{h}\right)|v|^2_{H^1(\Omega_i)}.$$

Podkreślmy, iż czynnik logarytmiczny nie może zostać w tezie powyższego lematu pominięty (zob. [45, str. 102]). Powyższe oszacowania nie są prawdziwe dla dowolnych funkcji, a tylko dla tych należących do przestrzeni elementu skończonego. Podobszar Ω_i może być w lemacie tym zastąpiony po obu stronach nierówności przez krawędź $\mathcal{E}$ podobszaru Ω_i.

Przypomnijmy, że $H^1(\Omega_i)$ jest przestrzenią Sobolewa (patrz dodatek A) z normą i seminormą zdefiniowanymi, dla obszaru Ω_i o średnicy porównywalnej z jedynką, następująco:

$$\begin{aligned} \|u\|^2_{H^1(\Omega_i)} &= \|u\|^2_{L^2(\Omega_i)} + |u|^2_{H^1(\Omega_i)}, \\ |u|^2_{H^1(\Omega_i)} &= \int_{\Omega_i} |\nabla u|^2 \, dx. \end{aligned}$$

W następnym lemacie podane są szacowania wyrazów opartych na interpolacji na grubej siatce. Wynikają on wprost z lematu 2.3 (porównaj też [45, str. 100]):

Lemat 2.4

Niech I^H będzie liniowym interpolantem opartym na podziale obszaru Ω na wielokąty. Dla każdego podobszaru Ω_i, o średnicy H_i, istnieje wówczas taka stała C, niezależna od wielkości podobszarów, że dla $u \in V(\Gamma)$:

$$|I^H u|^2_{H^{1/2}(\partial\Omega_i)} \leq C \left(1 + \log \frac{H_i}{h}\right) |u|^2_{H^{1/2}(\partial\Omega_i)},$$

$$|u - I^H u|^2_{H^{1/2}(\partial\Omega_i)} \leq C \left(1 + \log \frac{H_i}{h}\right)^2 |u|^2_{H^{1/2}(\partial\Omega_i)}.$$

Przejdźmy teraz do podania definicji (porównaj definicję 4.18 z [45]) kawałkami liniowej i ciągłej na szkielecie funkcji $\theta_{\mathcal{E}}$, która znika we wszystkich punktach nodalnych Γ_h poza tymi, które należą do krawędzi $\mathcal{E} \subset \Gamma$, w których przyjmuje wartość jeden. W ten sposób na przykład dla danej funkcji $u \in V(\Gamma)$, rozszerzenie zerami wartości funkcji u z krawędzi $\mathcal{E}$ na resztę obszaru, można zapisać jako $I^h(\theta_{\mathcal{E}} u)$, gdzie I^h jest kawałkami liniowym, ciągłym *interpolantem* określonym na punktach nodalnych drobnej siatki $\mathcal{T}^h(\Omega)$. $\mathcal{H}_i(I^h(\theta_{\mathcal{E}} u))$ natomiast jest rozszerzeniem dyskretnie harmonicznym funkcji zadanej na brzegu $\partial\Omega_i$ podobszaru Ω_i przez wartości funkcji u na krawędzi $\mathcal{E}$. Dla uproszczenia zapisu będziemy używać oznaczenia $\mathcal{H}_i\theta_{\mathcal{E}} u$ w miejsce $\mathcal{H}_i(I^h(\theta_{\mathcal{E}} u))$. Analogicznie przez $\theta_{\mathcal{V}}$ będziemy oznaczać funkcję przyjmującą wartość jeden w punkcie nodalnym $\mathcal{V}$, a zera w pozostałych punktach nodalnych Γ_h. Tak jak dla funkcji $\theta_{\mathcal{E}}$ przyjmiemy

$$\mathcal{H}_i\theta_{\mathcal{V}} u := \mathcal{H}_i(I^h(\theta_{\mathcal{V}} u)). \tag{2.159}$$

Zdefiniowane powyżej funkcje wykorzystamy w sformułowaniu lematów dotyczących oszacowań funkcji określonych tylko na krawędzi (zob. [45, str. 104]) lub w wierzchołku (porównaj [45, lemat 4.16]).

Lemat 2.5 *Rozpatrzmy konforemną i regularną triangulację $\mathcal{T}^h(\Omega_i)$ wielokąta $\Omega_i \subset \mathbb{R}^2$ o średnicy H_i. Niech $\mathcal{E}$ będzie krawędzią podobszaru Ω_i i niech $v \in V_h(\Omega_i)$. Wówczas istnieje taka stała C, że*

$$|\mathcal{H}_i\theta_{\mathcal{E}} v|^2_{H^{1/2}(\partial\Omega_i)} \leq C \left(1 + \log \frac{H_i}{h}\right)^2 \|v\|^2_{H^1(\Omega_i)}.$$

Lemat ten dowodzi się w bardzo podobny sposób jak lemat 2.4.

Lemat 2.6 *Rozpatrzmy konforemną i regularną triangulację* $\mathcal{T}^h(\Omega_i)$ *wielokąta* $\Omega_i \subset \mathbb{R}^2$ *o średnicy* H_i. *Niech* $\mathcal{V}$ *będzie wierzchołkiem podobszaru* Ω_i. *Wówczas dla funkcji* $v \in V_h(\Omega_i)$

$$|\mathcal{H}_i \theta_{\mathcal{V}} v|^2_{H^{1/2}(\partial\Omega_i)} \leq C \left(1 + \log \frac{H_i}{h}\right) \|v\|^2_{H^1(\Omega_i)} .$$

Dowód tego lematu opiera się na nierówności odwrotnej, lemacie 2.3 oraz równoważności między normami

$$\|u\|^2_{L^2(\Omega_i)} = \int_{\Omega_i} |u|^2 \, dx \tag{2.160}$$

i

$$h^2 \, \|u\|^2_{l^2(\Omega_i)} = h^2 \sum_{x \in \Omega_i} |u(x)|^2. \tag{2.161}$$

3 Jednopoziomowa metoda Dirichleta-Neumanna w trzech wymiarach

W tym rozdziale metody z poprzedniego rozdziału zostaną uogólnione z dwóch na trzy wymiary. Metody Dirichleta-Neumanna opierają się w trzech wymiarach w przypadku obszaru i podobszarów będących prostopadłościanami na podziale przypominającym wizualnie dwukolorową kostkę Rubika. Podobnie jak to miało miejsce w dwóch wymiarach, istnienie takiego podziału może być ograniczeniem, rozwiązaniem którego zajmiemy się w podsumowaniu tego rozdziału. Pozostała część rozdziału poświęcona jest przede wszystkim opisowi jednopoziomowego algorytmu Dirichleta-Neumanna równoległego rozwiązywania dyskretyzacji zagadnień eliptycznych w trzech wymiarach oraz przedstawieniu postaci macierzowej tego algorytmu wraz z wynikami eksperymentów numerycznych. Podobszary typu Neumanna sąsiadują ze sobą w trzech wymiarach poprzez krawędzie wraz z ich wierzchołkami. Punkty nodalne z nimi związane odgrywają podstawową rolę w procesie wymiany informacji pomiędzy podobszarami. Można je wyodrębnić w postaci jednej, tak zwanej „grubej" przestrzeni w celu większego zrównoleglenia obliczeń. Rozdział ten zawiera także opisy metod z takimi właśnie „grubymi" przestrzeniami. Konstrukcje i analiza teoretyczna zarówno jednopoziomowych, jak i dwupoziomowych metod oparte zostały na przedstawionej w podrozdziale 1.4 abstrakcyjnej teorii addytywnych metod Schwarza.

3.1 Konstrukcja i analiza zbieżności metody

Zacznijmy od przypomnienia postaci zagadnienia z podrozdziału 1.2 (porównaj też podrozdział 2.1):

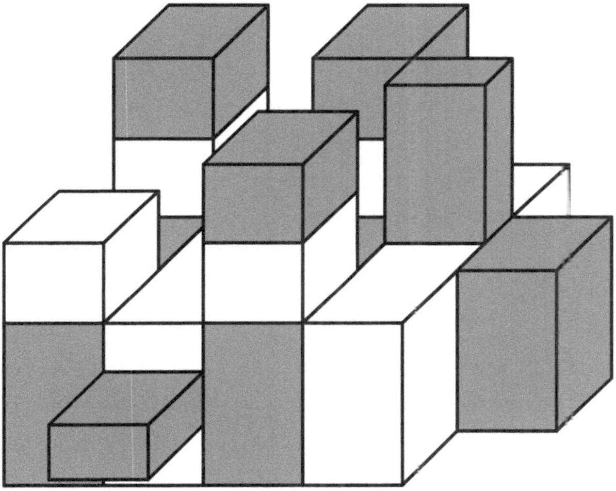

Rysunek 3.1: Przykładowy podział obszaru w trzech wymiarach, który nie stanowi triangulacji.

dla danego obszaru Ω znaleźć $u^* \in H_0^1(\Omega)$ takie, że:

$$a(u^*, v) = l(v) \qquad \forall v \in H_0^1(\Omega), \tag{3.1}$$

gdzie

$$a(u, v) = \int_\Omega \sum_{i,j=1}^{3} a_{ij}(x) D_i u D_j v \, dx \tag{3.2}$$

jest symetryczną, $H^1(\Omega)$-eliptyczną formą dwuliniową określoną nad $H_0^1(\Omega) \times H_0^1(\Omega)$, prawa strona (3.1) jest funkcjonałem

$$l(v) = \int_\Omega f v \, dx, \tag{3.3}$$

natomiast $f \in L^2(\Omega)$. Zakładamy ponadto, że dla każdego $i, j = 1, 2, 3$ oraz każdego $x \in \Omega$,

$$a_{ij}(x) = a_{ji}(x), \tag{3.4}$$

a funkcje a_{ij} są ciągłe. Dla uproszczenia zapisu algorytmu ograniczymy się tylko do obszarów Ω będących wielościanami. Podkreślmy jednak, że przeformułowanie do postaci obejmującej dowolne obszary o brzegu lipschitzowsko ciągłym (zob. [1]) jest sprawą czysto mechaniczną, wymagającą jednak użycia elementów krzywoliniowych przy dyskretyzacji metodą elementu skończonego (zob. [11]). Wprowadzenie odpowiedniej dla takich triangulacji notacji, wpłynęłoby z pewnością negatywnie na klarowność opisu algorytmów, które stanowią podstawowy cel tej monografii.

Zakładamy, jak w podrozdziałach 1.2 i 2.1, że na obszarze Ω mamy daną rodzinę triangulacji $\mathcal{T}^h(\Omega)$ oraz podział na N wielościennych podobszarów Ω_i takich, że dla $i \neq j$ przecięcie $\overline{\Omega}_i$ oraz $\overline{\Omega}_j$ jest sumą wierzchołków, krawędzi i ścian lub puste. Elementy tego podziału muszą być jednocześnie elementami triangulacji konforemnej i regularnej (patrz rys. 1.1), ale niekoniecznie quasi-jednostajnej (zob. podrozdział 1.2). Przykład podziału, który nie spełnia podanych wyżej warunków podany jest na rysunku 3.1. Dodatkowo zakładamy, że wierzchołki podobszarów są jednocześnie wierzchołkami elementów triangulacji $\mathcal{T}^h(\Omega)$, a każdy podobszar jest sumą quasi-jednostajnych elementów tej triangulacji. Wprowadzimy jeszcze jedno założenie, dotyczące istnienia takiego przyporządkowania każdemu z podobszarów odpowiedniego typu albo Dirichleta, albo Neumanna, aby żadne dwa podobszary tego samego rodzaju nie miały wspólnych ścian (patrz rys. 3.2). Przez $\mathcal{N}_D$ i $\mathcal{N}_N$ będziemy oznaczać zbiory indeksów wszystkich podobszarów odpowiednio typu Dirichleta i Neumanna, zaś

$$\mathcal{N} = \mathcal{N}_D \cup \mathcal{N}_N. \tag{3.5}$$

Dla porównania, w przypadku dwuwymiarowym (porównaj rys. 2.1) żądaliśmy, aby żadne dwa podobszary tego samego typu nie miały wspólnych krawędzi. Zwróćmy uwagę, że dwa sąsiadujące ze sobą podobszary typu Neumanna mają wspólną tylko i wyłącznie jedną krawędź wraz z jej wierzchołkami. Fakt ten okaże się kluczowy przy analizie zbieżności przedstawionego w tym podrozdziale algo-

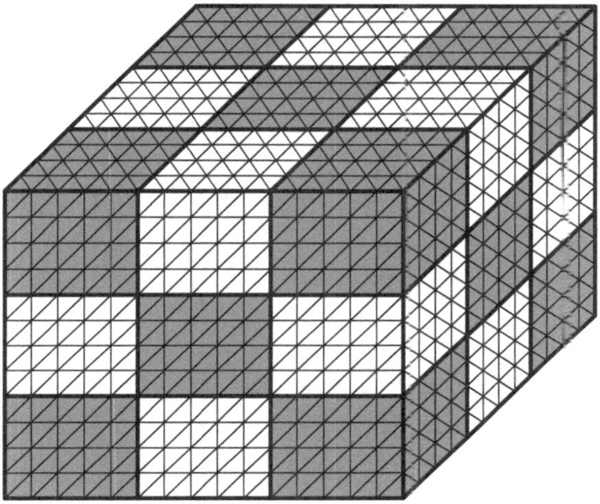

Rysunek 3.2: Przykładowa triangulacja prostopadłościennego obszaru z uwzględnieniem podziału na podobszary typu Neumanna (czarne) i Dirichleta (białe).

rytmu. Może się zdarzyć, że dla danego wielościanu Ω podział, spełniający wszystkie powyższe założenia nie będzie istniał. W podsumowaniu rozdziału omówimy w jaki sposób można poradzić sobie z ograniczającym założeniem, a mianowicie brakiem przyporządkowania odpowiednich typów do podobszarów.

Do dyskretyzacji zagadnienia różniczkowego (3.1) wykorzystamy, jak w (1.6), ciąg skończenie wymiarowych podprzestrzeni $V_h(\Omega) \subset H_0^1(\Omega)$ funkcji kawałkami liniowych i ciągłych na triangulacji $\mathcal{T}^h(\Omega)$, zerujących się na brzegu obszaru Ω. Analogicznie jak w przypadku dwóch wymiarów (porównaj też opis dyskretyzacji z rozdziału pierwszego) otrzymamy wówczas następującą postać zagadnienia dyskretnego:

znaleźć $u_h^* \in V_h(\Omega)$ takie, że:

$$a(u_h^*, v_h) = l(v_h) \qquad \forall v_h \in V_h(\Omega). \tag{3.6}$$

Za bazę przestrzeni $V_h(\Omega)$ przyjmiemy funkcje nodalne, przyjmujące wartość równą jeden w danym wierzchołku triangulacji $\mathcal{T}^h(\Omega)$ leżącym wewnątrz obszaru Ω, zerujące się w pozostałych wierzchołkach i liniowe na elementach triangulacji. Przedstawienie zagadnienia (3.6) w bazie n funkcji nodalnych $\{\varphi_i\}_{i=1}^n$ jest równoważne znalezieniu wektora $\boldsymbol{u}_h^*$ będącego rozwiązaniem układu liniowych równań algebraicznych:

$$\boldsymbol{A}\boldsymbol{u}_h^* = \boldsymbol{f}_h, \tag{3.7}$$

gdzie

$$\boldsymbol{A} = \{a(\varphi_i, \varphi_j)\}_{i,j=1}^n, \qquad \boldsymbol{f}_h = \{l(\varphi_i)\}_{i=1}^n. \tag{3.8}$$

Zależności między rozmiarem macierzy $\boldsymbol{A}$, wymiarem przestrzeni $V_h(\Omega)$ i wielkością parametru triangulacji h są takie same jak w przypadku dwóch wymiarów, to jest im mniejszy parametr, tym większy rozmiar macierzy (patrz podrozdział 1.2). W praktyce mamy do czynienia z układami równań (3.7) o milionach czy nawet miliardach niewiadomych. Wskaźnik ich uwarunkowania jest w dodatku bardzo duży, co czyni je jeszcze trudniejszymi do rozwiązania.

Wprowadzimy teraz szereg oznaczeń i definicji, które będą potrzebne przy konstrukcji i analizie metod Dirichleta-Neumanna w trzech wymiarach. Duża ich część jest uogólnieniem pojęć z rozdziału 2. Szkielet

$$\Gamma = \left(\bigcup_{i=1}^N \partial\Omega_i \right) \setminus \partial\Omega \tag{3.9}$$

składa się ze ścian, krawędzi i wierzchołków nie leżących na brzegu obszaru Ω. Część szkieletu należącą do $\partial\Omega_i$ będziemy natomiast zapisywać jako

$$\Gamma_i = \Gamma \cap \partial\Omega_i. \tag{3.10}$$

W dwóch wymiarach częściami składowymi szkieletu były tylko krawędzie i wierzchołki. Jeżeli przez $\mathcal{N}_i$ oznaczmy zbiór indeksów podobszarów mających wspólne punkty nodalne z podobszarem Ω_i, a na oznaczenie konkretnej ściany podobszaru Ω_i, łączącej go z podobszarem Ω_j przyjmiemy $\mathcal{F}_{ij}$, to zbiór wszystkich ścian $\mathcal{F}_i$

danego podobszaru Ω_i możemy zdefiniować następująco:

$$\mathcal{F}_i = \{\mathcal{F}_{ij} \colon \ j \in \mathcal{N}_i\} . \tag{3.11}$$

Zauważmy, że geometrycznie ściany $\mathcal{F}_{ij}$ i $\mathcal{F}_{ji}$ dla $i, j \in \mathcal{N}$ są sobie równe. Jak poprzednio (zob. podrozdział 2.1) wyróżnimy także dla $i \in \mathcal{N}$ zbiory krawędzi $\mathcal{E}_i$:

$$\begin{aligned} \mathcal{E}_i \ &= \{\mathcal{E} = (\partial\Omega_i \cap \partial\Omega_j) \setminus \partial\,(\partial\Omega_i \cap \partial\Omega_j) : \ j \in \mathcal{N}_i \backslash \{i\}, \\ &\qquad \Omega_i, \Omega_j \text{ są tego samego typu}\} , \end{aligned} \tag{3.12}$$

oraz wierzchołków $\mathcal{V}_i$:

$$\mathcal{V}_i = \{\mathcal{V} \in \partial\mathcal{E} \colon \ \mathcal{E} \in \mathcal{E}_i\} . \tag{3.13}$$

Zakładamy, że zarówno ściany, jak i krawędzie są zbiorami otwartymi. Analogicznie jak w przypadku dwóch wymiarów spełniona jest zależność:

$$\Gamma_i = \mathcal{F}_i \cup \mathcal{E}_i \cup \mathcal{V}_i . \tag{3.14}$$

Podstawową różnicę między dwoma a trzema wymiarami stanowi przynależność krawędzi szkieletu do więcej niż jednego podobszaru typu Neumanna (patrz rys. 3.2).

Przejdźmy teraz do wprowadzenia pojęć związanych z lokalnymi przestrzeniami

$$V_h(\Omega_i) = V_h(\Omega)_{|\overline{\Omega}_i} . \tag{3.15}$$

Niech jak poprzednio, porównaj (2.10),

$$a(u, v) = \sum_{i \in \mathcal{N}} a_i(u, v) = \sum_{i \in \mathcal{N}} a_{|\Omega_i}(u, v), \tag{3.16}$$

zaś $\overset{o}{V}_h(\Omega_i)$ oznacza przestrzeń funkcji należących do $V_h(\Omega_i)$ i zerujących się na $\partial\Omega_i$. Wówczas dyskretnie harmoniczne rozszerzenie $\mathcal{H}_i u_h \in V_h(\Omega_i)$ funkcji na podobszar Ω_i w sensie formy $a_i(\cdot, \cdot)$ z u_h daną na $\partial\Omega_i$ można zdefiniować (porównaj definicje (2.14) i (2.15)) następująco:

$$\begin{cases} a_i(\mathcal{H}_i u_h, v_h) = 0, & v_h \in \overset{o}{V}_h(\Omega_i), \\ \mathcal{H}_i u_h(x) = u_h(x), & x \in \partial\Omega_i. \end{cases} \tag{3.17}$$

Przestrzeń funkcji dyskretnie harmonicznych na podobszarach Ω_i oznaczać będziemy symbolicznie przez

$$\mathcal{H}V_h(\Omega) = \left\{v:\ v = \left\{\mathcal{H}_i\left(u_{h|\partial\Omega_i}\right)\right\}_{i\in\mathcal{N}}\right\}. \tag{3.18}$$

Lemat 2.1 określający równoważność norm na podobszarach i śladów funkcji dyskretnie harmonicznych na brzegach podobszarów, prawdziwy jest także w trzech wymiarach. Będziemy z niego często korzystać w analizie metody Dirichleta-Neumanna.

Rzut ortogonalny $\mathcal{P}_i u_h$ w sensie formy $a_i(\cdot,\cdot)$, jak w (2.17), jest taką funkcją z przestrzeni $\overset{o}{V}_h(\Omega_i)$, że

$$a_i(\mathcal{P}_i u_h, v_h) = a_i(u_h, v_h) \qquad \forall v_h \in \overset{o}{V}_h(\Omega_i). \tag{3.19}$$

Pozostałe oznaczenia związane z przestrzeniami lokalnymi funkcji dyskretnie harmonicznych $\mathcal{H}_i V_h(\Omega_i)$ oraz ich rzutów $\mathcal{P}_i V_h(\Omega_i)$, jak również symboliczne oznaczenie przestrzeni rzutów funkcji u_h na wszystkie $V_h(\Omega_i)$:

$$\mathcal{P}u_h = \left\{\mathcal{P}_i\left(u_{h|\partial\Omega_i}\right)\right\}_{i\in\mathcal{N}} \tag{3.20}$$

nie różnią się niczym od wprowadzonych w podrozdziale 2.1, poświęconym dwuwymiarowej metodzie Dirichleta-Neumanna i tak jak tam dostajemy wzajemną ortogonalność przestrzeni $\mathcal{H}_i V_h(\Omega_i)$ i $\mathcal{P}_i V_h(\Omega_i)$ dla każdego $i = 1, 2, \ldots, N$, jak również przestrzeni $\mathcal{H}V_h(\Omega)$ i $\mathcal{P}V_h(\Omega)$. Daje nam to możliwość dokonania dekompozycji przestrzeni $V_h(\Omega)$ na część harmoniczną i rzut do niej ortogonalny, to jest:

$$V_h(\Omega) = \mathcal{H}V_h(\Omega) \bigoplus \mathcal{P}V_h(\Omega). \tag{3.21}$$

Dla uproszczenia zapisu wprowadźmy jeszcze oznaczenia na przestrzenie funkcji dyskretnie harmonicznych określonych tylko na szkielecie:

$$V(\Gamma) = \mathcal{H}V_h(\Omega)_{|\Gamma} \qquad \text{oraz} \qquad V_i(\Gamma_i) = \mathcal{H}_i V_i(\Omega_i)_{|\Gamma_i} \text{ dla } i \in \mathcal{N}. \tag{3.22}$$

Standardową procedurą w metodach dekompozycji obszaru jest eliminacja niewiadomych z wnętrz podobszarów. W ten sposób zagadnienie wyjściowe (3.1) zostaje sprowadzone do równoważnej postaci określonej na szkielecie Γ, tak zwanej postaci Schura (porównaj 2.27):

znaleźć $u^* \in \mathcal{H}V_h(\Omega)$ takie, że:

$$s(u^*, v) = g(v) \qquad \forall v \in \mathcal{H}V_h(\Omega), \tag{3.23}$$

gdzie

$$\begin{aligned} s(u,v) &= \sum_{i\in\mathcal{N}} s_i(u,v) = \sum_{i\in\mathcal{N}} a_i\left(\mathcal{H}_i(u_{|\partial\Omega_i}), \mathcal{H}_i(v_{|\partial\Omega_i})\right), \\ g(v) &= l(\mathcal{H}v). \end{aligned} \tag{3.24}$$

Z wyprowadzenia w podrozdziale 2.1 wynika, iż zagadnienie to ma jednoznaczne rozwiązanie, a forma $s(\cdot,\cdot)$ zachowuje między innymi symetryczność i eliptyczność formy $a(\cdot,\cdot)$. Zadanie to ma mniejszy wymiar, gdyż liczba niewiadomych zamiast, jak w przypadku zadania (3.6), równać się liczbie wszystkich punktów nodalnych leżących wewnątrz obszaru Ω, jest równa liczbie punktów nodalnych należących tylko do szkieletu. Poprawiło się również uwarunkowanie zadania (patrz lemat 2.2) z $\mathcal{O}\left(\frac{1}{h^2}\right)$ do $\mathcal{O}\left(\frac{1}{Hh}\right)$. Postać macierzowa zagadnienia Schura (3.23), to w skrócie (porównaj wyprowadzenie w podrozdziale 2.1) zastosowanie blokowej eliminacji Gaussa do układu liniowych równań algebraicznych (3.7) z macierzą $\boldsymbol{A}$, który po pogrupowaniu niewiadomych na należące do szkieletu $\boldsymbol{u}_\Gamma$ i do wnętrz podobszarów $\boldsymbol{u}_I$ możemy zapisać jako:

$$\begin{pmatrix} \boldsymbol{A}_{II} & \boldsymbol{A}_{I\Gamma} \\ \boldsymbol{A}_{\Gamma I} & \boldsymbol{A}_{\Gamma\Gamma} \end{pmatrix} \begin{pmatrix} \boldsymbol{u}_I \\ \boldsymbol{u}_\Gamma \end{pmatrix} = \begin{pmatrix} \boldsymbol{f}_I \\ \boldsymbol{f}_\Gamma \end{pmatrix}. \tag{3.25}$$

W wyniku uzyskujemy dwa układy równań dla $\boldsymbol{u}_I = \boldsymbol{u}_I^{(1)} + \boldsymbol{u}_I^{(2)}$:

$$\boldsymbol{A}_{II}\boldsymbol{u}_I^{(1)} = \boldsymbol{f}_I. \tag{3.26}$$

oraz

$$\begin{pmatrix} \boldsymbol{A}_{II} & \boldsymbol{A}_{I\Gamma} \\ 0 & \boldsymbol{S} \end{pmatrix} \begin{pmatrix} \boldsymbol{u}_I^{(2)} \\ \boldsymbol{u}_\Gamma \end{pmatrix} = \begin{pmatrix} 0 \\ \boldsymbol{g}_\Gamma \end{pmatrix}, \tag{3.27}$$

gdzie

$$\boldsymbol{S} = \boldsymbol{A}_{\Gamma\Gamma} - \boldsymbol{A}_{\Gamma I}\boldsymbol{A}_{II}^{-1}\boldsymbol{A}_{I\Gamma}, \tag{3.28}$$

$$\boldsymbol{g}_\Gamma = \boldsymbol{f}_\Gamma - \boldsymbol{A}_{\Gamma I}\boldsymbol{A}_{II}^{-1}\boldsymbol{f}_I. \tag{3.29}$$

Stanowią one macierzowy odpowiednik dekompozycji (3.21) przestrzeni $V_h(\Omega)$ na część harmoniczną $\mathcal{H}V_h(\Omega)$ – równanie (3.27) – i rzut do niej ortogonalny $\mathcal{P}V_h(\Omega)$ – równanie (3.26). Warto podkreślić, że wszystkie podmacierze macierzy $\boldsymbol{A}$ mają strukturę rozrzedzoną. Dotyczy to macierzy $\boldsymbol{A}_{I\Gamma}$, $\boldsymbol{A}_{\Gamma I}$ oraz $\boldsymbol{A}_{\Gamma\Gamma}$, lecz przede wszystkim $\boldsymbol{A}_{II}$, która w dodatku ma strukturę blokowo-diagonalną:

$$\boldsymbol{A}_{II} = \operatorname{diag}\left\{\boldsymbol{A}_{II}^{(i)}\right\}_{i\in\mathcal{N}}, \tag{3.30}$$

przy czym każdy z bloków $\boldsymbol{A}_{II}^{(i)}$ odpowiada niewiadomym z wnętrza jednego podobszaru. Odwracalność tej macierzy wynika z założenia eliptyczności formy dwuliniowej $a(\cdot,\cdot)$. W obliczeniach macierz odwrotna nie jest jednak wyznaczana. Rozwiązywany jest zamiast tego układ liniowych równań algebraicznych z macierzą $\boldsymbol{A}_{II}$. Szczególnie efektywny numerycznie sposób rozwiązywania oparty jest o dekompozycję Cholesky'ego-Banachiewicza LL^T macierzy lokalnych $\boldsymbol{A}_{II}^{(i)}$ (porównaj podrozdział 2.2):

$$\boldsymbol{A}_{II}^{(i)} = \boldsymbol{L}^{(i)}\left(\boldsymbol{L}^{(i)}\right)^T. \tag{3.31}$$

Dekompozycja taka jest możliwa ze względu na symetryczność i dodatnią określoność faktoryzowanych macierzy. Czynniki tej dekompozycji są następnie zapamiętywane i wykorzystane wielokrotnie w procesie iteracyjnym w rozwiązywaniu układów równań z daną macierzą.

Pokazaliśmy zatem, że równanie (3.26) można rozwiązać w sposób całkowicie równoległy względem podobszarów. Z układem równań (3.27) sytuacja jest znacznie trudniejsza. Wymaga on bowiem wyznaczenia rozwiązania $\boldsymbol{u}_\Gamma$ układu

$$\boldsymbol{S}\boldsymbol{u}_\Gamma = \boldsymbol{g}_\Gamma \tag{3.32}$$

z macierzą Schura $\boldsymbol{S}$, a następnie wyznaczenia niewiadomych z wnętrz podobszarów $\boldsymbol{u}_I^{(2)}$ z zależności

$$\boldsymbol{A}_{II}\boldsymbol{u}_I^{(2)} = -\boldsymbol{A}_{I\Gamma}\boldsymbol{u}_\Gamma. \tag{3.33}$$

Macierz Schura $\boldsymbol{S}$, zob. (3.27), jest symetryczna i dodatnio określona oraz lepiej uwarunkowana (patrz lematy 1.1 i 2.2) od macierzy wyjściowego układu (3.7). Ma również mniejszy od niej wymiar, ale nie jest niestety macierzą rozrzedzoną. Zarówno macierz $\boldsymbol{S}$, jak i wektor $\boldsymbol{g}_\Gamma$ prawej strony (3.32) można uzyskać (porównaj macierz Schura w przypadku dwuwymiarowym w podrozdziale 2.1) w wyniku niezależnych obliczeń na macierzach związanych z podobszarami Ω_i (oznaczanych poprzez dodanie numeru podobszaru i w górnym indeksie)

$$\boldsymbol{S}^{(i)} = \boldsymbol{A}_{\Gamma\Gamma}^{(i)} - \boldsymbol{A}_{\Gamma I}^{(i)}{\boldsymbol{A}_{II}^{(i)}}^{-1}\boldsymbol{A}_{I\Gamma}^{(i)} \tag{3.34}$$

oraz prawych stron

$$\boldsymbol{g}_\Gamma^{(i)} = \boldsymbol{f}_\Gamma^{(i)} - \boldsymbol{A}_{\Gamma I}^{(i)}{\boldsymbol{A}_{II}^{(i)}}^{-1}\boldsymbol{f}_\Gamma^{(i)} \tag{3.35}$$

w wyniku sumowania po poszczególnych podobszarach:

$$\begin{aligned} \boldsymbol{S} &= \sum_{i=1}^{N} \boldsymbol{R}_i^T \boldsymbol{S}^{(i)} \boldsymbol{R}_i, \\ \boldsymbol{g}_\Gamma &= \sum_{i=1}^{N} \boldsymbol{R}_i^T \boldsymbol{g}_\Gamma^{(i)} \boldsymbol{R}_i. \end{aligned} \tag{3.36}$$

Macierz zero-jedynkowa $\boldsymbol{R}_i$ odpowiada operatorowi R_i obcięcia funkcji z przestrzeni $V(\Gamma)$ do przestrzeni $V_i(\Gamma_i)$. Macierzy Schura w praktyce się nie wyznacza. Jest to bowiem kosztowne zarówno pod względem czasowym, jak i pamięciowym, ze względu na gęstą strukturę macierzy. Zamiast tego w iteracyjnych metodach strukturalnych stosowana jest procedura mnożenia przez podmacierze $\boldsymbol{S}^{(i)}$ wymagająca wykonania mnożeń przez rozrzedzone macierze $\boldsymbol{A}_{I\Gamma}^{(i)}$, $\boldsymbol{A}_{\Gamma I}^{(i)}$ i $\boldsymbol{A}_{\Gamma\Gamma}^{(i)}$ oraz czynniki rozkładu $\boldsymbol{L}^{(i)}$ macierzy $\boldsymbol{A}_{II}^{(i)}$ (zob. (3.31)). Wyznaczenie niewiadomych $\boldsymbol{u}_I^{(2)}$ w punktach nodalnych leżących wewnątrz podobszaru Ω_i na podstawie wartości $\boldsymbol{u}_\Gamma$ z punktów nodalnych ścian, krawędzi i wierzchołków tego podobszaru, jest tożsame rozwiązaniu zagadnienia z warunkami brzegowymi Dirichleta na Ω_i i zostało dokładniej przedstawione w podrozdziale 2.1 zawierającym opis konstrukcji dwuwymiarowej, jednopoziomowej metody Dirichleta-Neumanna.

Przejdźmy zatem do przedstawienia jednopoziomowej metody Dirichleta-Neumanna w trzech wymiarach dla zagadnienia (3.23). Poszczególne etapy konstrukcji są podobne jak w przypadku algorytmu zaprojektowanego dla obszarów w dwóch wymiarach. Wykorzystamy przy tym abstrakcyjną teorię addytywnych metod Schwarza z podrozdziału 1.4 z formą dwuliniową

$$s(\cdot,\cdot)\colon V(\Gamma)\times V(\Gamma)\longrightarrow \mathbb{R} \tag{3.37}$$

oraz prawą stroną równania

$$g(\cdot)\colon V(\Gamma)\longrightarrow \mathbb{R}. \tag{3.38}$$

I <u>Dekompozycja przestrzeni $V(\Gamma)$:</u>

W metodzie w trzech wymiarach, tak jak dla dwóch wymiarów, nie ma potrzeby dokonywania dekompozycji przestrzeni, ani wprowadzania operatorów interpolacji. Będziemy zatem operować na jednej przestrzeni:

$$V(\Gamma)=V_1,$$

z operatorem $\mathcal{R}_1$ równym identyczności.

II <u>Forma dwuliniowa:</u>

Dla przestrzeni $V(\Gamma)$ wprowadzamy formę dwuliniową

$$b(\cdot,\cdot)\colon\ V(\Gamma)\times V(\Gamma)\to\mathbb{R}$$

określoną wzorem dla każdych $u, v \in V(\Gamma)$:

$$b(u,v) = \sum_{i \in \mathcal{N}_N} s_i(u,v) = \sum_{i \in \mathcal{N}_N} a_i\left(\mathcal{H}_i(u_{|\partial\Omega_i}), \mathcal{H}_i(v_{|\partial\Omega_i})\right), \tag{3.39}$$

gdzie $\mathcal{H}_i v$ oznacza rozszerzenie dyskretnie harmoniczne funkcji w sensie formy $a_i(\cdot,\cdot)$ z v daną na brzegu $\partial\Omega_i$ podobszaru Ω_i zdefiniowane w (3.17).

III Operator quasi-rzutowy:

$$T_1 = \widetilde{T}_1 \colon V(\Gamma) \longrightarrow V(\Gamma)$$

jest określony równaniem

$$b(T_1 u, v) = s(u,v), \qquad \forall\, u, v \in V(\Gamma). \tag{3.40}$$

IV Równanie operatorowe.

Rozwiązywać będziemy następujące zagadnienie:
znaleźć $\widetilde{u} \in V(\Gamma)$ takie, że:

$$T\widetilde{u} = \widetilde{g}, \tag{3.41}$$

gdzie

$$\widetilde{g} = Tu^*, \tag{3.42}$$

a u^* jest rozwiązaniem zagadnienia (3.23), zaś addytywny operator Schwarza, określony w (1.47), składa się tylko z jednego składnika:

$$T = T_1 = \widetilde{T}_1.$$

W rozdziale 1.4 opisany jest sposób obliczania prawej strony równania operatorowego (3.41). W dalszej części tego podrozdziału zostanie pokazane, że operator T jest odwracalny, a tym samym, że rozwiązanie $\widetilde{u} = u^*$ jest jednoznaczne.

Analizę algorytmu Dirichleta-Neumanna w trzech wymiarach sprowadzimy do sprawdzenia założeń twierdzenia 1.1. Skorzystamy przy tym z lematów z podrozdziału 3.5 oraz pojęcia quasi-interpolantu $\widetilde{I}_i^H$ określonego dla danego podobszaru Ω_i oraz funkcji $v \in V(\Gamma)$ następująco (porównaj też podrozdział 3.5):

$$\widetilde{I}_i^H v = \max_{j \in \mathcal{N}_i \cap \mathcal{N}_N} \overline{v}_j, \tag{3.43}$$

gdzie

$$\overline{v}_j = \frac{1}{|\partial\Omega_j|} \int_{\partial\Omega_j} v(x)\, dx, \tag{3.44}$$

jest średnią całkową z funkcji v po brzegu podobszaru Ω_i, a $|\partial\Omega_i|$ oznacza miarę brzegu $\partial\Omega_i$ podobszaru Ω_i. Oszacowania związane z tak zdefiniowanym quasi-interpolantem sformułujemy w postaci

Lemat 3.1

Rozpatrzmy zgodne, konforemne i regularne triangulacje $\mathcal{T}^H(\Omega)$ i $\mathcal{T}^h(\Omega)$ wielościanu $\Omega \subset \mathbb{R}^3$, gdzie $h \leq H$. Załóżmy istnienie takiego przyporządkowania typów Dirichleta lub Neumanna podobszarom, aby żadne dwa podobszary tego samego typu nie miały wspólnych ścian. Oznaczmy przez $\mathcal{N}_N$ zbiór indeksów podobszarów typu Neumanna, zaś przez $\mathcal{N}_i$ zbiór indeksów podobszarów mających wspólne punkty nodalne z podobszarem Ω_i (w szczególności $i \in \mathcal{N}_i$). Niech $\widetilde{I}_i^H$ będzie quasi-interpolantem zdefiniowanym w (3.173) dla podobszaru Ω_i typu Dirichleta. Istnieje wówczas taka stała C, niezależna od wielkości podobszarów, że dla funkcji $u \in V(\Gamma)$

$$\left| u - \widetilde{I}_i^H u \right|^2_{H^{1/2}(\partial\Omega_i)} \leq C \left(1 + \log \frac{H}{h}\right)^2 \sum_{j \in \mathcal{N}_i \cap \mathcal{N}_N} |u|^2_{H^{1/2}(\partial\Omega_j)}.$$

Dowód:

Na początek dokonajmy rozbicia:

$$
\begin{aligned}
\left| u - \widetilde{I}_i^H u \right|^2_{H^{1/2}(\partial\Omega_i)} \leq C_1 \Bigg(& \sum_{\mathcal{F} \subset \mathcal{F}_i} \left| I^h \theta_{\mathcal{F}} \left(u - \widetilde{I}_i^H u \right) \right|^2_{H^{1/2}(\partial\Omega_i)} \\
& + \sum_{\mathcal{E} \subset \mathcal{E}_i} \left| I^h \theta_{\mathcal{E}} \left(u - \widetilde{I}_i^H u \right) \right|^2_{H^{1/2}(\partial\Omega_i)} \\
& + \sum_{\mathcal{V} \subset \mathcal{V}_i} \left| I^h \theta_{\mathcal{V}} \left(u - \widetilde{I}_i^H u \right) \right|^2_{H^{1/2}(\partial\Omega_i)} \Bigg),
\end{aligned} \tag{3.45}
$$

gdzie funkcje $\theta_{\mathcal{F}}$, $\theta_{\mathcal{E}}$ oraz $\theta_{\mathcal{V}}$ zerują się we wszystkich punktach nodalnych szkieletu poza tymi, które należą do odpowiednio ściany $\mathcal{F}$, krawędzi $\mathcal{E}$ i wierzchołka $\mathcal{V}$, w których przyjmują wartość równą jeden.

Najpierw zajmijmy się składnikami (3.45) związanymi ze ścianami. Niech $\mathcal{F}_{ij}$ oznacza ścianę łączącą ze sobą podobszar Ω_i typu Dirichleta z podobszarem Ω_j typu Neumanna. Oznaczmy przez k indeks podobszaru typu Neumanna sąsiadującego z podobszarem Ω_i, dla którego spełniona jest równość

$$
\overline{u}_k = \widetilde{I}_i^H u. \tag{3.46}
$$

Zdefiniujmy najkrótszą ścieżkę indeksów podobszarów typu Neumanna prowadzącą od podobszaru Ω_j do podobszaru Ω_k. Ścieżka taka zawsze istnieje, gdyż oba podobszary sąsiadują z podobszarem Ω_i. Najkrótsza ze ścieżek prowadzi właśnie poprzez podobszary sąsiadujące z podobszarem Ω_i. Ścieżkę tę oznaczmy następująco:

$$
\mathrm{Path}(j,k) = \left(l_0, l_1, l_2, \ldots, l_{n_{j,k}}\right), \tag{3.47}
$$

przy czym

$$
l_0 = j, \qquad l_{n_{j,k}} = k. \tag{3.48}
$$

Dla tak zdefiniowanej ścieżki zdefiniujmy jeszcze ciąg krawędzi

$$
\left(\mathcal{E}_{0,1}, \mathcal{E}_{1,2}, \ldots, \mathcal{E}_{n_{j,k}-1,\, n_{j,k}}\right), \tag{3.49}
$$

taki, że dla każdego $m \in \{1, 2, \ldots, n_{j,k}\}$

$$\mathcal{E}_{m-1,m} \subset \partial\Omega_{l_{m-1}} \cap \partial\Omega_{l_m}. \tag{3.50}$$

W szczególności $\mathcal{E}_{0,1}$ jest krawędzią łączącą podobszary Ω_j i Ω_{l_1}, zaś $\mathcal{E}_{n_{j,k}-1,n_{j,k}}$ krawędzią na brzegu podobszarów $\Omega_{l_{n_{j,k}-1}}$ i Ω_k. Mamy zatem

$$\begin{aligned}
&\left|I^h\theta_{\mathcal{F}_{ij}}\left(u - \widetilde{I}_i^H u\right)\right|^2_{H^{1/2}(\partial\Omega_i)} \\
&= \left|I^h\theta_{\mathcal{F}_{ij}}\left(u - \overline{u}_j + \overline{u}_j - \sum_{m=1}^{n_{j,k}} \overline{u}_{\mathcal{E}_{m-1,m}} + \sum_{m=1}^{n_{j,k}} \overline{u}_{\mathcal{E}_{m-1,m}} - \widetilde{I}_i^H u\right)\right|^2_{H^{1/2}(\partial\Omega_i)} \\
&\leq C_1\left(\left|I^h\theta_{\mathcal{F}_{ij}}(u - \overline{u}_j)\right|^2_{H^{1/2}(\partial\Omega_i)} + \left|I^h\theta_{\mathcal{F}_{ij}}\left(\overline{u}_j - \overline{u}_{\mathcal{E}_{0,1}}\right)\right|^2_{H^{1/2}(\partial\Omega_i)}\right. \\
&\quad + \sum_{m=1}^{n_{j,k}-1}\left|I^h\theta_{\mathcal{F}_{ij}}\left(\overline{u}_{\mathcal{E}_{m-1,m}} - \overline{u}_{\mathcal{E}_{m,m+1}}\right)\right|^2_{H^{1/2}(\partial\Omega_i)} \\
&\quad \left.+ \left|I^h\theta_{\mathcal{F}_{ij}}\left(\overline{u}_{\mathcal{E}_{n_{j,k}-1,n_{j,k}}} - \widetilde{I}_i^H u\right)\right|^2_{H^{1/2}(\partial\Omega_i)}\right).
\end{aligned} \tag{3.51}$$

Pierwszy ze składników powyższej sumy można oszacować z lematu 3.3

$$\begin{aligned}
\left|I^h\theta_{\mathcal{F}_{ij}}(u - \overline{u}_j)\right|^2_{H^{1/2}(\partial\Omega_i)} &\leq C_2\|u - \overline{u}_j\|^2_{H_{00}^{1/2}(\mathcal{F}_{ij})} \\
&\leq C_3\left(1 + \log\frac{H_j}{h}\right)^2 |u|^2_{H^{1/2}(\partial\Omega_j)}.
\end{aligned} \tag{3.52}$$

Drugi składnik możemy oszacować następująco

$$\left|I^h\theta_{\mathcal{F}_{ij}}\left(\overline{u}_j - \overline{u}_{\mathcal{E}_{0,1}}\right)\right|^2_{H^{1/2}(\partial\Omega_i)} \leq \left|I^h\theta_{\mathcal{F}_{ij}}\right|^2_{H^{1/2}(\partial\Omega_i)}\left(\overline{u}_j - \overline{u}_{\mathcal{E}_{0,1}}\right)^2. \tag{3.53}$$

Z lematu 4.26 w [45]

$$\left|I^h\theta_{\mathcal{F}_{ij}}\right|^2_{H^{1/2}(\partial\Omega_i)} \leq C_4 H_j\left(1 + \log\frac{H_j}{h}\right), \tag{3.54}$$

zaś z nierówności Cauchy-Schwarza, lematu 3.5 oraz faktu, że wymiary podobszaru

Ω_j są porównywalne z H_j^3:

$$
\begin{aligned}
\left(\overline{u}_j - \overline{u}_{\mathcal{E}_{0,1}}\right)^2 &= \frac{1}{|\partial\Omega_j|^2}\left(\int_{\partial\Omega_j}\left(u - \overline{u}_{\mathcal{E}_{0,1}}\right)(x)\,dx\right)^2 \\
&\le \frac{1}{|\partial\Omega_j|^2}\int_{\partial\Omega_j}\left(u - \overline{u}_{\mathcal{E}_{0,1}}\right)^2(x)\,dx\int_{\partial\Omega_j}1\,dx \qquad (3.55)\\
&= \frac{1}{|\partial\Omega_j|}\left\|u - \overline{u}_{\mathcal{E}_{0,1}}\right\|^2_{L^2(\partial\Omega_j)} \le \frac{C_5}{H_j}\left(1+\log\frac{H_j}{h}\right)|u|^2_{H^{1/2}(\partial\Omega_j)}.
\end{aligned}
$$

Składając dwa powyższe szacowania dostajemy:

$$
\left|I^h\theta_{\mathcal{F}_{ij}}\left(\overline{u}_j - \overline{u}_{\mathcal{E}_{0,1}}\right)\right|^2_{H^{1/2}(\partial\Omega_i)} \le C_6\left(1+\log\frac{H_j}{h}\right)^2|u|^2_{H^{1/2}(\partial\Omega_j)}. \qquad (3.56)
$$

Czwarty składnik (3.51) szacujemy analogicznie, zaś pozostałe składniki sumy dla $m \in \{1, 2, \ldots, n_{j,k} - 1\}$ szacujemy zauważając, że w każdym z nawiasów średnie liczone są po krawędziach należących do brzegu tego samego podobszaru i dla każdej stałej β mamy:

$$
\begin{aligned}
\left(\overline{u}_{\mathcal{E}_{m-1,m}} - \overline{u}_{\mathcal{E}_{m,m+1}}\right)^2 &= \left(\left(\overline{u}_{\mathcal{E}_{m-1,m}} - \beta\right) - \left(\overline{u}_{\mathcal{E}_{m,m+1}} - \beta\right)\right)^2 \qquad (3.57)\\
&\le C\left(\left(\overline{u}_{\mathcal{E}_{m-1,m}} - \beta\right)^2 + \left(\overline{u}_{\mathcal{E}_{m,m+1}} - \beta\right)^2\right).
\end{aligned}
$$

Jeśli $l_m \in \mathrm{Path}(j,k)$ jest indeksem podobszaru, do którego brzegu należą obie krawędzie $\mathcal{E}_{m-1,m}$ i $\mathcal{E}_{m,m+1}$, to z lematów 4.30 i 4.19 w [45] jest to mniejsze lub równe

$$
\frac{C_7}{H_{l_m}}\left(1+\log\frac{H_{l_m}}{h}\right)|u|^2_{H^{1/2}(\partial\Omega_{l_m})}, \qquad (3.58)
$$

dla Ω_{l_m} typu Neumanna. Pozostaje złożyć to razem z oszacowaniem (3.54) funkcji $\theta_{\mathcal{F}_{ij}}$:

$$
\begin{aligned}
&\left|I^h\theta_{\mathcal{F}_{ij}}\left(\overline{u}_{\mathcal{E}_{m-1,m}} - \overline{u}_{\mathcal{E}_{m,m+1}}\right)\right|^2_{H^{1/2}(\partial\Omega_i)} \qquad (3.59)\\
&\qquad \le C_8\left(1+\log\frac{H_{l_m}}{h}\right)|u|^2_{H^{1/2}(\partial\Omega_{l_m})}.
\end{aligned}
$$

Ostatecznie zatem dostajemy oszacowanie (3.51)

$$\left|I^h\theta_{\mathcal{F}_{ij}}\left(u-\widetilde{I}_i^H u\right)\right|^2_{H^{1/2}(\partial\Omega_i)} \le C_9\left(1+\log\frac{H}{h}\right)^2 \sum_{l\in\mathcal{N}_N\cap\mathcal{N}_i} |u|^2_{H^{1/2}(\partial\Omega_l)}. \tag{3.60}$$

Przejdźmy teraz do szacowania składników (3.45) związanych z krawędziami. Oznaczmy przez k jeden z indeksów podobszarów typu Neumanna, zawierający krawędź $\mathcal{E}$. Oczywiście $k\in\mathcal{N}_i$. Z lematu 3.4 mamy

$$\left|I^h\theta_{\mathcal{E}}\left(u-\widetilde{I}_i^H u\right)\right|^2_{H^{1/2}(\partial\Omega_i)} \le C_{10}\left(1+\log\frac{H_k}{h}\right)\left\|u-\widetilde{I}_i^H u\right\|^2_{H^{1/2}(\partial\Omega_k)}. \tag{3.61}$$

Seminormę w miejsce normy uzyskujemy zauważając, że dla dowolnej stałej α spełniona jest zależność

$$u-\widetilde{I}_i^H u=(u-\alpha)-\widetilde{I}_i^H(u-\alpha). \tag{3.62}$$

Stąd

$$\left\|u-\widetilde{I}_i^H u\right\|^2_{H^{1/2}(\partial\Omega_k)} \le |u|^2_{H^{1/2}(\partial\Omega_k)}. \tag{3.63}$$

Pozostały jeszcze tylko składniki (3.45) związane z wierzchołkami. Analogicznie jak w powyżej oznaczmy przez k jeden z indeksów podobszarów typu Neumanna, zawierający wierzchołek ν. Stosujemy lemat 3.6 uzyskując:

$$\left|I^h\theta_{\mathcal{V}}\left(u-\widetilde{I}_i^H u\right)\right|^2_{H^{1/2}(\partial\Omega_i)} \le C_{11}\left(1+\log\frac{H}{h}\right)\left\|u-\widetilde{I}_i^H u\right\|^2_{H^{1/2}(\partial\Omega_k)}. \tag{3.64}$$

Dalsze szacowania są takie same jak przeprowadzone powyżej dla wyrazów związanych z krawędziami podobszaru (porównaj (3.62)-(3.63)) i tak jak tamże dostajemy:

$$\left|I^h\theta_{\mathcal{V}}\left(u-\widetilde{I}_i^H u\right)\right|^2_{H^{1/2}(\partial\Omega_i)} \le C_{12}\left(1+\log\frac{H_k}{h}\right)|u|^2_{H^{1/2}(\partial\Omega_k)}. \tag{3.65}$$

Podstawiając uzyskane górne ograniczenia (3.60), (3.62)-(3.63) i (3.65) na poszczególne składniki wyrażenia (3.45) dostajemy tezę lematu.

□

Założenie (A1) – stabilna dekompozycja. Sprawdzenie warunku

$$b(u,u) \leq C_0^2 s(u,u),$$

dla jedynego elementu dekompozycji $u_1 = u \in V(\Gamma)$ jest podobne jak w przypadku dwuwymiarowym (porównaj 2.1). Tak jak tam, z definicji (3.39) formy dwuliniowej $b(\cdot,\cdot)$, dostajemy

$$\sum_{i \in \mathcal{N}_N} s_i(u_1,u_1) = s(u,u) - \sum_{i \in \mathcal{N}_D} s_i(u,u) \leq s(u,u), \tag{3.66}$$

co implikuje wartość stałej $C_0 = 1$.

Założenie (A2) – lokalna stabilność. Warunek

$$s(u,u) \leq \omega b(u,u)$$

dla $u \in V(\Gamma)$ z lematu 2.1 oraz definicji (3.24) i (3.39) form dwuliniowych $s(\cdot,\cdot)$ i $b(\cdot,\cdot)$ sprowadza się do sprawdzenia nierówności:

$$\sum_{i \in \mathcal{N}_D} |u|^2_{H^{1/2}(\partial\Omega_i)} \leq \omega \sum_{i \in \mathcal{N}_N} |u|^2_{H^{1/2}(\partial\Omega_i)}. \tag{3.67}$$

Wystarczy zatem zająć się tylko szacowaniem wyrazów związanych z podobszarami typu Dirichleta. Dla każdego $i \in \mathcal{N}_D$, ze względu na niezmienniczość seminormy $|\cdot|_{H^{1/2}(\partial\Omega_i)}$ na dodawanie stałych, spełniona jest równość

$$|u|^2_{H^{1/2}(\partial\Omega_i)} = \left|u - \widetilde{I}_i^H u\right|^2_{H^{1/2}(\partial\Omega_i)}, \tag{3.68}$$

co z lematu 3.1 można oszacować:

$$\left|u - \widetilde{I}_i^H u\right|^2_{H^{1/2}(\partial\Omega_i)} \leq C_1 \left(1 + \log\frac{H}{h}\right)^2 \sum_{j \in \mathcal{N}_i \cap \mathcal{N}_N} |u|^2_{H^{1/2}(\partial\Omega_j)}. \tag{3.69}$$

Ze względu na ograniczoną liczbę sąsiadujących ze sobą podobszarów otrzymujemy ostatecznie:

$$\sum_{i\in\mathcal{N}_D} |u|^2_{H^{1/2}(\partial\Omega_i)} \leq C_2 \left(1+\log\frac{H}{h}\right)^2 \sum_{j\in\mathcal{N}_N} |u|^2_{H^{1/2}(\partial\Omega_j)}, \tag{3.70}$$

a tym samym stałą z warunku (A2):

$$\omega = C\left(1+\log\frac{H}{h}\right)^2. \tag{3.71}$$

Założenie (A3) – wzmocniona nierówność Cauchy-Schwarza. Promień spektralny $\varrho(\boldsymbol{E})$ macierzy $\boldsymbol{E}$ z warunku (A3) jest równy jeden, ze względu na tylko jedną przestrzeń wchodzącą w skład dekompozycji przestrzeni $V(\Gamma)$.

Udowodniliśmy w ten sposób:

Twierdzenie 3.1
Operator T określony w (3.40) jest odwracalny oraz

$$cond(T) \leq C\left(1+\log\frac{H}{h}\right)^2,$$

gdzie C jest stałą niezależną od h i H.

Oszacowanie to jest optymalne z dokładnością do czynnika $\left(1+\log\frac{H}{h}\right)^2$.

3.2 Macierzowa postać metody

Do pełnego opisu jednopoziomowej metody Dirichleta-Neumanna w trzech wymiarach oprócz konstrukcji i analizy przedstawionych w poprzednim podrozdziale, brakuje jeszcze wyprowadzenia macierzowej postaci algorytmu rozwiązywania zagadnienia dyskretnego (3.7) opartego na tej metodzie. Przypomnijmy postać macierzy Schura (zob. (3.34)):

$$\boldsymbol{S} = \sum_{i\in\mathcal{N}} \boldsymbol{R}_i^T \boldsymbol{S}^{(i)} \boldsymbol{R}_i, \tag{3.72}$$

gdzie dla $i \in \mathcal{N}$

$$\boldsymbol{S}^{(i)} = \boldsymbol{A}_{\Gamma\Gamma}^{(i)} - \boldsymbol{A}_{\Gamma I}^{(i)} \boldsymbol{A}_{II}^{(i)^{-1}} \boldsymbol{A}_{I\Gamma}^{(i)}. \tag{3.73}$$

$\boldsymbol{R_i}$ jest macierzą operatora R_i obcięcia funkcji z przestrzeni $V(\Gamma)$ do przestrzeni $V_i(\Gamma_i)$, zaś $\boldsymbol{A}_{\Gamma\Gamma}$, $\boldsymbol{A}_{\Gamma I}$, $\boldsymbol{A}_{II}$ i $\boldsymbol{A}_{I\Gamma}$ są podmacierzami macierzy $\boldsymbol{A}$ układu (3.7). Dla powyższej macierzy Schura wyprowadzimy macierzową postać preconditionera opartą na metodzie z podrozdziału 3.1. Addytywny operator Schwarza $T = T_1 = \widetilde{T}_1$ był zdefiniowany w (3.40):

$$b(Tu, v) = s(u, v) \qquad \forall\, u, v \in V(\Gamma),$$

forma dwuliniowa $b(\cdot,\cdot)$ natomiast w (3.39) jako:

$$b(Tu, v) = \sum_{i \in \mathcal{N}_N} s_i(R_i T u, R_i v). \tag{3.74}$$

Łącząc powyższe dwa równania dostajemy zależność, którą w postaci macierzowej można zapisać jako:

$$\sum_{i \in \mathcal{N}_N} (\boldsymbol{R_i v})^T \boldsymbol{S}^{(i)} (\boldsymbol{R_i T u}) = \boldsymbol{v}^T \boldsymbol{S u}. \tag{3.75}$$

Po przekształceniach dostajemy:

$$\boldsymbol{S_N} (\boldsymbol{T u}) = \boldsymbol{S u}, \tag{3.76}$$

gdzie preconditioner $\boldsymbol{S_N}$ dany jest wzorem:

$$\boldsymbol{S_N} = \sum_{i \in \mathcal{N}_N} \boldsymbol{R}_i^T \boldsymbol{S}^{(i)} \boldsymbol{R_i}. \tag{3.77}$$

Z (3.76) i twierdzenia 3.1 widać (zob. też (1.50) i teorię metod Schwarza z podrozdziału 1.4), że zamiast zagadnienia macierzowego (3.25) wystarczy zająć się rozwiązywaniem zagadnienia z macierzą

$$\boldsymbol{T} = \boldsymbol{S_N}^{-1} \boldsymbol{S}. \tag{3.78}$$

Rozwiązanie wyznacza się najczęściej za pomocą metody iteracyjnej. W praktyce, ze względu na symetryczność i dodatnią określoność macierzy Schura $\boldsymbol{S}$ oraz szybkość zbieżności, wykorzystuje się metodę gradientów sprzężonych (patrz [42]) z $\boldsymbol{S_N}$ jako macierzą preconditionera. Właśnie tej metody użyto w eksperymentach numerycznych, których wyniki zostały zebrane w podrozdziale 3.4. Dla czytelności opisu rozwiązanie układu (3.32), które sprowadza się do rozwiązania

$$\boldsymbol{S}_N^{-1}\boldsymbol{S}\boldsymbol{u}_\Gamma = \boldsymbol{S}_N^{-1}\boldsymbol{g}_\Gamma \tag{3.79}$$

przedstawimy jednak na podstawie metody iteracyjnej Richardsona (patrz na przykład [45, str. 399]) z parametrem relaksacji $\tau \in \left(0, \frac{2}{\lambda_{\max}}\right)$:

$$\boldsymbol{u}_\Gamma^{n+1} = \boldsymbol{u}_\Gamma^n - \tau\boldsymbol{S}_N^{-1}\left(\boldsymbol{S}\boldsymbol{u}_\Gamma^n - \boldsymbol{g}_\Gamma\right). \tag{3.80}$$

Znając najmniejszą $\lambda_{\min}$ i największą $\lambda_{\max}$ wartość własną macierzy $\boldsymbol{S_N}$ lub ich oszacowania możemy dobrać (patrz [16, str. 63]) optymalny parametr relaksacji:

$$\tau_{\text{opt}} = \frac{2}{\lambda_{\max} + \lambda_{\min}}.$$

Z postaci (3.80) widać, że każda iteracja procesu iteracyjnego Richardsona sprowadza się to do dwóch zadań:

- mnożenia wektora przez macierz $\boldsymbol{S}$,
- rozwiązania układu liniowych równań algebraicznych z macierzą $\boldsymbol{S_N}$.

Każdy inny proces iteracyjny, w szczególności metodę gradientów sprzężonych, można sprowadzić do wymienionych powyżej operacji.

Mnożenie przez macierz $\boldsymbol{S}$ może być wykonane jako suma niezależnych działań na podmacierzach $\boldsymbol{S}^{(i)}$. Wynika to z dekompozycji macierzy Schura na lokalne podmacierze (3.72) i było już opisywane w poprzednich podrozdziałach, na przykład 2.1 czy 3.1.

Przejdźmy teraz do drugiego z zadań, to jest rozwiązywania układu liniowych równań algebraicznych z macierzą $\boldsymbol{S_N}$. Zauważmy najpierw, że analogicznie

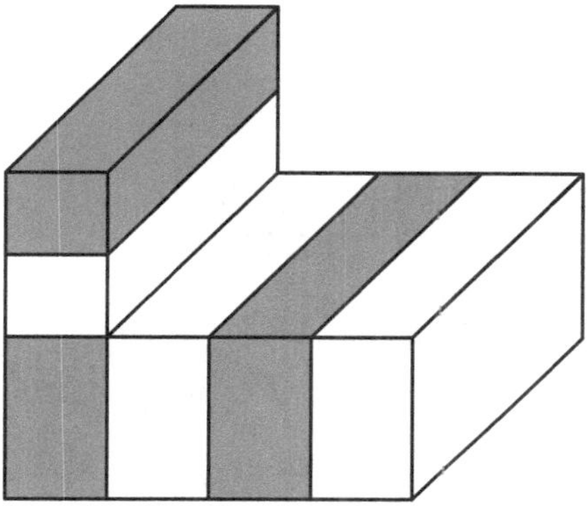

Rysunek 3.3: Przykładowy podział obszaru Ω na prostopadłościany, w którym podobszary typu Neumanna (szare) nie współdzielą krawędzi.

jak w przypadku dwuwymiarowym dla podobszaru bez punktów krzyżowych, tak i w trzech wymiarach dla takiego podziału na podobszary, w którym podobszary typu Neumanna nie mają żadnych wspólnych krawędzi należących do szkieletu (zob. rys. 3.3), macierz $\boldsymbol{S_N}$ ma strukturę blokowo-diagonalną, a jej odwrotność można wówczas zapisać w postaci:

$$\boldsymbol{S}_{\boldsymbol{N}}^{-1} = \sum_{i \in \mathcal{N}_N} \boldsymbol{R}_i^T \boldsymbol{S}^{(i)^{-1}} \boldsymbol{R}_i, \tag{3.81}$$

przy czym każda macierz $\boldsymbol{S}^{(i)}$ odpowiada jednemu podobszarowi typu Neumanna. Rozwiązanie układu liniowych równań algebraicznych z macierzą $\boldsymbol{S_N}$ i pewną prawą stroną $\boldsymbol{b}_\Gamma$:

$$\boldsymbol{S_N u_\Gamma} = \boldsymbol{b_\Gamma} \tag{3.82}$$

można w tym przypadku policzyć poprzez równoległe rozwiązanie układów równań

$$\boldsymbol{S}^{(i)} \boldsymbol{R}_i \boldsymbol{u}_\Gamma = \boldsymbol{R}_i \boldsymbol{b}_\Gamma. \tag{3.83}$$

Znacznie bardziej skomplikowany jest przypadek, gdy podobszary typu Neumanna są ze sobą powiązane poprzez krawędzie (zob. rys. 3.4). Przedstawimy teraz postępowanie prowadzące do wyznaczenia rozwiązania układu równań (3.82), gdy macierz $\boldsymbol{S_N}$ nie ma rozłącznych bloków na diagonali. Układ ten można zapi-

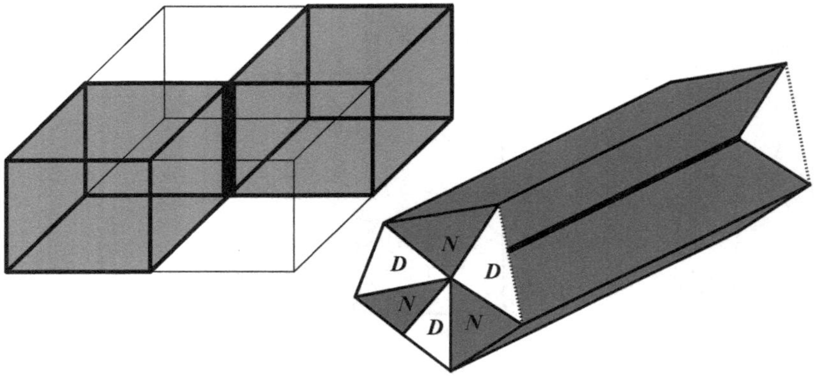

Rysunek 3.4: Przykładowe podziały obszaru Ω na podobszary, w którym podobszary typu Neumanna (szare) mają wspólną (pogrubioną) krawędź.

sać w postaci wykorzystującej podmacierze macierzy $\boldsymbol{A}$ wyjściowego układu (3.7) związane z niewiadomymi szkieletu $\boldsymbol{u}_\Gamma$ oraz niewiadomymi $\boldsymbol{u}_N$ należącymi wnętrz podobszarów typu Neumanna:

$$\begin{pmatrix} \boldsymbol{A}_{NN} & \boldsymbol{A}_{N\Gamma} \\ \boldsymbol{A}_{\Gamma N} & \boldsymbol{A}^N_{\Gamma\Gamma} \end{pmatrix} \begin{pmatrix} \boldsymbol{u}_N \\ \boldsymbol{u}_\Gamma \end{pmatrix} = \begin{pmatrix} 0 \\ \boldsymbol{b}_\Gamma \end{pmatrix}. \tag{3.84}$$

Ograniczyliśmy się przy tym tylko do elementów związanych z podobszarami typu Neumanna – stąd dodatkowy indeks N. Przypomnijmy, że w przypadku trójwymiarowym, jakim w tym rozdziale się zajmujemy, na szkielet Γ składają się nie tylko wierzchołki i krawędzie – jak dla przypadku dwuwymiarowego – lecz również ściany. Niewiadome szkieletu możemy zatem podzielić na należące do ścian $\boldsymbol{u}_\mathcal{F}$, krawędzi $\boldsymbol{u}_\mathcal{E}$ oraz wierzchołków podobszarów $\boldsymbol{u}_\mathcal{C}$:

$$\boldsymbol{u}_\Gamma = [\boldsymbol{u}_\mathcal{F},\ \boldsymbol{u}_\mathcal{E},\ \boldsymbol{u}_\mathcal{C}]^T = [\boldsymbol{u}_\mathcal{F},\ \boldsymbol{u}_{\overline{\mathcal{E}}}]^T. \tag{3.85}$$

Tą samą operację możemy wykonać dla wektora prawej strony:

$$\boldsymbol{b}_\Gamma = [\boldsymbol{b}_\mathcal{F},\ \boldsymbol{b}_\mathcal{E},\ \boldsymbol{b}_\mathcal{C}]^T = [\boldsymbol{b}_\mathcal{F},\ \boldsymbol{b}_{\overline{\mathcal{E}}}]^T. \tag{3.86}$$

Układ (3.84) możemy wówczas zapisać w postaci:

$$\begin{pmatrix} \boldsymbol{A}_{NN} & \boldsymbol{A}_{N\mathcal{F}} & 0 & 0 \\ \boldsymbol{A}_{\mathcal{F}N} & \boldsymbol{A}^N_{\mathcal{F}\mathcal{F}} & \boldsymbol{A}^N_{\mathcal{F}\mathcal{E}} & 0 \\ 0 & \boldsymbol{A}^N_{\mathcal{E}\mathcal{E}} & \boldsymbol{A}^N_{\mathcal{E}\mathcal{E}} & \boldsymbol{A}^N_{\mathcal{E}\mathcal{C}} \\ 0 & 0 & \boldsymbol{A}^N_{\mathcal{C}\mathcal{E}} & \boldsymbol{A}^N_{\mathcal{C}\mathcal{C}} \end{pmatrix} \begin{pmatrix} \boldsymbol{u}_N \\ \boldsymbol{u}_{\mathcal{F}} \\ \boldsymbol{u}_{\mathcal{E}} \\ \boldsymbol{u}_{\mathcal{C}} \end{pmatrix} = \begin{pmatrix} 0 \\ \boldsymbol{b}_{\mathcal{F}} \\ \boldsymbol{b}_{\mathcal{E}} \\ \boldsymbol{b}_{\mathcal{C}} \end{pmatrix}. \tag{3.87}$$

Za pomocą blokowej eliminacji Gaussa (porównaj uzupełnienie Schura [45, str. 5]) możemy ten układ sprowadzić do równoważnego mu układu równań:

$$\begin{pmatrix} \boldsymbol{A}_{NN} & \boldsymbol{A}_{N\mathcal{F}} & 0 \\ \boldsymbol{A}_{\mathcal{F}N} & \boldsymbol{A}^N_{\mathcal{F}\mathcal{F}} & \boldsymbol{A}^N_{\mathcal{F}\overline{\mathcal{E}}} \\ 0 & 0 & \boldsymbol{S}^N_{\overline{\mathcal{E}}} \end{pmatrix} \begin{pmatrix} \boldsymbol{u}_N \\ \boldsymbol{u}_{\mathcal{F}} \\ \boldsymbol{u}_{\overline{\mathcal{E}}} \end{pmatrix} = \begin{pmatrix} 0 \\ \boldsymbol{b}_{\mathcal{F}} \\ \widetilde{\boldsymbol{b}}_{\overline{\mathcal{E}}} \end{pmatrix}. \tag{3.88}$$

gdzie:

$$\boldsymbol{S}^N_{\overline{\mathcal{E}}} = \sum_{i \in \mathcal{N}_N} \boldsymbol{R}^T_{\overline{\mathcal{E}}_i} \boldsymbol{S}^{N,\,i}_{\overline{\mathcal{E}}} \boldsymbol{R}_{\overline{\mathcal{E}}_i}, \tag{3.89}$$

$$\boldsymbol{S}^{N,\,i}_{\overline{\mathcal{E}}} = \begin{pmatrix} \boldsymbol{A}^{N,\,(i)}_{\mathcal{E}\mathcal{E}} & \boldsymbol{A}^{N,\,(i)}_{\mathcal{E}\mathcal{C}} \\ \boldsymbol{A}^{N,\,(i)}_{\mathcal{C}\mathcal{E}} & \boldsymbol{A}^{N,\,(i)}_{\mathcal{C}\mathcal{C}} \end{pmatrix} \tag{3.90}$$

$$- \begin{pmatrix} 0 & \boldsymbol{A}^{N,\,(i)}_{\mathcal{E}\mathcal{F}} \\ 0 & 0 \end{pmatrix} \begin{pmatrix} \boldsymbol{A}^{(i)}_{NN} & \boldsymbol{A}^{(i)}_{N\mathcal{F}} \\ \boldsymbol{A}^{(i)}_{\mathcal{F}N} & \boldsymbol{A}^{N,\,(i)}_{\mathcal{F}\mathcal{F}} \end{pmatrix}^{-1} \begin{pmatrix} 0 & 0 \\ \boldsymbol{A}^{N,\,(i)}_{\mathcal{F}\mathcal{E}} & 0 \end{pmatrix},$$

$$\widetilde{\boldsymbol{b}}_{\overline{\mathcal{E}}} = \sum_{i \in \mathcal{N}_N} \boldsymbol{R}^T_{\overline{\mathcal{E}}_i} \widetilde{\boldsymbol{b}}^i_{\overline{\mathcal{E}}} \boldsymbol{R}_{\overline{\mathcal{E}}_i}, \tag{3.91}$$

$$\widetilde{\boldsymbol{b}}^i_{\overline{\mathcal{E}}} = \boldsymbol{b}^{(i)}_{\overline{\mathcal{E}}} - \begin{pmatrix} 0 & \boldsymbol{A}^{N,\,(i)}_{\mathcal{E}\mathcal{F}} \\ 0 & 0 \end{pmatrix} \begin{pmatrix} \boldsymbol{A}^{(i)}_{NN} & \boldsymbol{A}^{(i)}_{N\mathcal{F}} \\ \boldsymbol{A}^{(i)}_{\mathcal{F}N} & \boldsymbol{A}^{N,\,(i)}_{\mathcal{F}\mathcal{F}} \end{pmatrix}^{-1} \begin{bmatrix} 0 \\ \boldsymbol{b}^{(i)}_{\mathcal{F}} \end{bmatrix}. \tag{3.92}$$

$\boldsymbol{R}_{\overline{\mathcal{E}}_i}$ jest macierzą operatora $R_{\overline{\mathcal{E}}_i}$ obcięcia niewiadomych szkieletu należących do podobszaru Ω_i do niewiadomych związanych z wierzchołkami i krawędziami tego podobszaru. Powyższa operacja eliminacji Gaussa jest możliwa ze względu na nieosobliwość bloków związanych z podobszarami typu Neumanna, które leżą na diagonali macierzy:

$$\begin{pmatrix} \boldsymbol{A}_{NN} & \boldsymbol{A}_{N\mathcal{F}} \\ \boldsymbol{A}_{\mathcal{F}N} & \boldsymbol{A}_{\mathcal{F}\mathcal{F}}^{N} \end{pmatrix} = \operatorname{diag}\left\{ \begin{pmatrix} \boldsymbol{A}_{NN}^{(i)} & \boldsymbol{A}_{N\mathcal{F}}^{(i)} \\ \boldsymbol{A}_{\mathcal{F}N}^{(i)} & \boldsymbol{A}_{\mathcal{F}\mathcal{F}}^{N,(i)} \end{pmatrix} \right\}_{i\in\mathcal{N}_N}. \tag{3.93}$$

Implikuje to zarazem odwracalność całej tej macierzy.

Rozwiązanie układu równań (3.82) sprowadziliśmy zatem do znalezienia rozwiązania układu liniowych równań algebraicznych

$$\boldsymbol{S}_{\overline{\mathcal{E}}}^{N} \boldsymbol{u}_{\overline{\mathcal{E}}} = \widetilde{\boldsymbol{b}}_{\overline{\mathcal{E}}}. \tag{3.94}$$

Mając bowiem rozwiązanie $\boldsymbol{u}_{\overline{\mathcal{E}}}$ na części szkieletu związanej z krawędziami i wierzchołkami podobszarów, możemy wyznaczyć pozostałe niewiadome $\boldsymbol{u}_{\mathcal{F}}$ szkieletu rozwiązując niezależnie układy równań związane z podobszarami typu Neumanna:

$$\begin{aligned} \begin{pmatrix} \boldsymbol{A}_{NN}^{(i)} & \boldsymbol{A}_{N\mathcal{F}}^{(i)} \\ \boldsymbol{A}_{\mathcal{F}N}^{(i)} & \boldsymbol{A}_{\mathcal{F}\mathcal{F}}^{N,(i)} \end{pmatrix} \begin{pmatrix} \boldsymbol{u}_{N}^{(i)} \\ \boldsymbol{u}_{\mathcal{F}}^{(i)} \end{pmatrix} = \begin{pmatrix} 0 \\ \boldsymbol{b}_{\mathcal{F}}^{(i)} \end{pmatrix} \\ - \begin{pmatrix} 0 & 0 \\ \boldsymbol{A}_{\mathcal{F}\mathcal{E}}^{N,(i)} & 0 \end{pmatrix} \begin{pmatrix} \boldsymbol{u}_{\mathcal{E}}^{(i)} \\ \boldsymbol{u}_{\mathcal{C}}^{(i)} \end{pmatrix} \end{aligned} \tag{3.95}$$

Macierz $\boldsymbol{S}_{\overline{\mathcal{E}}}^{N}$ ma rozmiar równy sumie liczby punktów nodalnych krawędzi i wierzchołków szkieletu. Jest to zdecydowanie mniej niż wynosi rozmiar macierzy $\boldsymbol{S}$, która to obejmuje jeszcze punkty nodalne ścian szkieletu, ale zarazem znacznie więcej w odniesieniu do zdefiniowanej w (2.79) przy opisie algorytmu w dwóch wymiarach macierzy $\boldsymbol{S}_{\mathcal{CC}}^{N}$. Tam bowiem uwzględnione były tylko punkty krzyżowe, a w trzech wymiarach również punkty nodalne krawędzi. Na szczęście macierz ta ma strukturę rozrzedzoną. Z definicji (3.89) i (3.90) wynika bowiem, że niezerowe elementy mogą się pojawić tylko i wyłącznie na diagonali oraz dla par punktów nodalnych krawędzi lub wierzchołków należących do tego samego podobszaru. Układ (3.94) z macierzą $\boldsymbol{S}_{\overline{\mathcal{E}}}^{N}$ dzięki temu, że obejmuje niewiadome ze wszystkich podobszarów typu Neumanna, pełni rolę pośrednika w rozsyłaniu informacji pomiędzy podobszarami. W ten sposób szybkość zbieżności metody nie zależy od liczby podobszarów (porównaj twierdzenie 3.1). Warto dodać, iż wyznaczenie macierzy (3.90) oraz prawej strony (3.92) układu równań (3.88) można sprowadzić do niezależnych operacji na podobszarach typu Neumanna, obejmujących mnożenie przez rozrzedzone podmacierze macierzy $\boldsymbol{A}$ oraz rozwiązywanie układów równań z lokalnymi macierzami (3.93). Układy te odpowiadają zagadnieniom na podobszarach z warunkiem brzegowym Dirichleta w wierzchołkach i na krawędziach podobszaru, a warunkiem brzegowym Neumanna w pozostałych punktach nodalnych brzegu Γ_i. Do rozwiązania wyznaczonego w równoległy sposób układu liniowych równań algebraicznych (3.94) można użyć metod bezpośrednich, na przykład eliminacji Gaussa (patrz [42]). Warto, aby wybrana metoda w pełni wykorzystywała własności macierzy $\boldsymbol{S}_{\mathcal{E}}^{N}$, jak na przykład jej rozrzedzoną strukturę.

Lokalne macierze (3.93) są symetryczne i dodatnio określone, a obliczenia z nimi w trakcie procesu iteracyjnego wykonywane są wielokrotnie. Lepszym, jeżeli chodzi o czas obliczeń, podejściem jest wykonanie dekompozycji Cholesky'ego-Banachiewicza LL^T (patrz [16, str. 50], porównaj też rozkład macierzy (2.84) w dwuwymiarowej metodzie Dirichleta-Neumanna) macierzy związanych z konkretnym podobszarem

$$\begin{pmatrix} \boldsymbol{A}_{NN}^{(i)} & \boldsymbol{A}_{N\mathcal{F}}^{(i)} \\ \boldsymbol{A}_{\mathcal{F}N}^{(i)} & \boldsymbol{A}_{\mathcal{F}\mathcal{F}}^{N,(i)} \end{pmatrix} = \boldsymbol{L}_i^N \left(\boldsymbol{L}_i^N\right)^T \tag{3.96}$$

i zapamiętanie czynników rozkładu. W ten sposób rozwiązanie układu równań z powyższą macierzą i prawą stroną $\boldsymbol{b}_i$:

$$\boldsymbol{L}_i^N \left(\boldsymbol{L}_i^N\right)^T \boldsymbol{v}_i = \boldsymbol{b}_i \tag{3.97}$$

można sprowadzić do następujących operacji:

$$\widetilde{\boldsymbol{L}}_i^N = \left(\boldsymbol{L}_i^N\right)^{-1}, \tag{3.98}$$

$$\boldsymbol{v}_i = \left(\widetilde{\boldsymbol{L}}_i^N\right)^T \widetilde{\boldsymbol{L}}_i^N \boldsymbol{b}_i. \tag{3.99}$$

Czynniki faktoryzacji można wykorzystać także (porównaj (2.85)) do szybszego obliczenia macierzy $\boldsymbol{S}_{\mathcal{E}}^{N,i}$ i wektora $\widetilde{\boldsymbol{b}}_{\mathcal{E}}$ zdefiniowanych w (3.90) i (3.92).

Przedstawimy teraz kolejne kroki jednopoziomowego algorytmu Dirichleta-Neumanna w trzech wymiarach:

PRECOMPUTING

1. dla każdego $i \in \mathcal{N}$ wykonaj faktoryzację macierzy $\boldsymbol{A}_{II}^{(i)}$, oblicz prawą stronę zagadnienia Schura (3.32) oraz wyznacz lokalne macierze Schura:

   (a) wykonaj dekompozycję Cholesky'ego-Banachiewicza:
   $$\boldsymbol{A}_{II}^{(i)} = \boldsymbol{L}_i \boldsymbol{L}_i^T$$

   (b) odwróć macierz $\boldsymbol{L}_i$:
   $$\widetilde{\boldsymbol{L}}_i = \boldsymbol{L}_i^{-1}$$

   (c) $\boldsymbol{X}_i = \widetilde{\boldsymbol{L}}_i \boldsymbol{A}_{I\Gamma}^{(i)}$

   (d) $\mathbf{g}_{\Gamma}^{(i)} = \boldsymbol{f}_{\Gamma}^{(i)} - \boldsymbol{X}_i^T \widetilde{\boldsymbol{L}}_i \boldsymbol{f}_I^{(i)}$

   (e) $\boldsymbol{S}^{(i)} = \boldsymbol{A}_{\Gamma\Gamma}^{(i)} - \boldsymbol{X}_i^T \boldsymbol{X}_i$

2. dla każdego $i \in \mathcal{N}_N$ wykonaj faktoryzację macierzy (3.96):

   (a) wykonaj dekompozycję Cholesky'ego-Banachiewicza:
   $$\begin{pmatrix} \boldsymbol{A}_{NN}^{(i)} & \boldsymbol{A}_{N\mathcal{F}}^{(i)} \\ \boldsymbol{A}_{\mathcal{F}N}^{(i)} & \boldsymbol{A}_{\mathcal{E}\mathcal{F}}^{N,(i)} \end{pmatrix} = \boldsymbol{L}_i^N \left(\boldsymbol{L}_i^N\right)^T$$

   (b) odwróć macierz $\boldsymbol{L}_i^N$:
   $$\widetilde{\boldsymbol{L}}_i^N = \left(\boldsymbol{L}_i^N\right)^{-1}$$

   (c) oblicz $\boldsymbol{X}_i^N = \widetilde{\boldsymbol{L}}_i^N \begin{pmatrix} 0 & \boldsymbol{A}_{\mathcal{E}\mathcal{F}}^{N,(i)} \\ 0 & 0 \end{pmatrix}$

   (d) oblicz $\boldsymbol{S}_{\overline{\mathcal{E}}}^{N,i} = \begin{pmatrix} \boldsymbol{A}_{\mathcal{E}\mathcal{E}}^{N,(i)} & \boldsymbol{A}_{\mathcal{E}\mathcal{C}}^{N,(i)} \\ \boldsymbol{A}_{\mathcal{C}\mathcal{E}}^{N,(i)} & \boldsymbol{A}_{\mathcal{C}\mathcal{C}}^{N,(i)} \end{pmatrix} - \left(\boldsymbol{X}_i^N\right)^T \boldsymbol{X}_i^N$

3. oblicz macierz $\boldsymbol{S}_{\overline{\mathcal{E}}}^N$ i prawą stronę $\boldsymbol{g}_{\Gamma}$:

   (a) $\boldsymbol{S}_{\overline{\mathcal{E}}}^N = \sum_{i \in \mathcal{N}_N} \boldsymbol{R}_{\mathcal{E}_i}^T \boldsymbol{S}_{\overline{\mathcal{E}}}^{N,i}$

(b) $g_\Gamma = \sum_{i\in\mathcal{N}} R_i^T g_\Gamma^{(i)}$

COMPUTING

W n-tej iteracji mamy dany wektor u_Γ^n (za u_Γ^0 można przyjąć wektor zerowy):

1. oblicz prawą stronę $b_\Gamma = \left(\sum_{i\in\mathcal{N}} R_i^T S^{(i)} R_i u_\Gamma^n - g_\Gamma\right) = [b_{\mathcal{F}},\, b_{\mathcal{E}},\, b_{\mathcal{C}}]^T$

2. oblicz $\widetilde{b}_{\overline{\mathcal{E}}} = \sum_{i\in\mathcal{N}_N} R_{\mathcal{E}_i}^T \left(b_{\overline{\mathcal{E}}}^{(i)} - \left(X_i^N\right)^T \widetilde{L}_i^N \begin{bmatrix} 0 \\ b_{\mathcal{F}}^{(i)} \end{bmatrix}\right)$

3. rozwiąż metodą eliminacji Gaussa układ liniowych równań algebraicznych:

$$S_{\overline{\mathcal{E}}}^N u_{\overline{\mathcal{E}}}^{n+1} = \widetilde{b}_{\overline{\mathcal{E}}}$$

4. dla każdego $i \in \mathcal{N}_N$ oblicz:

   (a) $\widetilde{b}_{\mathcal{F}}^{(i)} = b_{\mathcal{F}}^{(i)} - A_{\mathcal{F}\mathcal{E}}^{(i)} u_{\mathcal{E}}^{(i),\,n+1}$

   (b) $\left[u_N^{(i),\,n+1},\, u_{\mathcal{F}}^{(i),\,n+1}\right] = \left(\widetilde{L}_i^N\right)^T \widetilde{L}_i^N \begin{bmatrix} 0 \\ \widetilde{b}_{\mathcal{F}}^{(i)} \end{bmatrix}$

Aproksymacja rozwiązania w $(n+1)$-szej iteracji jest równa:

$$u_\Gamma^{n+1} = u_\Gamma^n - \tau_{\text{opt}} \left[u_{\mathcal{F}}^{n+1},\, u_{\mathcal{E}}^{n+1},\, u_{\mathcal{C}}^{n+1}\right]^T$$

POSTCOMPUTING

Dane mamy rozwiązanie u_Γ na szkielecie Γ. Dla każdego $i \in \mathcal{N}$:

1. oblicz $\widetilde{f}_I^{(i)} = f_I^{(i)} - A_{I\Gamma}^{(i)} u_\Gamma^{(i)}$

2. oblicz $u_I^{(i)} = \widetilde{L}_i^T \widetilde{L}_i \widetilde{f}_I^{(i)}$

Rozwiązanie jest równe:

$$u = [u_I,\, u_\Gamma]^T .$$

W praktyce niewiadome u_I z wnętrz podobszarów nie są zapamiętywane, gdyż mogą być one zawsze wyznaczone na podstawie danych ze szkieletu u_Γ (zob. POSTCOMPUTING, punkt 2).

Wszystkie kroki algorytmu - poza „COMPUTING, punkt 3", czyli rozwiązaniem globalnego zadania z rozrzedzoną macierzą $S_{\mathcal{E}}^{N}$ - sprowadzają się do niezależnych obliczeń na podobszarach. Przy szczególnych podziałach (patrz rys. 3.3) nawet ten krok może być wykonany w sposób całkowicie równoległy. Wystarczy, że podobszary typu Neumanna nie będą miały wspólnych krawędzi. W podrozdziale 3.3 przedstawiona jest modyfikacja metody, w której rezygnujemy z rozwiązywania globalnego zadania kosztem rozwiązywania większej liczby lokalnych podproblemów. Karą za to udogodnienie, jest jednak zależność szybkości zbieżności procesu iteracyjnego od liczby podobszarów.

3.3 Modyfikacje metody Dirichleta-Neumanna

Opisana w poprzednich podrozdziałach jednopoziomowa metoda Dirichleta-Neumanna przy podziale wyjściowego obszaru Ω na dużą liczbę podobszarów, kiedy to podobszary typu Neumanna mają wspólne krawędzie (zob. rys. 3.4), wymaga rozwiązania globalnego zagadnienia (3.94) z macierzą $S_{\mathcal{E}}^{N}$. Globalne zagadnienie można rozbić na niezależne zagadnienia lokalne, jeżeli - jak na rysunku 3.3 - nie są współdzielone żadne krawędzie podobszarów typu Neumanna. W podrozdziale tym przedstawimy modyfikację metody, która nawet w przypadku dużej liczby podobszarów, opiera się tylko i wyłącznie na niezależnych obliczeniach na poszczególnych podobszarach. Kluczem do tego będzie rezygnacja z założenia ciągłości na krawędziach podobszarów (zob. rys. 3.5). Niestety wiąże się to z pogorszeniem szybkości zbieżności procesu iteracyjnego i pojawieniem się zależności od liczby podobszarów, a więc brakiem optymalności metody (porównaj podrozdział 1.3). Kolejne etapy konstrukcji preconditionera dla zagadnienia Schura (3.23) wzorowane będą na abstrakcyjnej teorii addytywnych metod Schwarza z podrozdziału 1.4.

I <u>Dekompozycja przestrzeni</u> $V(\Gamma) = \mathcal{H}V_h(\Omega)_{|\Gamma}$:

$$V(\Gamma) = \sum_{i \in \mathcal{N}_N} R_i^T V_i(\Gamma_i) \tag{3.100}$$

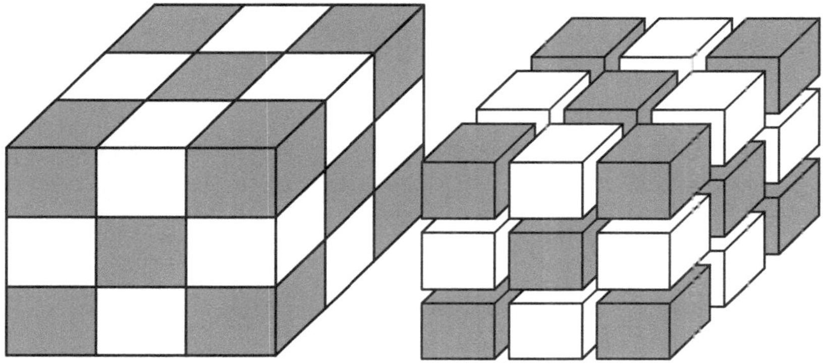

Rysunek 3.5: Porównanie metody Dirichleta-Neumanna z ciągłymi (z lewej) i nieciągłymi (z prawej) wartościami na krawędziach.

na podprzestrzenie lokalne

$$V_i(\Gamma_i) = V(\Gamma)_{|\Gamma_i}.$$

Przez R_i oznaczyliśmy operator obcięcia funkcji z przestrzeni $V(\Gamma)$ do $V_i(\Gamma_i)$. Mimo, że w definicji (3.100) dekompozycji przestrzeni $V(\Gamma)$ sumowanie odbywa się tylko po indeksach podobszarów typu Neumanna, to generuje to całą wyjściową przestrzeń, gdyż należy do niej każda krawędź i wierzchołek szkieletu oraz ściany podobszarów typu Neumanna nie leżące na brzegu obszaru. Ściany podobszarów typu Dirichleta należące do szkieletu Γ natomiast, są zarazem ścianami sąsiadujących podobszarów typu Neumanna i jako takie również zostały uwzględnione w dekompozycji. Na potrzeby dowodu, że (3.100) faktycznie stanowi dekompozycję przestrzeni $V(\Gamma)$, wprowadzimy operator I^h, będący liniowym interpolantem określonym na wierzchołkach drobnej triangulacji $\mathcal{T}^h(\Omega)$ oraz funkcję μ_i kawałkami liniową i ciągłą na $\partial\Omega_i$ o wartościach w punktach nodalnych $x \in \Gamma_i$ danych wzorem:

$$\mu_i(x) = |\mathcal{N}_x \cap \mathcal{N}_N|\,. \tag{3.101}$$

Dla każdego $x \in \Gamma \cup \partial\Omega$ spełniony jest warunek

$$\sum_{i \in \mathcal{N}_N \cap \mathcal{N}_x} \mu_i^{-1}(x) \equiv 1. \tag{3.102}$$

określany popularnie dekompozycją jedynki (patrz funkcje liczące ν_i z [21]). Dla dowolnej funkcji $u \in V(\Gamma)$ zdefiniujmy zatem elementy dekompozycji jako:

$$u_i = \left(\mathcal{H}_i I^h \left(\mu_i^{-1} u_{|\Gamma_i}\right)\right)_{|\Gamma_i} \in V_i(\Gamma_i) \qquad i \in \mathcal{N}_N. \tag{3.103}$$

Dla punktów nodalnych x należących do ściany $\mathcal{F}$ podobszaru Ω_i typu Neumanna $\mu_i(x) = 1$ i mamy wówczas

$$\left(\sum_{i \in \mathcal{N}_N} R_i^T u_i\right)(x) = u_{|\Gamma_i}(x) = u(x).$$

Dla pozostałych punktów nodalnych x szkieletu natomiast, to jest dla wierzchołków i krawędzi, dla każdego indeksu podobszaru typu Neumanna zawierającego x

$$u_i(x) = \frac{u(x)}{|\mathcal{N}_x \cap \mathcal{N}_N|}$$

i stąd

$$\left(\sum_{i \in \mathcal{N}_N} R_i^T u_i\right)(x) = \sum_{i \in \mathcal{N}_x \cap \mathcal{N}_N} \frac{u(x)}{|\mathcal{N}_x \cap \mathcal{N}_N|} = u(x).$$

Dodajmy jeszcze tylko, że wartości na szkielecie są jednocześnie wartościami brzegowymi dla podobszarów typu Dirichleta, jak i Neumanna. Na każdy podobszar można je zatem rozszerzyć dyskretnie harmonicznie (patrz definicja (3.17)), uzyskując w ten sposób rozwiązanie we wszystkich punktach nodalnych obszaru Ω.

II Formy dwuliniowe:

Wprowadźmy pojęcie dyskretnie harmonicznego rozszerzenia $\widehat{\mathcal{H}}_i u_h$ funkcji na podobszar Ω_i w sensie formy dwuliniowej

$$\widehat{a}_i(u, v) = a_i(u, v) + \frac{1}{H^2}(u, v)_{L^2(\Omega_i)} \tag{3.104}$$

z u_h daną na $\partial\Omega_i$, to jest

$$\widehat{a}_i\left(\widehat{\mathcal{H}}_i u_h, \widehat{\mathcal{H}}_i u_h\right) = \min \widehat{a}_i(v_h, v_h), \tag{3.105}$$

gdzie minimum jest brane po wszystkich funkcjach $v_h \in V_h(\Omega_i)$ takich, że

$$(v_h)_{|\partial\Omega_i} = \left(\widehat{\mathcal{H}}_i u_h\right)_{|\partial\Omega_i}.$$

Dla każdego podobszaru Ω_i typu Neumanna wprowadzamy formy dwuliniowe

$$b_i(\cdot,\cdot)\colon V_i(\Gamma_i) \times V_i(\Gamma_i) \to \mathbb{R}$$

określone wzorami dla $u, v \in V_i(\Gamma_i)$

$$b_i(u,v) = \begin{cases} \widehat{a}_i(\widehat{\mathcal{H}}_i(\mu_i u), \widehat{\mathcal{H}}_i(\mu_i v)) & \overline{\Omega}_i \cap \overline{\Omega} = \emptyset \\ a_i(\mathcal{H}_i(\mu_i u), \mathcal{H}_i(\mu_i v)) & \overline{\Omega}_i \cap \overline{\Omega} \neq \emptyset \end{cases}. \tag{3.106}$$

Przez $(\cdot,\cdot)_{L^2(\Omega_i)}$ oznaczyliśmy iloczyn skalarny w przestrzeni $L^2(\Omega_i)$ (zob. dodatek A), zaś funkcje μ_i zostały zdefiniowane w (3.101). Dodanie składnika z iloczynem skalarnym w $L^2(\Omega_i)$ pozwala na pozbycie się osobliwości dla podobszarów (ang. *floating subdomain*) nie mających części wspólnej z brzegiem obszaru Ω i uzyskanie jednoznacznego rozwiązania. W przeciwnym razie każda funkcja stała byłaby rozwiązaniem. Więcej informacji na ten temat można uzyskać na przykład w [45, str. 137] czy [44, str. 174].

III Operatory quasi-rzutowe $T_i = R_i^T \widetilde{T}_i$
określone dla $i \in \mathcal{N}_N$, gdzie

$$\widetilde{T}_i\colon V(\Gamma) \longrightarrow V_i(\Gamma_i)$$

są zdefiniowane jako

$$b_i(\widetilde{T}_i u, v_i) = s(u, R_i^T v_i) \qquad \forall\, v_i \in V_i(\Gamma_i). \tag{3.107}$$

Ze względu na składnik (3.106) związany z iloczynem skalarnym przestrzeni

$L^2(\Omega_i)$ równanie to ma jednoznaczne rozwiązanie. Jest to jeden ze sposobów radzenia sobie z niejednoznacznością pojawiający się często w metodach operujących na nieciągłych na szkielecie podprzestrzeniach, na przykład metodach typu Neumanna-Neumanna oraz FETI (zob. rozdział 6 w [45]).

IV Równanie operatorowe:

$$T\widetilde{u} = \widetilde{g}, \tag{3.108}$$

gdzie

$$\widetilde{g} = Tu^*,$$

u^* jest rozwiązaniem zagadnienia (3.23), zaś $\widetilde{u} \in V(\Gamma)$ szukanym rozwiązaniem (porównaj (3.41)-(3.42)). T jest addytywnym operatorem Schwarza zdefiniowanym następująco:

$$T = \sum_{i \in \mathcal{N}_N} T_i. \tag{3.109}$$

Pokażemy, że operator T jest odwracalny, a tym samym, że $\widetilde{u} = u^*$.

Z abstrakcyjnej teorii addytywnych metod Schwarza opisanej w podrozdziale 1.4 wiemy, że analizę metody można sprowadzić do sprawdzenia założeń twierdzenia 1.1.

Założenie (A1) – stabilna dekompozycja. Dla elementów dekompozycji funkcji $u \in V(\Gamma)$ zdefiniowanych jak w (3.103) jako

$$u_i = \left(\mathcal{H}_i I^h \left(\mu_i^{-1} R_i u\right)\right)_{|\Gamma_i} \qquad \forall i \in \mathcal{N}_N \tag{3.110}$$

musimy sprawdzić dla jakiej stałej C_0 zachodzi:

$$\sum_{i \in \mathcal{N}_N} b_i(u_i, u_i) \leq C_0^2 s(u, u). \tag{3.111}$$

Z definicji (3.106) form dwuliniowych $b_i(\cdot,\cdot)$ oraz faktu, iż rozszerzenie dyskretnie harmoniczne $\widehat{\mathcal{H}}_i$ jest rozszerzeniem o najmniejszej energii mierzonej formą $\widehat{a}_i(\cdot,\cdot)$ dla podobszarów Ω_i typu Neumanna nie mających części wspólnej z brzegiem obszaru Ω mamy:

$$b_i(u_i, u_i) = \widehat{a}_i\left(\widehat{\mathcal{H}}_i(\mu_i u_i), \widehat{\mathcal{H}}_i(\mu_i u_i)\right) \leq \widehat{a}_i(\mathcal{H}_i(\mu_i u_i), \mathcal{H}_i(\mu_i u_i)). \quad (3.112)$$

Podstawiając u_i dostajemy:

$$b_i(u_i, u_i) \leq \begin{cases} \widehat{a}_i(\mathcal{H}_i u, \mathcal{H}_i u) & \overline{\Omega}_i \cap \overline{\Omega} = \emptyset \\ a_i(\mathcal{H}_i u, \mathcal{H}_i u) & \overline{\Omega}_i \cap \overline{\Omega} \neq \emptyset \end{cases}$$

i stąd oraz z nierówności Friedrichsa (lemat A.3)

$$\begin{aligned} \sum_{i\in\mathcal{N}_N} b_i(u_i, u_i) &\leq \sum_{i\in\mathcal{N}_N} s_i(u, u) + \frac{1}{H^2}\sum_{i\in\mathcal{N}_N} \|\mathcal{H}_i u\|^2_{L^2(\Omega_i)} \\ &\leq s(u, u) + \frac{1}{H^2}\|\mathcal{H}u\|^2_{L^2(\Omega)} \leq \frac{C}{H^2}s(u, u). \end{aligned} \quad (3.113)$$

Podkreślmy, że w przypadku gdy każdy podobszar typu Neumanna przecina się niepusto z brzegiem obszaru Ω, a co za tym idzie formy dwuliniowe $b_i(\cdot,\cdot)$ nie zawierają wyrazu $H^{-2}(\cdot,\cdot)_{L^2(\Omega)}$, otrzymujemy znacznie lepsze oszacowanie stałej z warunku (A2):

$$C_0^2 = \begin{cases} C & \forall_{i\in\mathcal{N}_N}\ \overline{\Omega}_i \cap \overline{\Omega} \neq \emptyset \\ \frac{C}{H^2} & \text{w przeciwnym razie} \end{cases}. \quad (3.114)$$

Założenie (A2) – lokalna stabilność. Dla każdej przestrzeni $V_i(\Gamma_i)$ dla $i \in \mathcal{N}_N$ musimy pokazać, że

$$s(R_i^T u_i, R_i^T u_i) \leq \omega b_i(u_i, u_i) \qquad \forall\, u_i \in V_i(\Gamma_i). \quad (3.115)$$

Funkcja u_i może dawać niezerowy wkład na:

- części brzegu Γ_i podobszaru Ω_i,
- części brzegu Γ_j podobszarów Ω_j typu Dirichleta sąsiadujących z podobszarem Ω_i poprzez ściany $\mathcal{F}_{ij}$ oraz brzegi tej ściany,
- części brzegu Γ_j podobszarów Ω_j typu Neumanna mających jedną wspólną krawędź z podobszarem Ω_i oraz wierzchołki $\mathcal{V} \in \mathcal{V}_i \cap \mathcal{V}_j$ tej krawędzi,

- części brzegu Γ_j podobszarów Ω_j typu Dirichleta mających jeden wspólny wierzchołek z podobszarem Ω_i.

Stosując lemat 4.10 w [45] oraz elementarne nierówności możemy oszacować lewą stronę (3.115):

$$s(R_i^T u_i, R_i^T u_i) \leq C_1 \left(|u_i|^2_{H^{1/2}(\partial\Omega_i)} + \sum_{j \in (\mathcal{N}_N \cap \mathcal{N}_i)\setminus\{i\}} \left|R_i^T u_i\right|^2_{H^{1/2}(\partial\Omega_j)} + \sum_{j \in \mathcal{N}_D \cap \mathcal{N}_i} \left|R_i^T u_i\right|^2_{H^{1/2}(\partial\Omega_j)} \right). \tag{3.116}$$

Pierwszy składnik prawej strony (3.116) można oszacować przez

$$|u_i|^2_{H^{1/2}(\partial\Omega_i)} \leq C_2 \left(\sum_{\mathcal{F} \in \mathcal{F}_i} |\mathcal{H}_i \theta_{\mathcal{F}} u_i|^2_{H^{1/2}(\partial\Omega_i)} + \sum_{\mathcal{E} \in \mathcal{E}_i} |\mathcal{H}_i \theta_{\mathcal{E}} u_i|^2_{H^{1/2}(\partial\Omega_i)} + \sum_{\mathcal{V} \in \mathcal{V}_i} |\mathcal{H}_i \theta_{\mathcal{V}} u_i|^2_{H^{1/2}(\partial\Omega_i)} \right), \tag{3.117}$$

gdzie funkcje $\theta_{\mathcal{F}}$, $\theta_{\mathcal{E}}$ i $\theta_{\mathcal{V}}$ zostały zdefiniowane w podrozdziale 3.5 jako zerujące się we wszystkich punktach nodalnych poza tymi należących do odpowiednio ściany $\mathcal{F}$, krawędzi $\mathcal{E}$ lub równych wierzchołkowi $\mathcal{V}$, w których przyjmują wartość jeden. Funkcja μ_i z definicji (3.101) przyjmuje stałe wartości na ścianach, krawędziach i w wierzchołkach, stąd (3.117) możemy oszacować z góry przez:

$$C_3 \left(\sum_{\mathcal{F} \in \mathcal{F}_i} \left|\mathcal{H}_i \theta_{\mathcal{F}} (I^h(\mu_i u_i))\right|^2_{H^{1/2}(\partial\Omega_i)} + \sum_{\mathcal{E} \in \mathcal{E}_i} \left|\mathcal{H}_i \theta_{\mathcal{E}} (I^h(\mu_i u_i))\right|^2_{H^{1/2}(\partial\Omega_i)} + \sum_{\mathcal{V} \in \mathcal{V}_i} \left|\mathcal{H}_i \theta_{\mathcal{V}} (I^h(\mu_i u_i))\right|^2_{H^{1/2}(\partial\Omega_i)} \right) \tag{3.118}$$

i dalej wyrazy związane ze ścianami z lematów A.4 i 3.3, wyrazy związane z krawędziami z lematu 3.4, a te związane z wierzchołkami z lematu 3.6, szacujemy otrzymując:

$$
\begin{aligned}
|u_i|^2_{H^{1/2}(\partial\Omega_i)} \leq C_4 \Bigg(\left(1+\log\frac{H}{h}\right)^2 & \sum_{\mathcal{F}\in\mathcal{F}_i} \left\|I^h(\mu_i u_i)\right\|^2_{H^{1/2}(\partial\Omega_i)} \\
+ \left(1+\log\frac{H}{h}\right) & \sum_{\mathcal{E}\in\mathcal{E}_i} \left\|I^h(\mu_i u_i)\right\|^2_{H^{1/2}(\partial\Omega_i)} \qquad (3.119) \\
+ \left(1+\log\frac{H}{h}\right) & \sum_{\mathcal{V}\in\mathcal{V}_i} \left\|I^h(\mu_i u_i)\right\|^2_{H^{1/2}(\partial\Omega_i)} \Bigg).
\end{aligned}
$$

Ze względu na ograniczoną z góry liczbę ścian, krawędzi i wierzchołków podobszaru Ω_i dostajemy zwięzłe oszacowanie pierwszego składnika wyrażenia (3.116)

$$
|u_i|^2_{H^{1/2}(\partial\Omega_i)} \leq C_5 \left(1+\log\frac{H}{h}\right)^2 \left\|I^h(\mu_i u_i)\right\|^2_{H^{1/2}(\partial\Omega_i)}. \qquad (3.120)
$$

Do szacowania drugiego składnika natomiast skorzystamy z faktu, że podobszary Ω_i i Ω_j typu Neumanna sąsiadują ze sobą tylko poprzez krawędź $\mathcal{E}_{ij}$ oraz jej wierzchołki $\mathcal{V} \in \partial\mathcal{E}_{ij}$. Stąd

$$
\begin{aligned}
\sum_{j\in(\mathcal{N}_N\cap\mathcal{N}_i)\setminus\{i\}} \left|R_i^T u_i\right|^2_{H^{1/2}(\partial\Omega_j)} \leq C_6 \sum_{j\in(\mathcal{N}_N\cap\mathcal{N}_i)\setminus\{i\}} & \Bigg(\left|\mathcal{H}_j\theta_{\mathcal{E}_{ij}} u_i\right|^2_{H^{1/2}(\partial\Omega_j)} \qquad (3.121) \\
& + \sum_{\mathcal{V}\in\mathcal{V}_i\cap\mathcal{V}_j} |\mathcal{H}_j\theta_{\mathcal{V}} u_i|^2_{H^{1/2}(\partial\Omega_j)} \Bigg), \qquad (3.122)
\end{aligned}
$$

a z lematów 3.4 i 3.6 oraz ograniczonej z góry liczby sąsiadujących podobszarów (porównaj też szacowania powyżej) dostajemy:

$$
\sum_{j\in(\mathcal{N}_N\cap\mathcal{N}_i)\setminus\{i\}} \left|R_i^T u_i\right|^2_{H^{1/2}(\partial\Omega_j)} \leq C_7 \left(1+\log\frac{H}{h}\right) \left\|I^h(\mu_i u_i)\right\|^2_{H^{1/2}(\partial\Omega_i)}. \qquad (3.123)
$$

Pozostaje przejść do ostatniego, trzeciego składnika wyrażenia (3.116). Dwa sąsiadujące podobszary: Ω_i typu Neumanna i Ω_j typu Dirichleta mają albo wspólną ścianę $\mathcal{F}_{ij}$ wraz z jej krawędziami $\mathcal{E} \in \partial\mathcal{F}_{ij} \cap \mathcal{E}_i$ i wierzchołkami $\mathcal{V} \in \partial\mathcal{F}_{ij} \cap \mathcal{V}_i$, albo tylko wierzchołek. Zatem

$$\left|R_i^T u_i\right|^2_{H^{1/2}(\partial\Omega_j)} \le C_8 \Big(\left|\mathcal{H}_j \theta_{\mathcal{F}_{ij}} u_i\right|^2_{H^{1/2}(\partial\Omega_j)} \tag{3.124}$$

$$+ \sum_{\mathcal{E}\in\mathcal{E}_i\cap\mathcal{E}_j} \left|\mathcal{H}_j \theta_{\mathcal{E}} u_i\right|^2_{H^{1/2}(\partial\Omega_j)} + \sum_{\mathcal{V}\in\mathcal{V}_i\cap\mathcal{V}_j} \left|\mathcal{H}_j \theta_{\mathcal{V}} u_i\right|^2_{H^{1/2}(\partial\Omega_j)} \Big).$$

Szacując analogicznie jak w przypadku dwóch poprzednich składników otrzymujemy:

$$\sum_{j\in\mathcal{N}_D\cap\mathcal{N}_i} \left|R_i^T u_i\right|^2_{H^{1/2}(\partial\Omega_j)} \le C_9 \left(1 + \log\frac{H}{h}\right)^2 \left\|I^h\left(\mu_i u_i\right)\right\|^2_{H^{1/2}(\partial\Omega_i)}. \tag{3.125}$$

Z twierdzenia A.1 o śladzie, definicji (A.9) normy $\|\cdot\|^2_{H^1(\Omega_i)}$ oraz twierdzenia o rozszerzaniu A.2 mamy:

$$\left\|I^h\left(\mu_i u_i\right)\right\|^2_{H^{1/2}(\partial\Omega_i)} \le C_{10} b_i(u_i, u_i).$$

Uwzględniając to w nierównościach (3.120), (3.123) i (3.125) dostajemy ostateczne szacowanie równania (3.116) oraz stałą ω z warunku (A2):

$$\omega = C\left(1 + \log\frac{H}{h}\right)^2. \tag{3.126}$$

Założenie (A3) – wzmocniona nierówność Cauchy-Schwarza. Promień spektralny macierzy $\boldsymbol{E} = \{\varepsilon_{ij}\}_{i,j\in\mathcal{N}_N}$ z warunku (A3), można oszacować przez jeden plus maksymalną liczbę sąsiadujących ze sobą podobszarów. Jest to zatem stała zależna od konkretnego podziału obszaru Ω na podobszary typu Neumanna i Dirichleta.

Udowodniliśmy w ten sposób (porównaj tw. 3.1)

Twierdzenie 3.2

Operator $T = \sum_{i \in \mathcal{N}_N} T_i$ *określony w (3.109) jest odwracalny oraz*

$$cond(T) \leq \begin{cases} C\left(1 + \log \frac{H}{h}\right)^2 & \forall_{i \in \mathcal{N}_N}\ \overline{\Omega}_i \cap \overline{\Omega} \neq \emptyset \\ CH^{-2}\left(1 + \log \frac{H}{h}\right)^2 & w\ przeciwnym\ razie \end{cases},$$

gdzie C *jest stałą niezależną od* h *i* H.

Podkreślmy jeszcze raz, że dla podziałów, w których nie występują krawędzie szkieletu łączące podobszary typu Neumanna, rząd szybkości zbieżności metody jest taki sam jak metody opisanej w podrozdziale 3.1 i nie zależy od liczby podobszarów. Przykłady takich podziałów, to między innymi podział z rysunku 3.3, podział obszaru na osiem prostopadłościanów czy też dekompozycja na płaty – odpowiednik pasów w dwóch wymiarach, przedstawiona na rysunku 3.6.a. Zauważmy jednak, iż nawet przy dekompozycji na dwadzieścia siedem prostopadłościanów i odpowiednim przyporządkowaniu typów podobszarom (zob. rys. 3.6.b) uzyskamy zbieżność optymalną z dokładnością do czynnika $\left(1 + \log \frac{H}{h}\right)^2$. Niestety

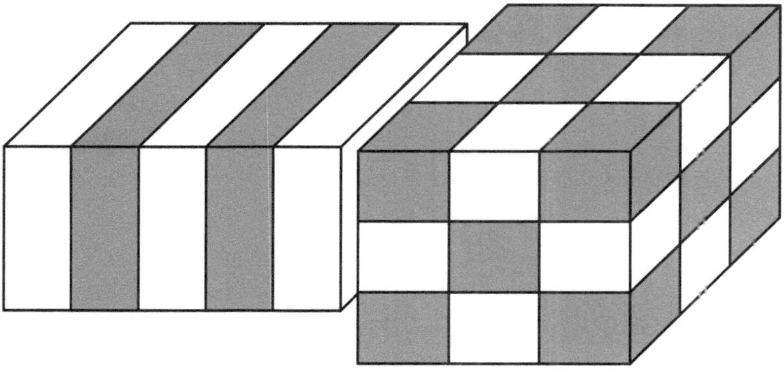

(a) podział na płaty (b) podział na 27 podobszarów

Rysunek 3.6: Przykładowe podziały obszaru Ω na podobszary. Podobszary typu Neumanna zaznaczone zostały kolorem szarym.

dla większej liczby podobszarów wskaźnik uwarunkowania przedstawionej w tym podrozdziale metody różni się czynnikiem H^{-2} od metody skonstruowanej w podrozdziale 3.1. W metodach Dirichleta-Neumanna bowiem, w każdej iteracji trzeba zapewnić wymianę informacji pomiędzy podobszarami typu Neumanna. W wyjściowej metodzie zapewniało ją globalne zagadnienie (3.94) z macierzą $\boldsymbol{S}_{\boldsymbol{\mathcal{E}}}^{\boldsymbol{N}}$. Po usunięciu powiązań między podobszarami typu Neumanna natomiast w każdej iteracji wymiana informacji może następować tylko pomiędzy sąsiadującymi ze sobą podobszarami. Stąd dostajemy czynnik związany z liczbą podobszarów – informacja musi przechodzić ścieżką złożoną z kolejnych, sąsiadujących ze sobą podobszarów łączących nawet skrajne podobszary. Zaletą tej modyfikacji metody typu Dirichleta-Neumanna jest całkowite zrównoleglenie obliczeń na poszczególne podobszary oraz minimalna ilość danych potrzebnych do przesłania między podobszarami na końcu kolejnych iteracji. W każdym punkcie nodalnym liczona jest bowiem średnia arytmetyczna z wartości uzyskanych w tym punkcie w wyniku niezależnych obliczeń na podobszarach typu Neumanna. Jest to sposób na uciąglenie rozwiązania na szkielecie Γ. Gdy zatem połączenie między poszczególnymi jednostkami obliczeniowymi ma niską przepustowość, jak na przykład przy sieci komputerów połączonych przez wolne łącze internetowe, warto jest rozważyć wykorzystanie tak właśnie zmodyfikowanej metody Dirichleta-Neumanna do wyznaczania rozwiązań dyskretyzacji zagadnień eliptycznych.

Przedstawione do tej pory modyfikacje metody, której konstrukcja przedstawiona została w podrozdziale 3.1, dawały możliwość pełnego zrównoleglenia obliczeń na poszczególne podobszary kosztem zależności szybkości zbieżności od liczby podobszarów. Wyjściowa metoda nie miała tej wady, ale w zamian wymagała rozwiązywania globalnego zagadnienia (3.94) z macierzą $\boldsymbol{S}_{\boldsymbol{\mathcal{E}}}^{\boldsymbol{N}}$. Alternatywnym podejściem jest wyodrębnienie w dekompozycji dodatkowej przestrzeni związanej z punktami krawędzi i wierzchołków współdzielonych przez podobszary typu Neumanna. Zwyczajowo przestrzeń tę oznacza się przez V_0 (patrz podrozdział 1.4), a metody ją wykorzystujące określa mianem metod dwupoziomowych, w odróżnieniu od prezentowanych do tej pory w trzech wymiarach metod jednopoziomowych.

Jeśli lokalne przestrzenie $V_i(\Gamma)$ dla $i \in \mathcal{N}_N$ zdefiniujemy następująco:

$$V_i(\Gamma) = \left\{ u \in V(\Gamma) \colon u(\nu) = 0 \text{ dla } \nu \in (\Gamma_h \setminus \Gamma_{i,h}) \cup \bigcup_{\mathcal{F} \in \mathcal{F}_i} \partial \mathcal{F} \right\}, \tag{3.127}$$

to nie będą one ze sobą powiązane w żaden sposób i w związku z tym obliczenia na nich można wykonywać równolegle. Pozostaje nam jeszcze zdefiniować tak zwaną grubą przestrzeń (zob. podrozdział 1.4):

$$V_0(\Gamma) = I^H V(\Gamma). \tag{3.128}$$

Dobierając różne operatory I^H będziemy dostawać różne przestrzenie charakteryzujące się lepszymi bądź gorszymi własnościami. Zwróćmy jednak uwagę, iż pożądane jest, aby gruba przestrzeń miała wymiar jak najmniejszy Przy takiej definicji przestrzeni lokalnych jak w (3.127) jednak, przestrzeń $V_0(\Gamma)$ musiałaby mieć wymiar równy liczbie punktów nodalnych należących do wszystkich krawędzi i wierzchołków szkieletu. Lepszym zatem pomysłem jest zdefiniować elementy dekompozycji:

$$V(\Gamma) = V_0(\Gamma) + \sum_{i \in \mathcal{N}_N} V_i(\Gamma) \tag{3.129}$$

w następujący sposób. Przestrzeń V_0 (porównaj paragraf 5.4.3 i algorytm 5.16 w [45]) niech będzie, jak w (3.128), obrazem operatora interpolacji I^H, który dla $u \in V(\Gamma)$ i $x \in \Gamma_h$ jest równy

$$\begin{aligned} I^H u(x) = & \sum_{\mathcal{V} \in \bigcup_{i \in \mathcal{N}_N} \mathcal{V}_i} u(\mathcal{V}) \, \theta_{\mathcal{V}}(x) \\ & + \sum_{\mathcal{E} \in \bigcup_{i \in \mathcal{N}_N} \mathcal{E}_i} \overline{u}_{\mathcal{E}} \theta_{\mathcal{E}}(x) + \sum_{\mathcal{F} \in \bigcup_{i \in \mathcal{N}_N} \mathcal{F}_i} \overline{u}_{\mathcal{F}} \theta_{\mathcal{F}}(x). \end{aligned} \tag{3.130}$$

Przez $\overline{u}_{\mathcal{E}}$ oraz $\overline{u}_{\mathcal{F}}$ oznaczyliśmy tutaj średnie całkowe z wartości funkcji u na odpowiednio krawędzi $\mathcal{E}$ i ścianie $\mathcal{F}$. Przestrzenie lokalne $V_i(\Gamma)$ natomiast dla $i \in \mathcal{N}_N$ zdefiniujmy jako przestrzenie funkcji mających zerowe wartości w wierzchołkach podobszaru Ω_i oraz zerowe średnie na jego krawędziach i ścianach, to jest

$$V_i(\Gamma) = \{u \in V(\Gamma) \colon\ u(\nu) = 0 \text{ dla } \nu \in (\Gamma_h \setminus \Gamma_{i,h}) \cup \mathcal{V}_i, \qquad \overline{u}_{\mathcal{E}} = 0 \text{ dla } \mathcal{E} \in \mathcal{E}_i,\ \overline{u}_{\mathcal{F}} = 0 \text{ dla } \mathcal{F} \in \mathcal{F}_i\}\,. \tag{3.131}$$

Użycie średnich $\overline{u}_{\mathcal{E}}$ i $\overline{u}_{\mathcal{F}}$ w definicji przestrzeni lokalnych pozwala na zastosowanie nierówności Poincaré (patrz lemat A.1) i uzyskanie lepszego oszacowania stałych z twierdzenia 1.1.

Formy dwuliniowe

$$b_i(\cdot,\cdot) \colon\ V_i(\Gamma) \times V_i(\Gamma) \to \mathbb{R}$$

dla $i \in \mathcal{N}_N$ określamy wzorem:

$$b_i(u,v) = s_i(u,v) \qquad \forall\, u,v \in V_i(\Gamma), \tag{3.132}$$

gdzie $s_i(\cdot,\cdot)$ jest dana wzorem (3.23). Formę dwuliniową

$$b_0(\cdot,\cdot) \colon\ V_0(\Gamma) \times V_0(\Gamma) \to \mathbb{R}$$

możemy natomiast określić albo dokładnie (ang. *exact*):

$$b_0(u,v) = s(u,v) \qquad \forall\, u,v \in V_0(\Gamma), \tag{3.133}$$

albo w sposób przybliżony (ang. *inexact*):

$$b_0(u,v) = \sum_{i \in \mathcal{N}} \Bigg\{ h \sum_{\nu \in \mathcal{V}_i} (u(\nu) - \overline{u}_{\mathcal{W}_i})^2 + H \sum_{\mathcal{E} \in \mathcal{E}_i} (\overline{u}_{\mathcal{E}} - \overline{u}_{\mathcal{W}_i})^2 + H\left(1 + \log\frac{H}{h}\right) \sum_{\mathcal{F} \in \mathcal{F}_i} (\overline{u}_{\mathcal{F}} - \overline{u}_{\mathcal{W}_i})^2 \Bigg\}, \tag{3.134}$$

gdzie $\overline{u}_{\mathcal{W}_i}$ oznacza średnią całkową funkcji u na

$$\mathcal{W}_i = \bigcup_{\mathcal{E} \in \mathcal{E}_i} \overline{\mathcal{E}}. \tag{3.135}$$

Zdefiniujmy też operatory

$$T_i\colon V(\Gamma) \to V_i(\Gamma)$$

dla $i \in \mathcal{N}_N \cup \{0\}$ zależnościami dla $u \in V(\Gamma)$:

$$b_i(T_i u, v) = s(u, v) \qquad \forall v \in V_i(\Gamma). \tag{3.136}$$

Z lematów 3.3, 3.4 i 3.6 wynika (zob. też podrozdział 5.4 w [45])

Twierdzenie 3.3

Operator

$$T = T_0 + \sum_{i \in \mathcal{N}_N} T_i,$$

z T_i zdefiniowanymi w (3.136) jest odwracalny oraz

$$cond(T) \leq C \left(1 + \log \frac{H}{h}\right)^2,$$

gdzie C jest stałą niezależną od h i H.

Możliwych dekompozycji wyjściowej przestrzeni $V(\Gamma)$ z uwzględnieniem grubej przestrzeni oraz przestrzeni lokalnych związanych ze ścianami, krawędziami, wierzchołkami czy całymi podobszarami, w przeciągu ostatnich kilkunastu lat zostało opisanych dość sporo. Bardzo duży wybór metod zawarty jest w publikacji [20]. Metody jednopoziomowe nie cieszyły się taką popularnością ze względu na występującą na ogół zależność szybkości zbieżności od liczby podobszarów. W rozdziale tym pokazaliśmy (zob. tw. 3.1), że istnieją metody jednopoziomowe o porównywalnej z metodami dwupoziomowymi wielkości wskaźnika uwarunkowania. Ostatnimi czasy duży nacisk badawczy w dziedzinie dekompozycji obszaru położony został na nową klasę metod określaną jako FETI-DP (ang. ***D**ual-**P**rimal **F**inite **E**lement **T**earing and **I**nterconnecting*). Zostały one pobieżnie przedstawione w podrozdziale 2.3, a szerzej można się z nimi zapoznać między innymi w rozdziale szóstym książki [45] oraz w książce [38]. Idea tych metod podobna jest do pomysłu, na którym oparta była pierwsza z modyfikacji opisanych w tym podrozdziale. Operują one bowiem na nieciągłych na szkielecie podprzestrzeniach, między którymi ustalane są powiązania w postaci więzów, takich jak równość wartości w punktach nodalnych lub równość wartości średnich na ścianach czy krawędziach. W granicy procesu iteracyjnego dostajemy ciągłe rozwiązanie. Odpowiednie zbalansowanie pomiędzy jak najmniejszą liczbą więzów a szybkością zbieżności procesu iteracyjnego, pozwala na przeprowadzanie obliczeń niezależnie na poszczególnych podobszarach z zachowaniem braku zależności od liczby podobszarów.

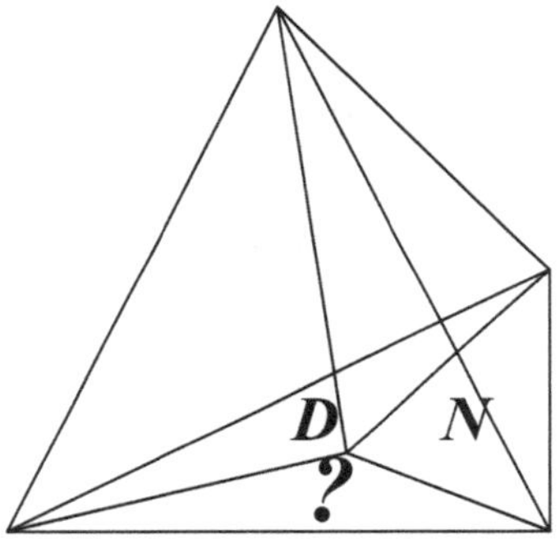

Rysunek 3.7: Przykładowy podział obszaru w trzech wymiarach na podobszary spełniający warunki z podrozdziału 3.1, dla którego nie istnieje przyporządkowanie typu Neumanna i Dirichleta.

W opisanych do tej pory w tym rozdziale jednopoziomowej metodzie Dirichleta-Neumanna (zob. tw. 3.1) oraz jej modyfikacji (tw. 3.2) zakładaliśmy istnienie takiego przyporządkowania typów Neumanna bądź Dirichleta elementom podziału wyjściowego obszaru, żeby żadne dwa podobszary tego samego typu nie miały wspólnej ściany (porównaj podrozdział 3.1). Założenie to jest dość ograniczające, gdyż nie dla wszystkich podziałów takie przyporządkowanie istnieje. Przykładem niech będzie podział z rysunku 3.7. Narzucającym się rozwiązaniem jest dokonanie dalszego podziału niektórych podobszarów (porównaj przypadek dwuwymiarowy na rysunku 2.6a). Takie postępowanie może jednak prowadzić do sytuacji, gdy przestaną być spełnione warunki regularności lub quasi-jednostajności triangulacji $\mathcal{T}^H(\Omega)$. W dodatku możemy mieć do czynienia z zadaniem, w których nie możemy zmienić zadanego podziału na podobszary. Alternatywnym podejściem jest wprowadzenie podobszarów mieszanego

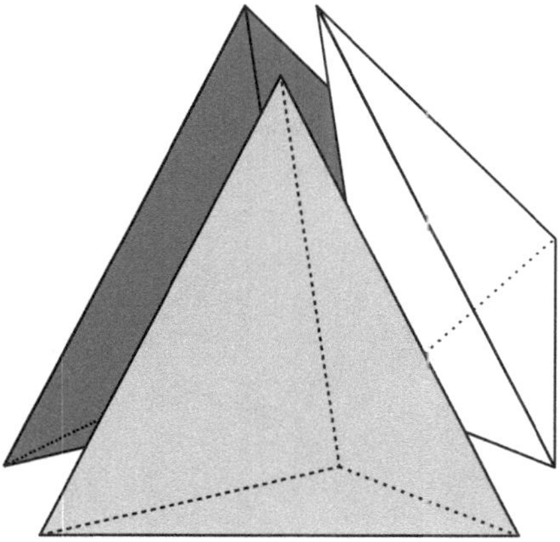

Rysunek 3.8: Rozwiązanie problemu braku przyporządkowania podobszarom odpowiedniego typu Neumanna (kolor czarny) lub Dirichleta (kolor biały) poprzez wprowadzenie mieszanego elementu Neumanna-Dirichleta (kolor szary).

typu (patrz rys. 3.8), które traktowane będą jako typu Dirichleta przez sąsiadów typu Neumanna, zaś typu Neumanna przez sąsiadujące z nimi podobszary typu Dirichleta. W przedstawionych metodach operowaliśmy do tej pory na przestrzeni $V(\Gamma)$ określonej na szkielecie Γ (porównaj zagadnienie Schura (3.23)), stąd wprowadzenie podobszaru mieszanego typu Neumanna-Dirichleta będzie oznaczało przypisanie odpowiednich typów jego ścianom. Uwzględnienie elementów mieszanych w konstrukcji i analizie metody wymagać będzie wprowadzenia kilku definicji.

Wprowadźmy najpierw oznaczenie $\mathcal{N}_M$ na zbiór indeksów podobszarów typu mieszanego, a każdemu podobszarowi Ω_i o indeksie z tego zbioru przypiszmy część jego brzegu oznaczanego przez Γ_i^M, do którego zaliczymy ściany, krawędzie oraz wierzchołki, na których zadany będzie warunek brzegowy Neumanna. Przez θ_i^M

będziemy oznaczać kawałkami liniową i ciągłą na szkielecie funkcję, która znika we wszystkich punktach nodalnych Γ_h poza tymi, które należą do Γ_i^M. Dla każdego podobszaru typu mieszanego Ω_i ustalmy jedną krawędź kierując się zasadą, że nie należy ona do części brzegu Γ_i^M. Jeżeli taka krawędź nie istnieje, to wybieramy dowolną z krawędzi. Przez $\overline{u}_{\mathcal{E}_i}$ będziemy oznaczać średnią całkową z funkcji u po wybranej krawędzi.

W konstrukcji jednopoziomowej metody Dirichleta-Neumanna z mieszanymi elementami użyjemy następującej, nieco innej od (3.39), definicji formy dwuliniowej:

$$
\begin{aligned}
b(u,v) &= \sum_{i\in\mathcal{N}_N} s_i(u,v) \\
&+ \sum_{i\in\mathcal{N}_M} s_i\left(I^h\theta_i^M\left(u-\overline{u}_{\mathcal{E}_i}\right), I^h\theta_i^M\left(v-\overline{v}_{\mathcal{E}_i}\right)\right).
\end{aligned}
\tag{3.137}
$$

dla wszystkich $u, v \in V(\Gamma)$.

Do przeprowadzenia analizy zbieżności metody (zob. podrozdział 3.1) wystarczy sprawdzić założenia twierdzenia 1.1. Skorzystamy przy tym z lematów zawartych w podrozdziale 3.5 oraz dodatku A, jak również z lematu

Lemat 3.2

Rozpatrzmy zgodne, konforemne i regularne triangulacje $\mathcal{T}^H(\Omega)$ i $\mathcal{T}^h(\Omega)$ wielościanu $\Omega \subset \mathbb{R}^3$, gdzie $h \le H$. Niech

$$
I_i^{\mathcal{E}} u = \max_{\mathcal{E}\in\mathcal{E}_i} \overline{u}_{\mathcal{E}}
$$

będzie quasi-interpolantem zdefiniowanym dla podobszaru Ω_i. Istnieje wówczas taka stała C, niezależna od wielkości podobszarów, że dla funkcji $u \in V(\Gamma)$

$$
\left|u - I_i^{\mathcal{E}} u\right|^2_{H^{1/2}(\partial\Omega_i)} \le C\left(1+\log\frac{H}{h}\right)^2 \sum_{\mathcal{F}\in\mathcal{F}_i} |u|^2_{H^{1/2}(\mathcal{F})}.
$$

Dowód:
Na początek dokonajmy rozbicia:

$$\begin{aligned} \left|u - I_i^{\mathcal{E}} u\right|^2_{H^{1/2}(\partial\Omega_i)} \leq C_1 \Bigg(& \sum_{\mathcal{F}\subset\mathcal{F}_i} \left|I^h\theta_{\mathcal{F}}\left(u - I_i^{\mathcal{E}} u\right)\right|^2_{H^{1/2}(\partial\Omega_i)} \\ & + \sum_{\mathcal{E}\subset\mathcal{E}_i} \left|I^h\theta_{\mathcal{E}}\left(u - I_i^{\mathcal{E}} u\right)\right|^2_{H^{1/2}(\partial\Omega_i)} \\ & + \sum_{\mathcal{V}\subset\mathcal{V}_i} \left|I^h\theta_{\mathcal{V}}\left(u - I_i^{\mathcal{E}} u\right)\right|^2_{H^{1/2}(\partial\Omega_i)} \Bigg), \end{aligned} \tag{3.138}$$

gdzie funkcje $\theta_{\mathcal{F}}$, $\theta_{\mathcal{E}}$ oraz $\theta_{\mathcal{V}}$ zerują się we wszystkich punktach nodalnych szkieletu poza tymi, które należą do odpowiednio ściany $\mathcal{F}$, krawędzi $\mathcal{E}$ i wierzchołka $\mathcal{V}$, w których przyjmują wartość równą jeden.

Najpierw zajmijmy się składnikami (3.138) związanymi ze ścianami. Niech $\mathcal{E}^0$ będzie jedną z krawędzi ściany $\mathcal{F}_{ij}$ podobszaru Ω_i. Wówczas

$$u - I_i^{\mathcal{E}} u = (u - \overline{u}_{\mathcal{E}^0}) + (\overline{u}_{\mathcal{E}^0} - \overline{u}_{\mathcal{E}^1}) + \ldots + (\overline{u}_{\mathcal{E}^{m-1}} - \overline{u}_{\mathcal{E}^m}), \tag{3.139}$$

gdzie $\overline{u}_{\mathcal{E}^m} := I_i^{\mathcal{E}} u$, zaś $\left\{\mathcal{E}^k\right\}_{k=0}^m$ jest takim ciągiem krawędzi, że dla każdego $k = 1, 2, \ldots, m$ krawędzie $\mathcal{E}^{k-1}$ i $\mathcal{E}^k$ należą do brzegu tej samej ściany $\mathcal{F}_{ik}$ podobszaru Ω_i. Możemy zatem dokonać szacowania

$$\begin{aligned} & \left|I^h\theta_{\mathcal{F}_{ij}}\left(u - I_i^{\mathcal{E}} u\right)\right|^2_{H^{1/2}(\partial\Omega_i)} \\ \leq C_2 & \left(\left|I^h\theta_{\mathcal{F}_{ij}}\left(u - \overline{u}_{\mathcal{E}^0}\right)\right|^2_{H^{1/2}(\partial\Omega_i)} + \sum_{k=1}^{m} \left|I^h\theta_{\mathcal{F}_{ij}}\left(\overline{u}_{\mathcal{E}^{m-1}} - \overline{u}_{\mathcal{E}^m}\right)\right|^2_{H^{1/2}(\partial\Omega_i)} \right). \end{aligned} \tag{3.140}$$

Pierwszy ze składników prawej strony powyższego wyrażenia można oszacować z lematu 3 w [15]

$$\begin{aligned} \left|I^h\theta_{\mathcal{F}_{ij}}\left(u - \overline{u}_{\mathcal{E}^0}\right)\right|^2_{H^{1/2}(\partial\Omega_i)} & \leq C_3 \left\|u - \overline{u}_{\mathcal{E}^0}\right\|^2_{H_{00}^{1/2}(\mathcal{F}_{ij})} \\ & \leq C_4 \left(1 + \log\frac{H}{h}\right)^2 |u|^2_{H^{1/2}(\mathcal{F}_{ij})}. \end{aligned} \tag{3.141}$$

Pozostałe składniki prawej strony (3.140) możemy oszacować analogicznie jak w dowodzie lematu 3.1

$$\left|I^h\theta_{\mathcal{F}_{ij}}\left(\overline{u}_{\mathcal{E}^{m-1}}-\overline{u}_{\mathcal{E}^m}\right)\right|^2_{H^{1/2}(\partial\Omega_i)} \le \left|I^h\theta_{\mathcal{F}_{ij}}\right|^2_{H^{1/2}(\partial\Omega_i)}\left(\overline{u}_{\mathcal{E}^{m-1}}-\overline{u}_{\mathcal{E}^m}\right)^2. \qquad (3.142)$$

Z lematu 4.26 w [45] i nierówności Cauchy-Schwarza szacuje się to z góry przez

$$C_5\left(1+\log\frac{H}{h}\right)\left(\|u-\beta\|^2_{L^2(\mathcal{E}^{m-1})}+\|u-\beta\|^2_{L^2(\mathcal{E}^m)}\right), \qquad (3.143)$$

dla dowolnej stałej β. Do szacowania wyrazów określonych normą przestrzeni L^2 wystarczy użyć lematu 1 z [15] otrzymując oszacowanie składników prawej strony (3.140)

$$\left|I^h\theta_{\mathcal{F}_{ij}}\left(\overline{u}_{\mathcal{E}^{m-1}}-\overline{u}_{\mathcal{E}^m}\right)\right|^2_{H^{1/2}(\partial\Omega_i)} \le C_6\left(1+\log\frac{H}{h}\right)^2|u|^2_{H^{1/2}(\mathcal{F}_{ik})}, \qquad (3.144)$$

gdzie $\mathcal{F}_{ik}$ jest ścianą, do której brzegu należą krawędzie $\mathcal{E}^{m-1}$ i $\mathcal{E}^m$. Połączenie (3.141) z (3.144) kończy szacowanie wyrazów (3.138) związanych ze ścianą $\mathcal{F}_{ij}$. Przejdźmy zatem do szacowania składników (3.138) związanych z krawędziami. Z lematu 4.19 w [45] mamy

$$\left|I^h\theta_{\mathcal{E}^0}\left(u-I_i^{\mathcal{E}}u\right)\right|^2_{H^{1/2}(\partial\Omega_i)} \le C_7\left\|u-I_i^{\mathcal{E}}u\right\|^2_{L^2(\mathcal{E}^0)}. \qquad (3.145)$$

Wykorzystując, jak przy szacowaniu wyrazu związanego ze ścianą $\mathcal{F}_{ij}$, ciąg krawędzi (3.139) oraz nierówność Cauchy-Schwarza dostajemy

$$\left\|u-I_i^{\mathcal{E}}u\right\|^2_{L^2(\mathcal{E}^0)} \le C_8\sum_{k=0}^{m}\|u-\overline{u}_{\mathcal{E}^k}\|^2_{L^2(\mathcal{E}^k)}, \qquad (3.146)$$

co z lematu 1 w [15] szacujemy przez

$$C_9\left(1+\log\frac{H}{h}\right)\sum_{k=0}^{m}|u|^2_{H^{1/2}(\mathcal{F}_{ik})}, \qquad (3.147)$$

gdzie $\mathcal{F}_{ik}$ jest ścianą podobszaru Ω_i, do której brzegu należy krawędź $\mathcal{E}^k$. Pozostaje tylko oszacować składnik (3.138) związany z wierzchołkiem. Niech $\mathcal{V}$ będzie wierzchołkiem krawędzi $\mathcal{E}^0$. Wówczas jak przy szacowaniu krawędzi dostajemy

$$\begin{aligned} \left|I^h\theta_{\mathcal{V}}\left(u - I_i^{\mathcal{E}}u\right)\right|^2_{H^{1/2}(\partial\Omega_i)} &\leq C_{10}\left\|u - I_i^{\mathcal{E}}u\right\|^2_{L^2(\mathcal{E}^0)} \\ &\leq C_{11}\left(1 + \log\frac{H}{h}\right)\sum_{\mathcal{F}\in\mathcal{F}_i}|u|^2_{H^{1/2}(\mathcal{F})}. \end{aligned} \tag{3.148}$$

Połączenie uzyskanych oszacowań dla ścian (3.141) i (3.144), krawędzi (3.147) oraz wierzchołków (3.148) kończy szacowanie (3.138), a tym samym dowód lematu.

□

Przejdźmy zatem do sprawdzenia założeń twierdzenia 1.1.

Założenie (A1) – stabilna dekompozycja. Dla jedynego elementu dekompozycji $u \in V(\Gamma)$ z definicji (3.137) formy dwuliniowej $b(\cdot,\cdot)$ wystarczy sprawdzić dla każdego podobszaru Ω_i typu mieszanego

$$s_i\left(I^h\theta_i^M(u - \overline{u}_{\mathcal{E}_i}), I^h\theta_i^M(u - \overline{u}_{\mathcal{E}_i})\right) \leq C s_i(u,u).$$

Dokonajmy rozbicia na składniki związane ze ścianami, krawędziami i wierzchołkami należącymi do Γ_i^M:

$$\begin{aligned} \left|I^h\theta_i^M(u - \overline{u}_{\mathcal{E}_i})\right|^2_{H^{1/2}(\partial\Omega_i)} \leq C_1 &\left(\sum_{\mathcal{F}\subset\Gamma_i^M}|\mathcal{H}_i\theta_{\mathcal{F}}(u - \overline{u}_{\mathcal{E}_i})|^2_{H^{1/2}(\partial\Omega_i)}\right. \\ &\left. + \sum_{\mathcal{E}\subset\Gamma_i^M}|\mathcal{H}_i\theta_{\mathcal{E}}(u - \overline{u}_{\mathcal{E}_i})|^2_{H^{1/2}(\partial\Omega_i)} + \sum_{\mathcal{V}\subset\Gamma_i^M}|\mathcal{H}_i\theta_{\mathcal{V}}(u - \overline{u}_{\mathcal{E}_i})|^2_{H^{1/2}(\partial\Omega_i)}\right). \end{aligned} \tag{3.149}$$

Z lematów 3.3, 3.4 i 3.6 można te składniki oszacować przez

$$C\left(1 + \log\frac{H}{h}\right)^2\|u - \overline{u}_{\mathcal{E}_i}\|^2_{H^{1/2}(\partial\Omega_i)}, \tag{3.150}$$

a seminormę uzyskać stosując nierówność Poincaré (porównaj lemat A.1). W ten sposób otrzymujemy stałą z warunku (A1):

$$C_0^2 = C\left(1 + \log\frac{H}{h}\right)^2. \tag{3.151}$$

Przypomnijmy, że w przypadku metody bez podobszarów typu mieszanego otrzymaliśmy oszacowanie bez polilogarytmicznej zależności od H/h.

Założenie (A2) – lokalna stabilność. Z definicji (3.137) formy dwuliniowej $b(\cdot,\cdot)$ wystarczy zająć się tylko oszacowaniem wyrazów $s_i(u,u)$ związanych z podobszarami Ω_i typu Dirichleta i typu mieszanego. Ze względu na niezmienniczość seminormy $|\cdot|_{H^{1/2}(\partial\Omega_i)}$ na dodawanie stałych możemy zapisać

$$|u|^2_{H^{1/2}(\partial\Omega_i)} = \left|u - I_i^{\mathcal{E}} u\right|^2_{H^{1/2}(\partial\Omega_i)}, \tag{3.152}$$

gdzie

$$I_i^{\mathcal{E}} u = \max_{\mathcal{E}\in\mathcal{E}_i} \overline{u}_{\mathcal{E}} \tag{3.153}$$

jest quasi-interpolantem z lematu 3.2 (porównaj też lemat 3.1), z którego dostajemy oszacowanie:

$$\begin{aligned}\sum_{i\in\mathcal{N}_D\cup\mathcal{N}_M} &\left|u - I_i^{\mathcal{E}} u\right|^2_{H^{1/2}(\partial\Omega_i)} \\ &\le C_1\left(1 + \log\frac{H}{h}\right)^2 \sum_{i\in\mathcal{N}_D\cup\mathcal{N}_M}\sum_{\mathcal{F}\in\mathcal{F}_i} |u|^2_{H^{1/2}(\mathcal{F})}.\end{aligned} \tag{3.154}$$

Każda ściana podobszaru Ω_i typu Dirichleta lub mieszanego jest jednocześnie ścianą podobszaru Ω_j typu Neumanna lub mieszanego (w szczególności $j = i$). Stąd:

$$\begin{aligned}\sum_{i\in\mathcal{N}_D\cup\mathcal{N}_M}&\sum_{\mathcal{F}\in\mathcal{F}_i} |u|^2_{H^{1/2}(\mathcal{F})} \\ &= \sum_{j\in\mathcal{N}_N}\sum_{\mathcal{F}\in\mathcal{F}_j} |u|^2_{H^{1/2}(\mathcal{F})} + \sum_{j\in\mathcal{N}_M}\sum_{\mathcal{F}\subset\Gamma_j^M} |u|^2_{H^{1/2}(\mathcal{F})}.\end{aligned} \tag{3.155}$$

Z twierdzenia o śladzie A.1 dla każdego podobszaru Ω_j typu Neumanna dostajemy

$$\sum_{\mathcal{F}\in\mathcal{F}_j} |u|^2_{H^{1/2}(\mathcal{F})} \leq C_2 \, |u|^2_{H^{1/2}(\partial\Omega_j)} . \tag{3.156}$$

Dla podobszaru Ω_j typu mieszanego natomiast, pamiętając o ustalonej dla niego krawędzi, z niezmienniczości seminormy $|\cdot|^2_{H^{1/2}(\mathcal{F})}$ na dodawanie stałych, definicji funkcji Θ_j^M i twierdzenia o śladzie A.1 otrzymujemy

$$\begin{aligned}\sum_{\mathcal{F}\in\subset\Gamma_j^M} |u|^2_{H^{1/2}(\mathcal{F})} &= \sum_{\mathcal{F}\in\subset\Gamma_j^M} \left|I^h\theta_j^M\left(u-\overline{u}_{\mathcal{E}_j}\right)\right|^2_{H^{1/2}(\mathcal{F})} \\ &\leq C_3 \sum_{\mathcal{F}\in\subset\Gamma_j^M} \left|I^h\theta_j^M\left(u-\overline{u}_{\mathcal{E}_j}\right)\right|^2_{H^{1/2}(\partial\Omega_j)} .\end{aligned} \tag{3.157}$$

Składając uzyskane oszacowania (3.155)-(3.157) dostajemy ostatecznie stałą z warunku (A2):

$$\omega = C\left(1+\log\frac{H}{h}\right)^2, \tag{3.158}$$

gdzie C nie zależy od parametrów triangulacji h i H.

Założenie (A3) – wzmocniona nierówność Cauchy-Schwarza. Ze względu na dekompozycję składającą się tylko z jednej przestrzeni promień spektralny $\varrho(\boldsymbol{E})$ macierzy $\boldsymbol{E}$ z warunku (A3) jest równy jeden.

Sprawdzenie założeń twierdzenia 1.1 pozwala sformułować

Twierdzenie 3.4
Operator T określony w (3.40) jest odwracalny oraz

$$cond(T) \leq C\left(1+\log\frac{H}{h}\right)^4,$$

gdzie C jest stałą niezależną od h i H.

Oszacowanie to jest gorsze o dwie potęgi logarytmu od tego uzyskanego dla jednopoziomowej metody bez mieszanych elementów (zob. tw. 3.1). Dzięki wprowadzeniu elementów mieszanych w tej metodzie nie ma już jednak ograniczeń związanych z istnieniem przyporządkowania typów podobszarom. Warto dodać, że oszacowanie z twierdzenia 3.4 można poprawić o jedną potęgę logarytmu, a mianowicie jeżeli za definicję $b(\cdot,\cdot)$ przyjmiemy:

$$b(u,v) = \sum_{i\in\mathcal{N}_N} s_i(u,v) + \left(1+\log\frac{H}{h}\right)^{-1} \sum_{i\in\mathcal{N}_M} b_i(u,v), \tag{3.159}$$

gdzie:

$$\begin{aligned} b_i(u,v) &= \sum_{\mathcal{F}\subset\Gamma_i^M} s_i\left(I^h\theta_{\mathcal{F}}u, I^h\theta_{\mathcal{F}}v\right) \\ &+ \sum_{\mathcal{E}\subset\Gamma_i^M} s_i\left(I^h\theta_{\mathcal{E}}u, I^h\theta_{\mathcal{E}}v\right) + \sum_{\mathcal{V}\subset\Gamma_i^M} s_i\left(I^h\theta_{\mathcal{V}}u, I^h\theta_{\mathcal{V}}v\right). \end{aligned} \tag{3.160}$$

Nie jest to jednak korzystne z punktu widzenia szybkości działania algorytmu, bowiem zamiast jednego zadania z mieszanymi warunkami brzegowymi na każdym podobszarze Ω_i typu mieszanego, w każdym kroku procesu iteracyjnego musimy rozwiązać tyle zadań ile ścian, krawędzi i wierzchołków należy do części neumannowskiej Γ_i^M brzegu podobszaru Ω_i.

Wyjściowa metoda, której konstrukcja i analiza została opisana w podrozdziale 3.1, opierała się na rozwiązywaniu zagadnień z warunkiem brzegowym Dirichleta na podobszarach typu Dirichleta, a z warunkiem brzegowym Neumanna na podobszarach typu Neumanna. Tak samo jest w metodzie z mieszanymi elementami z tym, że na podobszarach Ω_k mieszanego typu rozwiązywać będziemy zagadnienia z mieszanym warunkiem brzegowym Neumanna-Dirichleta, to znaczy (zob. także informacje z podrozdziału 2.3):

znaleźć funkcję $u_k^* \in H_0^1(\Omega_k, \Gamma_k\backslash\Gamma_k^M)$ taką, że:

$$a_k(u_k^*, v) = \int_\Omega fv\,dx + \int_{\Gamma_k^M} g_N v\,ds. \qquad \forall v \in H_0^1(\Omega_k, \Gamma_k\backslash\Gamma_k^M), \tag{3.161}$$

gdzie $H_0^1(\Omega_k, \Gamma_k\backslash\Gamma_k^M)$ jest przestrzenią $H^1(\Omega_k)$ funkcji zerujących się na $\Gamma_k\backslash\Gamma_k^M$, $a_k(\cdot,\cdot)$ formą dwuliniową (zob. 1.2) związaną z podobszarem Ω_k, zaś g należy do przestrzeni dualnej do $H_0^1(\Omega_k, \Gamma_k\backslash\Gamma_k^M)$ (porównaj Remark A.37 w [45]). Warunek brzegowy Neumanna dla $g_N \in H_{00}^{-1/2}(\Gamma_k^N)$ jest określony na Γ_k^M następująco:

$$\sum_{i,j=1}^{n} a_{ij} D_i u\, n_i = g_N, \tag{3.162}$$

gdzie n_i oznacza i-tą składową wersora normalnego $\boldsymbol{n}$.

Opis macierzowej postaci metody z podrozdziału 3.2 wymaga niewielkich zmian związanych z wprowadzeniem podobszarów mieszanego typu Neumanna-Dirichleta. Przede wszystkim sumy przebiegać muszą teraz po indeksach wszystkich podobszarów typu Neumanna i typu mieszanego. Oprócz tego trzeba dla każdej ściany $\mathcal{F}$ określić jej przynależność $\mathcal{F} \subset \Gamma_i^M$ do konkretnego podobszaru Ω_i, w ramach którego będą wykonywane na niej obliczenia. Nic nie stoi też na przeszkodzie, by elementy mieszane wprowadzać nawet w przypadku, gdy istnieje przyporządkowanie podobszarom typów Neumanna i Dirichleta. Przykłady takich podziałów przedstawione są na rysunku 3.9. Każdy dodatkowy element mieszany zwiększa liczbę lokalnych zagadnień, które muszą być rozwiązane. W praktyce należy oczywiście dążyć do jak najmniejszej liczby podobszarów z niepustą częścią neumannowską, gdyż potencjalnie każdemu z nich przydzielony jest osobny procesor. Zasób dostępnych procesorów jest natomiast na ogół mocno ograniczony.

3.4 Eksperymenty numeryczne

W podrozdziałach 3.1 i 3.2 przedstawiona została między innymi konstrukcja, analiza i postać macierzowa jednopoziomowej metody Dirichleta-Neumanna równoległego rozwiązywania dyskretyzacji zagadnień eliptycznych w trzech wymiarach. W podrozdziale 3.3 natomiast opisane zostały modyfikacje tej metody, w tym algorytm dopuszczający nieciągłości na brzegach podobszarów. W celu weryfikacji rezultatów teoretycznych zaimplementowane zostały algorytmy z ciągłymi i nieciągłymi wartościami na brzegach podobszarów typu Neumanna. Następnie przeprowadzone zostały symulacje komputerowe obliczeń równoległych na maszynie jednoprocesorowej.

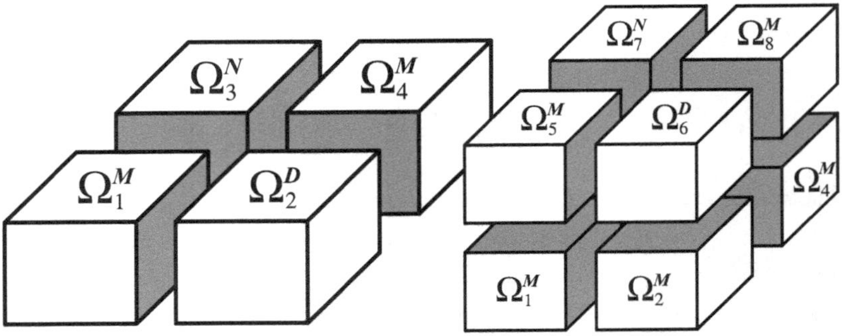

(a) cztery podobszary (b) osiem podobszarów

Rysunek 3.9: Podział na podobszary typu Neumanna (z N w indeksie górnym), Dirichleta (z D w indeksie górnym) i mieszane Neumanna-Dirichleta (z M w indeksie górnym) z uwzględnieniem przyporządkowania ścian – należące do neumannowskiej części brzegu danego podobszaru są zaznaczone kolorem szarym.

Nad szybkość obliczeń przedłożono łatwość graficznej prezentacji wyników obliczeń. Stąd zamiast na przykład w języku C, implementacja algorytmów została napisana w języku skryptowym programu Matlab. Przeprowadzone zostały następujące serie eksperymentów:

- przy ustalonym stosunku $\frac{H}{h}$,
- przy stałej liczbie podobszarów (H=const) i malejącym kroku h drobnej triangulacji,
- przy stałym kroku h drobnej triangulacji i zmniejszającej się liczbie podobszarów (rosnącym H).

W zestawieniu wyników uwzględnionych zostało szereg parametrów, w tym dokładność, sekwencyjny i równoległy czas obliczeń, liczba wykonanych iteracji oraz wskaźnik uwarunkowania zadania. Przykładowy wykres błędu residualnego w normie indukowanej przez preconditioner w kolejnych iteracjach obliczeń jednopoziomową metodą Dirichleta-Neumanna przy założeniu ciągłości na brzegach podobszarów przedstawiony został na rysunku 3.10. Oba algorytmy były testowane dla

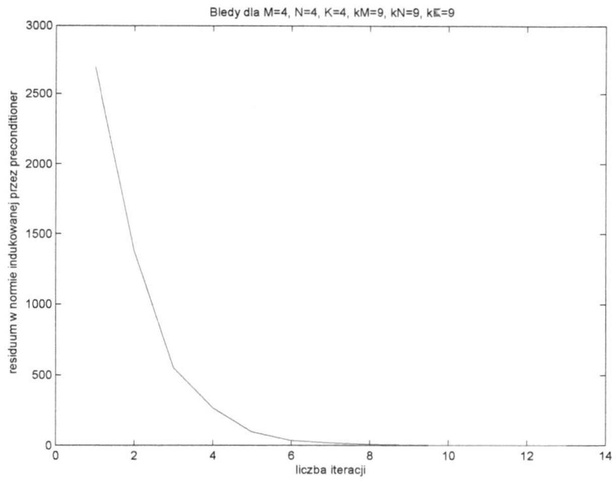

Rysunek 3.10: Wykres błędu residualnego w normie indukowanej przez preconditioner w kolejnych iteracjach obliczeń jednopoziomową metodą Dirichleta-Neumanna w 3D dla podziału na 64 podobszary i 42875 niewiadome.

podziałów na małą ($N \leq 27$) i dużą ($N > 27$) liczbę podobszarów ze szczególnym uwzględnieniem podatności na zrównoleglenia. W tym celu mierzony był czas obliczeń na jednym procesorze oraz przewidywany czas obliczeń na większej liczbie procesorów. Wykres zależności stosunku tych czasów od liczby procesorów, znany pod nazwą *speed-up*, przedstawiony został na rysunku 3.23. Aby osiągnąć lepszy efekt wizualny uzyskane wartości zostały interpolowane funkcją liniową.

Eksperymenty w trzech wymiarach polegały na znalezieniu przybliżonego rozwiązania zagadnienia (3.7) określonego na sześcianie $(0,1) \times (0,1) \times (0,1)$. Dokładnym rozwiązaniem była funkcja

$$u(x,y,z) = 10^4 x\,(x-1)\left(x-\frac{1}{2}\right) y\,(y-1)\left(y-\frac{1}{3}\right) z\,(z-1)\left(z-\frac{1}{4}\right).$$

Na rysunku 3.11 przedstawiona została wizualizacja wyników działania algorytmu z ciągłymi wartościami na szkielecie. W eksperymentach używane były podziały obszaru Ω na taką samą liczbę podobszarów w każdym z kierunków: poziomie, pionie i w głąb. Implementacja testowanych algorytmów działa również dla nierównomiernych podziałów. Parametry grubej H i drobnej h triangulacji zostały graficznie zaprezentowane na rysunku 3.12.

Do rozwiązania układu równań z macierzą Schura $\boldsymbol{S}$ używać będziemy macierzy preconditionerów opisanych w tym rozdziale (zob. podrozdział 3.2). Oznaczmy macierz takiego lepiej uwarunkowanego układu liniowych równań algebraicznych przez $\boldsymbol{T}$. W opisie algorytmów użyta była metoda iteracyjna Richardsona (3.80) do uzyskania rozwiązania tego układu. Ze względu jednak na symetryczność i dodatnią określoność macierzy powstałych z dyskretyzacji metodą elementu skończonego oraz większą szybkość zbieżności (patrz [42]) w eksperymentach numerycznych zastosowana została metoda gradientów sprzężonych z preconditionerem (ang. ***P**reconditioned **C**onjugate **G**radient*). Za kryterium stopu przyjęto ograniczenie na maksymalną liczbę iteracji oraz warunek:

$$\|r_i\|_T \leq dokł \cdot \|r_0\|_T\,, \tag{3.163}$$

gdzie $\|\cdot\|_T$ oznacza normę indukowaną przez macierz preconditionera, zaś r_i

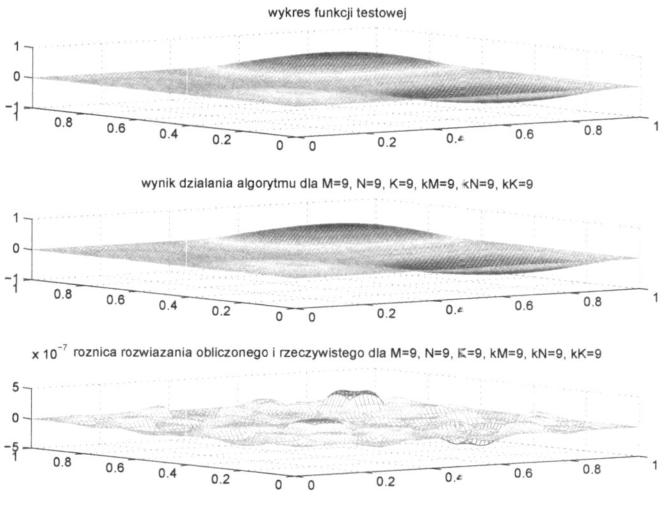

Rysunek 3.11: Wynik działania algorytmu z ciągłymi wartościami na szkielecie dla podziału na 729 podobszarów i 512000 niewiadomych.

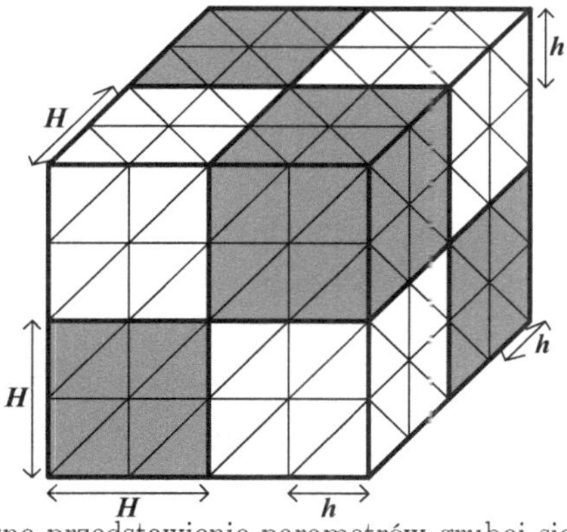

Rysunek 3.12: Graficzne przedstawienie parametrów grubej siatki (H) i drobnej siatki (h) w trzech wymiarach.

wektor residualny w i-tej iteracji. W eksperymentach numerycznych przyjęto $dokł = 10^{-6}$. Parametry krzywych teoretycznych wyznaczane były liniową metodą najmniejszych kwadratów na podstawie danych eksperymentalnych. W przypadku trzech wymiarów przez określenie małej liczby podobszarów będziemy rozumieć osiem lub dwadzieścia siedem podobszarów, czyli taki podział obszaru Ω, w którym każdy podobszar typu Neumanna ma niepustą część wspólną z brzegiem obszaru Ω.

Przedstawimy teraz oznaczenia użyte przy prezentacji wyników eksperymentów:

h	–	parametr drobnej triangulacji $\mathcal{T}^h(\Omega)$ (patrz rys. 3.12)
H	–	parametr grubej triangulacji $\mathcal{T}^H(\Omega)$ (patrz rys. 3.12)
n	–	liczba niewiadomych, to jest liczba punktów nodalnych drobnej triangulacji $\mathcal{T}^h(\Omega)$ nie leżących na brzegu obszaru Ω
N	–	liczba podobszarów na jakie podzielony został obszar Ω
iter	–	liczba iteracji metody PCG
cond	–	wskaźnik uwarunkowania macierzy $\boldsymbol{T}$ rozwiązywanego układu liniowych równań algebraicznych (z preconditionerem)
e_T^{avg}	–	średnia redukcja błędu residualnego na iterację $e_T^{avg} = (\|r_{iter}\|_T \,/\, \|r_0\|_T)^{1/iter}$
$e_{\max}$	–	błąd między znalezionym rozwiązaniem, a rozwiązaniem dokładnym liczony w normie maksimum
e_{l^2}	–	błąd między znalezionym rozwiązaniem, a rozwiązaniem dokładnym liczony w normie l^2
t_{sek}	–	sekwencyjny czas obliczeń (w sekundach)
t_{par}	–	równoległy czas obliczeń (w sekundach), przy założeniu użycia tylu procesorów ile jest podobszarów typu Neumanna
$s_{\max}$	–	przewidywany speed-up przy użyciu tylu procesorów ile jest podobszarów typu Neumanna
$\frac{t_{par}^{\text{nieciągły}}}{t_{par}^{\text{ciągły}}}$	–	stosunek równoległych czasów działania algorytmu Dirichleta-Neumanna z nieciągłymi wartościami na szkielecie i z wartościami ciągłymi przy takich samych wartościach h i H.

Pierwsza seria eksperymentów polegała na sprawdzeniu działania jednopozio-

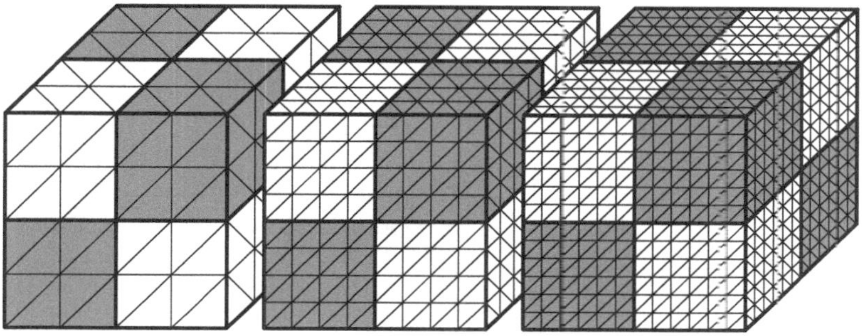

Rysunek 3.13: Graficzne przedstawienie idei testów numerycznych w trzech wymiarach dla stałego parametru H i malejącego parametru h.

mowych algorytmów Dirichleta-Neumanna przy stałym parametrze H i malejącym parametrze h (patrz rys. 3.13). Wyniki testów numerycznych dla algorytmu z ciągłymi wartościami na brzegach podobszarów zebrane zostały w tabelach 3.1 i 3.2, dla algorytmu dopuszczającego nieciągłości natomiast w tabelach 3.3 i 3.4. Zgodnie z rezultatami teoretycznymi dla obu algorytmów, zarówno dla małej jak i dla dużej liczby podobszarów, wskaźniki uwarunkowania zadań zależą następująco od parametru drobnej triangulacji h:

$$A + B \log \frac{1}{h} + C \log^2 \frac{1}{h}, \tag{3.164}$$

gdzie stałe A, B, C nie zależą od h. Wykresy prezentujące wyniki testów znajdują się na rysunkach 3.14 i 3.15. Są tam również zaznaczone krzywe teoretyczne postaci (3.164) dopasowane liniową metodą najmniejszych kwadratów do danych eksperymentalnych.

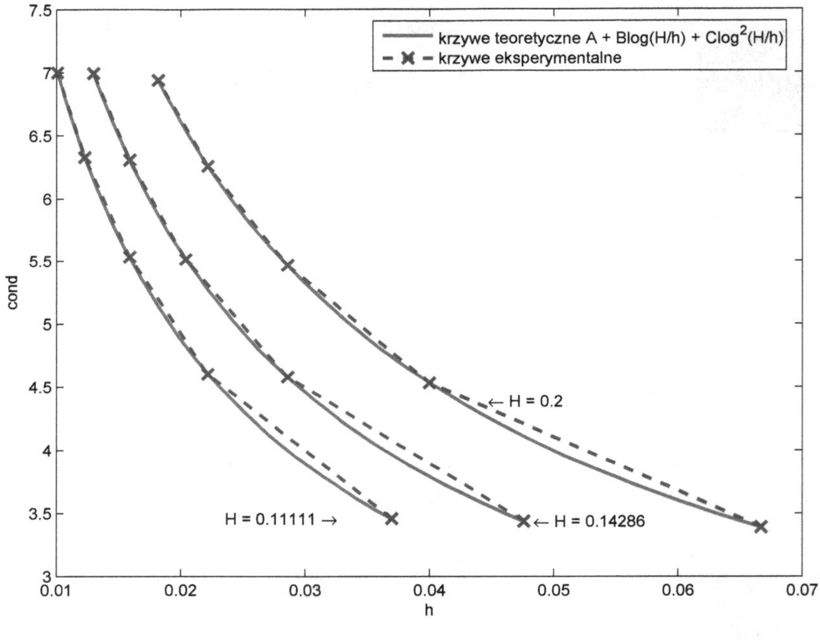

Rysunek 3.14: Porównanie teoretycznych i eksperymentalnych wartości wskaźnika uwarunkowania zadania z ciągłymi wartościami na szkielecie w zależności od parametru drobnej siatki h przy ustalonej wielkości parametru grubej siatki H.

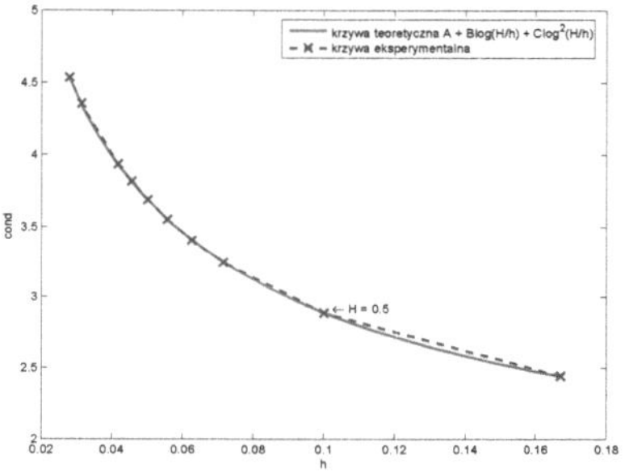

(a) $H = 1/2$

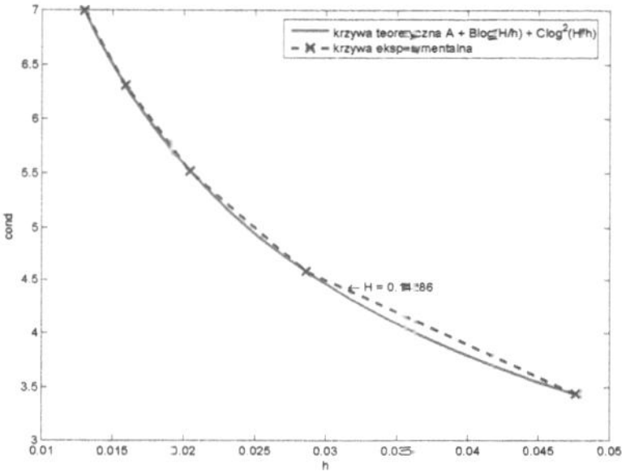

(b) $H = 1/7$

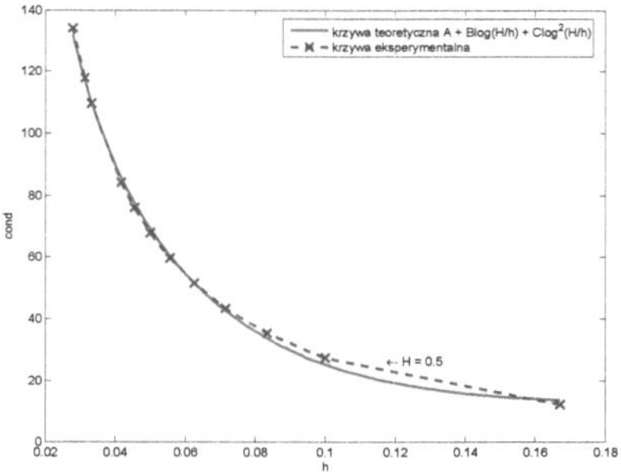

(c) $H = 1/2$

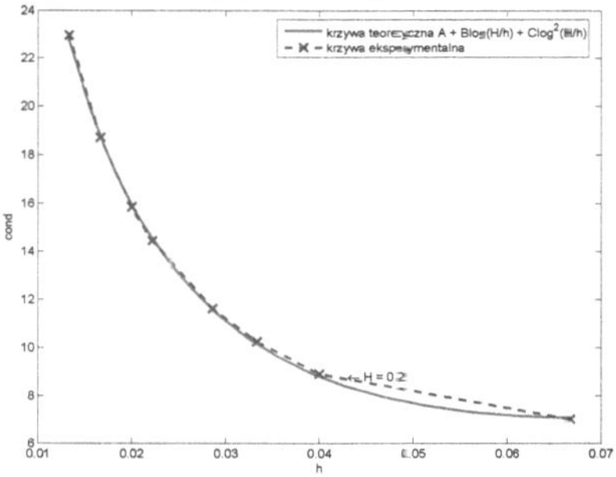

(d) $H = 1/5$

Rysunek 3.15: Porównanie teoretycznej i eksperymentalnej wartości wskaźnika uwarunkowania zadania z ciągłymi – (a), (b) – i nieciągłymi – (c), (d) – wartościami na szkielecie w zależności od parametru drobnej siatki h przy ustalonej wielkości parametru grubej siatki H.

Tablica 3.1: Wyniki działania jednopoziomowego algorytmu Dirichleta-Neumanna szukania przybliżenia dokładnego rozwiązania $u(x,y,z) = 10^4 x\,(x-1)\left(x-\frac{1}{2}\right) y\,(y-1)\left(y-\frac{1}{3}\right) z\,(z-1)\left(z-\frac{1}{4}\right)$ przy stałym parametrze H - wersja z ciągłymi wartościami na szkielecie i liczbą podobszarów $N \in \{8, 27\}$.

h	n	iter	cond	e_T^{avg}	$e_{\max}$	e_{l^2}	t_{sek}	t_{par}	$s_{\max}$
$N = 2^3 = 8$, H = 1/2									
1.67e-01	125	7	2.4437703e+00	1.4984112e-01	2.8334401e-10	7.3994333e-10	6.7833824e-01	3.4438916e-01	2.30
1.00e-01	729	7	2.8824338e+00	2.0993781e-01	3.9930379e-07	1.6769667e-06	1.4836067e+00	9.2090727e-01	1.83
7.14e-02	2197	8	3.2442046e+00	2.1584724e-01	4.0519779e-07	1.6582346e-06	3.9723546e+00	2.3537626e+00	1.83
6.25e-02	3375	8	3.4025711e+00	2.2733375e-01	1.2041289e-06	5.7561658e-06	7.2475317e+00	4.0083411e+00	1.93
5.56e-02	4913	9	3.5489957e+00	2.1578741e-01	1.3079315e-07	6.8628789e-07	1.4114222e+01	6.9420005e+00	2.17
5.00e-02	6859	9	3.6852311e+00	2.2603715e-01	2.8057570e-07	1.7954502e-06	2.5675857e+01	1.1664340e+01	2.33
4.55e-02	9261	9	3.8126881e+00	2.3395609e-01	5.2623201e-07	4.1560587e-06	4.6699190e+01	1.9510257e+01	2.51
4.17e-02	12167	9	3.9325065e+00	2.4046021e-01	8.8928274e-07	8.6549351e-06	8.2402484e+01	3.2687138e+01	2.65
3.13e-02	29791	10	4.3518342e+00	2.5858091e-01	5.6571550e-07	7.5371916e-06	6.7151082e+02	2.3122757e+02	3.10
2.78e-02	42875	10	4.5336399e+00	2.6518694e-01	1.0210821e-06	1.9120332e-05	1.3874951e+03	4.6096860e+02	3.21
$N = 3^3 = 27$, H = 1/3									
1.11e-01	512	8	2.8407618e+00	1.9531585e-01	5.1094576e-07	3.4205193e-06	2.2135205e+00	6.8824243e-01	4.22
6.67e-02	2744	9	3.5010198e+00	2.4069853e-01	1.4155302e-06	1.5086604e-05	4.9914348e+00	2.1984740e+00	2.77
4.76e-02	8000	10	4.0278777e+00	2.7337672e-01	8.9441640e-07	1.7922557e-05	1.6547308e+01	6.1764433e+00	3.09
4.17e-02	12167	10	4.2550166e+00	2.8674182e-01	1.8969834e-06	3.7878219e-05	3.5516040e+01	1.2442304e+01	3.28
3.70e-02	17576	11	4.4635475e+00	2.9148018e-01	5.4042764e-07	1.2010998e-05	6.5239371e+01	1.6625942e+01	4.51
3.33e-02	24389	11	4.6563960e+00	3.0195165e-01	9.6236944e-07	2.1849546e-05	1.2131531e+02	2.6425370e+01	5.33
3.03e-02	32768	11	4.8359108e+00	3.1162484e-01	1.5568546e-06	3.8753052e-05	2.1920273e+02	4.1608661e+01	6.21
2.78e-02	42875	11	5.0039354e+00	3.2080733e-01	2.3401706e-06	6.5580861e-05	4.0114874e+02	6.8931763e+01	7.00

Tablica 3.2: Wyniki działania jednopoziomowego algorytmu Dirichleta-Neumanna szukania przybliżenia dokładnego rozwiązania $u(x,y,z) = 10^4 x(x-1)\left(x-\frac{1}{2}\right) y(y-1)\left(y-\frac{1}{3}\right) z(z-1)\left(z-\frac{1}{4}\right)$ przy stałym parametrze H - wersja z ciągłymi wartościami na szkielecie i liczbą podobszarów $N > 27$.

h	n	iter	cond	e_T^{avg}	$e_{\max}$	e_{l^2}	t_{sek}	t_{par}	$s_{\max}$
$N = 5^3 = 125$, H = 1/5									
6.67e-02	2744	10	3.3916655e+00	2.6887240e-01	1.1379400e-06	1.1889596e-05	1.1307255e+01	2.4422510e+00	6.38
4.00e-02	13824	12	4.5321215e+00	3.2824863e-01	1.1310144e-06	2.7002894e-05	3.0595640e+01	9.8644782e+00	3.83
2.86e-02	39304	13	5.4673578e+00	3.5695085e-01	1.8632010e-06	6.0010630e-05	1.1561640e+02	2.7395060e+01	4.82
2.22e-02	85184	14	6.2575703e+00	3.7899316e-01	1.2200421e-06	6.0520104e-05	4.6654769e+02	6.3637090e+01	8.17
1.82e-02	157464	14	6.9408822e+00	4.0007845e-01	3.1872923e-06	1.8117983e-04	1.6497623e+03	1.3650440e+02	13.7
$N = 7^3 = 343$, H = 1/7									
4.76e-02	8000	10	3.4377956e+00	2.7454697e-01	2.8968258e-06	2.8058197e-05	3.4192151e+01	7.9285655e+00	6.00
2.86e-02	39304	12	4.5803410e+00	3.4029353e-01	2.0902982e-06	6.1643008e-05	1.1575784e+02	3.6916123e+01	3.76
2.04e-02	110592	13	5.5149158e+00	3.7819166e-01	3.0511319e-06	1.9522704e-04	4.7056129e+02	1.0500799e+02	4.94
1.59e-02	238328	15	6.3069276e+00	4.0237965e-01	1.2605045e-06	7.7503033e-05	1.8638610e+03	2.4027223e+02	8.36
1.30e-02	438976	16	6.9945471e+00	4.2202889e-01	7.6506477e-07	6.8368703e-05	6.8147127e+03	4.7592878e+02	15.6
$N = 9^3 = 729$, H = 1/9									
3.70e-02	17576	10	3.4585382e+00	2.8270320e-01	1.7037153e-06	3.0486360e-05	8.6749020e+01	2.3365045e+01	5.08
2.22e-02	85184	12	4.6027307e+00	3.3568882e-01	1.6433519e-06	8.5057256e-05	3.7564701e+02	1.2788382e+02	3.36
1.59e-02	238328	13	5.5349489e+00	3.7419685e-01	3.5566436e-06	2.1887354e-04	1.5567999e+03	3.5961221e+02	4.64
1.23e-02	512000	15	6.3282521e+00	4.0458775e-01	7.9790911e-07	7.4613235e-05	6.4694334e+03	8.1892481e+02	8.30
1.01e-02	941192	15	7.0021203e+00	4.2527314e-01	2.4887053e-06	2.9604632e-04	1.8808048e+04	1.4384731e+03	13.7

Tablica 3.3: Wyniki działania jednopoziomowego algorytmu Dirichleta-Neumanna szukania przybliżenia dokładnego rozwiązania $u(x,y,z) = 10^4 x(x-1)\left(x-\frac{1}{2}\right) y(y-1)\left(y-\frac{1}{3}\right) z(z-1)\left(z-\frac{1}{4}\right)$ dla małej liczby podobszarów, przy stałym parametrze H – wersja z nieciągłymi wartościami na szkielecie i liczbą podobszarów $N \in \{8, 27\}$.

h	n	iter	cond	e_T^{avg}	$e_{\max}$	e_{l^2}	t_{sek}	t_{par}	$s_{\max}$
$N = 2^3 = 8$, H = 1/2									
1.67e-01	125	16	1.2157589e+01	4.3206216e-01	5.9498994e-06	1.6379881e-05	1.4274682e+00	9.3059711e-01	2.16
1.00e-01	729	23	2.7361921e+01	5.6130259e-01	1.2613322e-05	8.2771268e-05	2.1390339e+00	1.0438422e+00	2.25
8.33e-02	1331	26	3.5331122e+01	5.9157277e-01	1.2720660e-05	1.0265412e-04	4.8176044e+00	2.6679321e+00	2.19
7.14e-02	2197	28	4.3368250e+01	6.1632812e-01	1.9895639e-05	1.7864581e-04	6.8575179e+00	3.0509623e+00	2.40
6.25e-02	3375	30	5.1486124e+01	6.3482565e-01	2.2611531e-05	2.3978704e-04	1.3866678e+01	5.6645160e+00	2.60
5.56e-02	4913	31	5.9578902e+01	6.4665567e-01	4.2963160e-05	4.9540991e-04	2.6431206e+01	9.9286277e+00	2.81
5.00e-02	6859	33	6.7856844e+01	6.6003351e-01	4.2368481e-05	5.6700835e-04	5.2424449e+01	1.8624872e+01	3.00
4.55e-02	9261	34	7.6051475e+01	6.7130571e-01	5.2447545e-05	8.6493838e-04	1.1759296e+02	3.9793814e+01	3.16
4.17e-02	12167	35	8.4233740e+01	6.8528960e-01	5.1935661e-05	1.0781920e-03	1.9040205e+02	6.1506394e+01	3.33
3.33e-02	24389	40	1.0937543e+02	7.0887457e-01	3.7407467e-05	1.0697872e-03	1.1024649e+03	3.3317267e+02	3.61
3.13e-02	29791	41	1.1763545e+02	7.1637512e-01	3.7818165e-05	1.1879513e-03	1.6671609e+03	5.0324104e+02	3.58
2.78e-02	42875	43	1.3406945e+02	7.2847420e-01	3.4697972e-05	1.3973789e-03	3.9355660e+03	1.1662117e+03	3.67
$N = 3^3 = 27$, H = 1/3									
1.11e-01	512	13	7.2277686e+00	3.7148764e-01	1.4851168e-05	9.4592912e-05	2.2157949e+00	5.4937101e-01	5.09
6.67e-02	2744	17	1.3398522e+01	4.5080236e-01	1.4669863e-05	1.9072202e-04	7.7278132e+00	3.5291753e+00	2.64
5.56e-02	4913	19	1.6646061e+01	4.8490430e-01	1.2270953e-05	1.7133923e-04	1.2346471e+01	3.7637596e+00	3.99
4.76e-02	8000	20	1.8981462e+01	5.1014333e-01	1.3619669e-05	2.4090854e-04	2.3982243e+01	6.3205299e+00	4.60
4.17e-02	12167	21	1.9457048e+01	5.2692555e-01	1.5581769e-05	4.2879762e-04	4.9252307e+01	1.2438102e+01	4.80
3.70e-02	17576	22	1.7920983e+01	5.3631706e-01	2.1956113e-05	7.4208518e-04	1.0550663e+02	2.1065241e+01	6.43
3.33e-02	24389	21	1.6769397e+01	5.2738234e-01	7.7883658e-05	4.2668786e-03	1.5777565e+02	2.7819496e+01	7.14
3.03e-02	32768	22	1.8619707e+01	5.3984619e-01	7.0831291e-05	4.6593838e-03	3.6297503e+02	5.8874941e+01	8.16
2.78e-02	42875	23	2.0473834e+01	5.5383511e-01	6.2573081e-05	4.7578551e-03	7.1489502e+02	1.0706998e+02	9.03
2.22e-02	85184	25	2.6056467e+01	5.8472421e-01	5.2111451e-05	5.4753400e-03	3.3431286e+03	4.1585507e+02	10.8
2.08e-02	103823	26	2.7921751e+01	5.9382221e-01	4.8024413e-05	5.4563102e-03	4.8199819e+03	5.6631562e+02	11.5

Tablica 3.4: Wyniki działania jednopoziomowego algorytmu Dirichleta-Neumanna szukania przybliżenia dokładnego rozwiązania $u(x,y,z) = 10^4 x\,(x-1)\left(x-\frac{1}{2}\right) y\,(y-1)\left(y-\frac{1}{3}\right) z\,(z-1)\left(z-\frac{1}{4}\right)$ dla dużej liczby podobszarów, przy stałym parametrze H – wersja z nieciągłymi wartościami na szkielecie i liczbą podobszarów $N > 27$.

h	n	iter	cond	e_T^{avg}	$e_{\max}$	e_{l^2}	t_{sek}	t_{par}	$s_{\max}$
$N = 4^3 = 64$, H = 1/4									
8.33e-02	1331	14	7.6017077e+00	3.9665026e-01	7.3865531e-06	7.8504211e-05	5.5291716e+00	1.0445871e+00	7.11
5.00e-02	6859	17	1.2392453e+01	4.5248622e-01	1.0575412e-05	2.6073533e-04	1.6086239e+01	4.4610858e+00	5.12
4.17e-02	12167	18	1.4665516e+01	4.7591146e-01	1.3844787e-05	4.1907695e-04	3.5583145e+01	9.4475645e+00	5.02
3.57e-02	19683	19	1.6728253e+01	4.9654075e-01	1.7731093e-05	6.0674083e-04	6.3982105e+01	1.2710565e+01	6.12
2.78e-02	42875	21	2.0651412e+01	5.2811244e-01	2.0265493e-05	9.8490490e-04	2.9720183e+02	4.1470574e+01	9.34
2.50e-02	59319	22	2.2531541e+01	5.4079174e-01	2.0884670e-05	1.1847195e-03	5.3694942e+02	5.9014547e+01	11.7
2.08e-02	103823	24	2.5916991e+01	5.6441192e-01	1.9695820e-05	1.5001528e-03	1.8971957e+03	1.5033659e+02	16.5
1.67e-02	205379	25	2.1418250e+01	5.7837784e-01	4.1842647e-05	5.8294873e-03	7.8211210e+03	4.5802445e+02	22.8
$N = 5^3 = 125$, H = 1/5									
6.67e-02	2744	16	7.0090472e+00	4.2411975e-01	1.2721880e-05	2.0916901e-04	1.2169947e+01	2.3990688e+00	7.60
4.00e-02	13824	17	8.8993481e+00	4.4986999e-01	3.3129557e-05	1.2400617e-03	2.9342274e+01	6.6314439e+00	5.70
3.33e-02	24389	18	1.0233051e+01	4.6952540e-01	2.8322964e-05	1.3932132e-03	5.7583896e+01	1.1936170e+01	5.90
2.86e-02	39304	19	1.1608051e+01	4.8694085e-01	3.0303949e-05	1.5523393e-03	1.1656215e+02	1.8687345e+01	7.20
2.22e-02	85184	21	1.4426162e+01	5.2131539e-01	2.7707510e-05	1.8208245e-03	5.1014775e+02	4.8202095e+01	12.2
2.00e-02	117649	22	1.5848321e+01	5.3489885e-01	2.4257531e-05	1.8279594e-03	9.9202939e+02	7.2022430e+01	16.0
1.67e-02	205379	23	1.8695153e+01	5.5484863e-01	3.1526383e-05	2.9508975e-03	3.5648506e+03	1.7603354e+02	25.4
1.33e-02	405224	25	2.2958633e+01	5.7743399e-01	2.9980424e-05	4.0623424e-03	1.6951005e+04	5.4668286e+02	38.4
$N = 6^3 = 216$, H = 1/6									
5.56e-02	4913	20	1.0417424e+01	5.0202974e-01	1.3437861e-05	3.4577775e-04	2.6556654e+01	4.3131158e+00	10.7
4.17e-02	12167	20	1.1338704e+01	5.0815481e-01	2.3703137e-05	9.1710943e-04	3.7268492e+01	7.3707057e+00	7.82
3.33e-02	24389	20	1.2459834e+01	5.0995407e-01	3.3259481e-05	1.7145380e-03	5.8276157e+01	1.2394230e+01	5.75
2.78e-02	42875	21	1.3728156e+01	5.2238159e-01	2.8185327e-05	1.7579697e-03	1.2671024e+02	2.2533640e+01	7.04
2.38e-02	68921	22	1.5074427e+01	5.4007231e-01	2.6628016e-05	1.8130070e-03	2.5126808e+02	3.3446328e+01	0.00
1.85e-02	148877	24	1.7876283e+01	5.6661589e-01	2.4814709e-05	2.2061425e-03	1.0916090e+03	7.8217624e+01	15.7
1.67e-02	205379	25	1.9306680e+01	5.8002740e-01	2.1843122e-05	2.3770700e-03	2.0812014e+03	1.1054953e+02	21.2

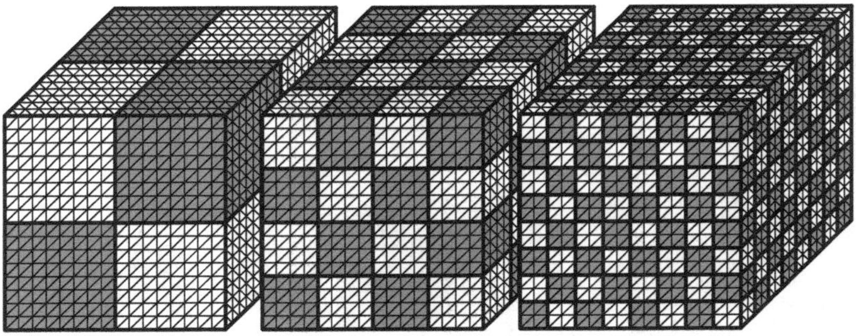

Rysunek 3.16: Graficzne przedstawienie idei testów numerycznych w trzech wymiarach dla stałego parametru h i rosnącego parametru H.

W drugiej serii testów ustalone było h, zaś rósł parametr H (patrz rys. 3.16). Wyniki eksperymentów numerycznych dla algorytmów z ciągłymi i nieciągłymi wartościami na brzegach podobszarów zostały zebrane w tabelach 3.5 i 3.6. Wykresy dopasowanych do danych eksperymentalnych krzywych teoretycznych znajdują się na rysunkach 3.17 i 3.18. W przypadku algorytmu z ciągłymi wartościami na brzegach podobszarów dostajemy zależność wskaźnika uwarunkowania od parametru grubej triangulacji H w postaci:

$$A + B\log H + C\log^2 H, \tag{3.165}$$

gdzie stałe A, B, C nie zależą od H. Dla algorytmu z nieciągłymi wartościami przy podziale na większą od 27 liczbę podobszarów otrzymujemy zależność:

$$H^{-2}\left(A + B\log H + C\log^2 H\right), \tag{3.166}$$

gdzie, jak powyżej, stałe A, B, C nie zależą od parametru grubej siatki. Na wykresie 3.18a dane eksperymentalne dla $H = 1/3$ i $H = 1/2$ leżą poniżej krzywej teoretycznej określającej zależność od liczby podobszarów, dopasowanej dla $N > 27$. Oznacza to, że szybkość zbieżności dla małej liczby podobszarów jest lepsza niż $\left(1 + \log\frac{H}{h}\right)^2$ dla algorytmu z ciągłymi wartościami na szkielecie, zaś $H^{-2}\left(1 + \log\frac{H}{h}\right)^2$. Dla $N > 27$ szybkość zbieżności dana jest już zależnością okre-

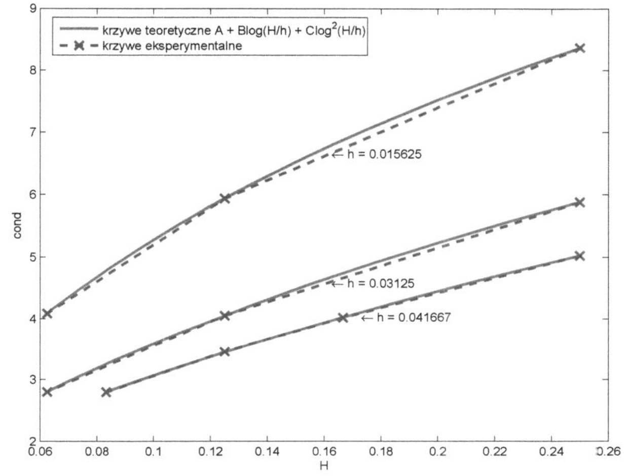

Rysunek 3.17: Porównanie teoretycznych i eksperymentalnych wartości wskaźnika uwarunkowania zadania z ciągłymi wartościami na szkielecie w zależności od parametru grubej siatki H przy ustalonej wielkości parametru drobnej siatki h.

śloną w (3.165), patrz rysunki 3.17 i 3.18.

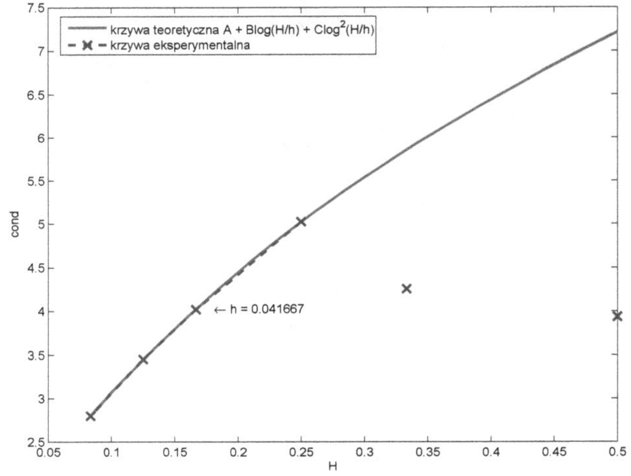

(a) $h = 1/24$

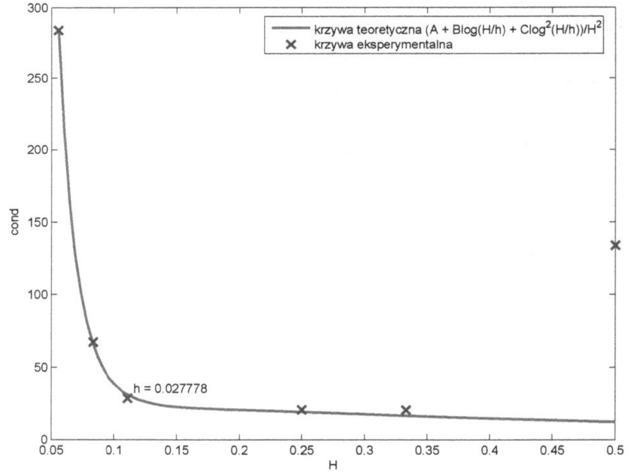

(b) $h = 1/36$

Rysunek 3.18: Porównanie teoretycznej i eksperymentalnej wartości wskaźnika uwarunkowania zadania z ciągłymi – (a) – i nieciągłymi – (b) – wartościami na szkielecie w zależności od parametru grubej siatki H przy ustalonej wielkości parametru drobnej siatki h.

Tablica 3.5: Wyniki działania jednopoziomowego algorytmu Dirichleta-Neumanna szukania przybliżenia dokładnego rozwiązania $u(x,y,z) = 10^4 x(x-1)\left(x-\frac{1}{2}\right) y(y-1)\left(y-\frac{1}{3}\right) z(z-1)\left(z-\frac{1}{4}\right)$ przy stałym parametrze h - wersja z ciągłymi wartościami na szkielecie.

H	N	iter	cond	e_T^{avg}	$e_{\max}$	e_{l^2}	t_{sek}	t_{par}	$s_{\max}$
n = 12167, h = 4.1666667e-02									
1/2	8	9	3.9325065e+00	2.4046021e-01	8.8928274e-07	8.6549351e-06	8.5579545e+01	3.5973317e+01	2.51
1/3	27	10	4.2550166e+00	2.8674182e-01	1.8969834e-06	3.7878219e-05	3.5516040e+01	1.2442304e+01	3.28
1/4	64	12	5.0250815e+00	3.5200614e-01	4.3969987e-06	8.1269096e-05	3.0997999e+01	1.1314606e+01	3.31
1/6	216	11	4.0192960e+00	3.1626328e-01	2.6875438e-06	4.5597858e-05	3.8625906e+01	1.2003313e+01	4.19
1/8	512	10	3.4495236e+00	2.8026784e-01	2.2553054e-06	2.9600023e-05	6.4822300e+01	1.5366210e+01	5.86
1/12	1728	9	2.7985222e+00	2.2053656e-01	5.1829209e-07	8.1689097e-06	1.4785264e+02	2.3471193e+01	9.10
n = 29791, h = 3.1250000e-02									
1/2	8	10	4.3518342e+00	2.5858091e-01	5.6571550e-07	7.5371916e-06	6.7151082e+02	2.3122757e+02	3.10
1/4	64	13	5.8814930e+00	3.7604060e-01	4.3277043e-06	1.2925727e-04	1.1065881e+02	2.3755996e+01	5.41
1/8	512	11	4.0515357e+00	3.1421834e-01	1.8279008e-06	5.1627137e-05	1.0164420e+02	3.3004171e+01	3.89
1/16	4096	9	2.8018510e+00	2.1890332e-01	4.7298705e-07	9.2881538e-06	3.4927247e+02	9.5781740e+01	4.91
n = 250047, h = 1.5625000e-02									
1/4	64	16	8.3646841e+00	4.2182691e-01	1.6525991e-06	1.0966901e-04	1.1220599e+04	6.8610898e+02	21.0
1/8	512	14	5.9360262e+00	3.9087844e-01	1.8121849e-06	1.1704242e-04	1.6849556e+03	2.9102454e+02	6.22
1/16	4096	11	4.0877962e+00	3.0062495e-01	1.2799999e-06	9.5865475e-05	3.3399089e+03	1.7712667e+03	1.99

Tablica 3.6: Wyniki działania jednopoziomowego algorytmu Dirichleta-Neumanna szukania przybliżenia dokładnego rozwiązania $u(x,y,z) = 10^4 x\,(x-1)\left(x-\frac{1}{2}\right) y\,(y-1)\left(y-\frac{1}{3}\right) z\,(z-1)\left(z-\frac{1}{4}\right)$ przy stałym parametrze h - wersja z nieciągłymi wartościami na szkielecie.

H	N	iter	cond	e_T^{avg}	$e_{\max}$	e_{l^2}	t_{sek}	t_{par}	$s_{\max}$
n = 12167, h = 4.1666667e-02									
1/2	8	35	8.4233740e+01	6.8528960e-01	5.1935661e-05	1.0781920e-03	1.9040205e+02	6.1506394e+01	3.33
1/3	27	21	1.9457048e+01	5.2692555e-01	1.5581769e-05	4.2879762e-04	4.9252307e+01	1.2438102e+01	4.80
1/4	64	18	1.4665516e+01	4.7591146e-01	1.3844787e-05	4.1907695e-04	3.5583145e+01	9.4475645e+00	5.02
1/6	216	20	1.1338704e+01	5.0815481e-01	2.3703137e-05	9.1710943e-04	3.7268492e+01	7.3707057e+00	7.82
1/8	512	28	2.1117332e+01	6.1118878e-01	6.4127751e-06	2.0221946e-04	7.8414121e+01	6.8355197e+00	16.5
1/12	1728	48	8.4047021e+01	7.5933457e-01	3.1769792e-06	9.2726175e-05	4.1940992e+02	1.9232978e+01	52.1
n = 42875, h = 2.7777778e-02									
1/2	8	43	1.3406945e+02	7.2847420e-01	3.4697972e-05	1.3973789e-03	3.9355660e+03	1.1662117e+03	3.67
1/3	27	23	2.0473834e+01	5.5383511e-01	6.2573081e-05	4.7578551e-03	7.1489502e+02	1.0706998e+02	9.03
1/4	64	21	2.0651412e+01	5.2811244e-01	2.0265493e-05	9.8490490e-04	2.9720183e+02	4.1470574e+01	9.34
1/9	729	32	2.8730355e+01	6.5114368e-01	6.9518694e-06	3.8507580e-04	1.8621556e+02	2.4698452e+01	11.4
1/12	1728	48	6.7317158e+01	7.5504430e-01	4.4124889e-06	2.5072704e-04	4.5693279e+02	3.1930087e+01	25.5
1/18	42875	81	2.8429900e+02	8.4798349e-01	3.8690581e-06	1.8595199e-04	2.2045125e+03	5.1441070e+01	84.2

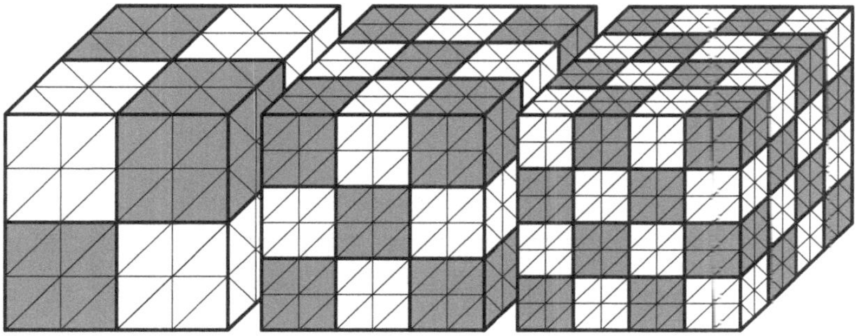

Rysunek 3.19: Graficzne przedstawienie idei testów numerycznych w trzech wymiarach dla stałego stosunku H/h.

W trzeciej serii eksperymentów badane było działanie algorytmów przy stałym stosunku H/h parametrów triangulacji (patrz rys. 3.19). Rezultaty testów dla algorytmów z ciągłymi i nieciągłymi wartościami na szkielecie znajdują się w tabelach 3.7 i 3.8. Wykresy dopasowanych do danych eksperymentalnych krzywych teoretycznych są natomiast przedstawione na rysunkach 3.20 i 3.21. Dla algorytmu z ciągłymi wartościami na brzegach podobszarów dla stałego stosunku H/h wskaźnik uwarunkowania jest stały. Dla algorytmu z nieciągłymi wartościami otrzymujemy zależność od liczby podobszarów:

$$H^{-2}C, \tag{3.167}$$

gdzie stała C nie zależy od parametrów H i h. Stanowi to potwierdzenie rezultatów teoretycznych. Zauważmy, że dla małej liczby podobszarów (zob. wykres 3.21a) możemy spodziewać się lepszej szybkości zbieżności niż wynika z dopasowania krzywej teoretycznej dla liczby podobszarów większej od 27.

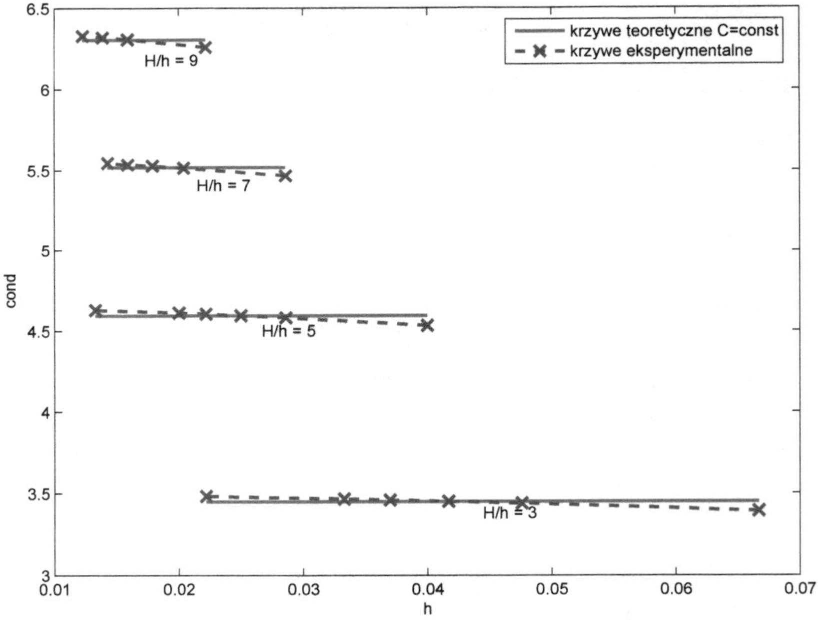

Rysunek 3.20: Porównanie teoretycznych i eksperymentalnych wartości wskaźnika uwarunkowania zadania z ciągłymi wartościami na szkielecie w zależności od parametru grubej siatki H przy ustalonym stosunku H/h.

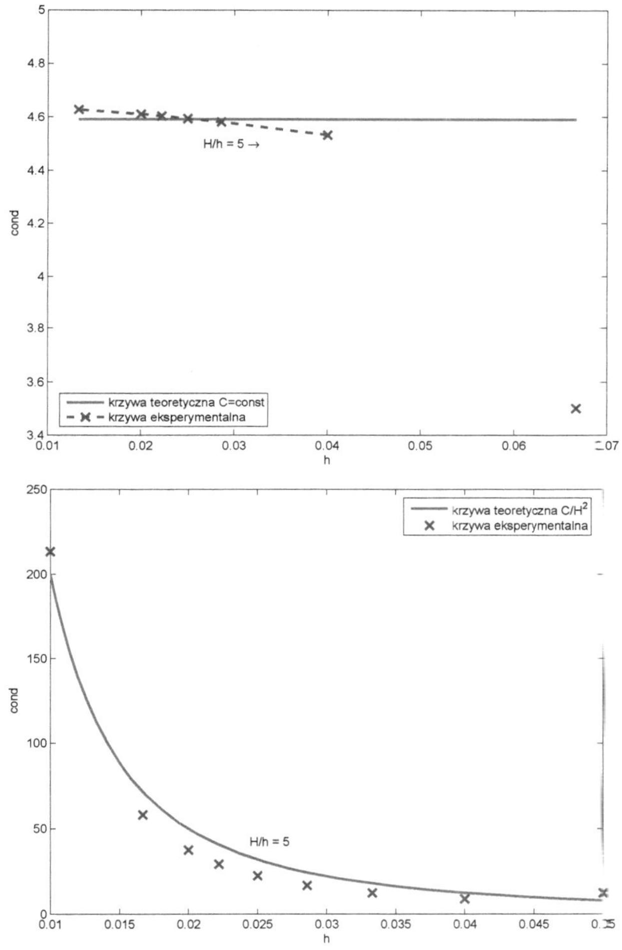

Rysunek 3.21: Porównanie teoretycznej i eksperymentalnej wartości wskaźnika uwarunkowania zadania z ciągłymi (u góry) i nieciągłymi (na dole) wartościami na szkielecie przy ustalonym stosunku $H/h = 5$.

Tablica 3.7: Wyniki działania jednopoziomowego algorytmu Dirichleta-Neumanna szukania przybliżenia dokładnego rozwiązania $u(x,y,z) = 10^4 x\,(x-1)\left(x-\frac{1}{2}\right) y\,(y-1)\left(y-\frac{1}{3}\right) z\,(z-1)\left(z-\frac{1}{4}\right)$ przy stałym stosunku $\frac{H}{h}$ - wersja z ciągłymi wartościami na szkielecie.

h	n	iter	cond	e_T^{avg}	$e_{\max}$	e_{l^2}	t_{sek}	t_{par}	$s_{\max}$
H/h = 3									
1.11e-01	512	8	2.8407618e+00	1.9531585e-01	5.1094576e-07	3.4205193e-06	2.2135205e+00	6.8824243e-01	4.22
6.67e-02	2744	10	3.3916655e+00	2.6887240e-01	1.1379400e-06	1.1889596e-05	1.1307255e+01	2.4422510e+00	6.38
4.76e-02	8000	10	3.4377956e+00	2.7454697e-01	2.8968258e-06	2.8058197e-05	3.4192151e+01	7.9285655e+00	6.00
4.17e-02	12167	10	3.4495236e+00	2.8026784e-01	2.2553054e-06	2.9600023e-05	6.4822300e+01	1.5366210e+01	5.86
3.70e-02	17576	10	3.4585382e+00	2.8270320e-01	1.7037153e-06	3.0486360e-05	8.6749020e+01	2.3365045e+01	5.08
3.33e-02	24389	10	3.4653091e+00	2.8539759e-01	1.3532842e-06	3.3837673e-05	1.1633546e+02	3.5648301e+01	4.23
2.22e-02	85184	10	3.4816806e+00	2.7898463e-01	1.7367442e-06	5.6742802e-05	7.4745019e+02	3.7704183e+02	2.30
H/h = 5									
6.67e-02	2744	9	3.5010198e+00	2.4069853e-01	1.4155302e-06	1.5086604e-05	4.9914348e+00	2.1984740e+00	2.77
4.00e-02	13824	12	4.5321215e+00	3.2824863e-01	1.1310144e-06	2.7002894e-05	3.0595640e+01	9.8644782e+00	3.83
2.86e-02	39304	12	4.5803410e+00	3.4029353e-01	2.0902982e-06	6.1643008e-05	1.1575784e+02	3.6916123e+01	3.76
2.50e-02	59319	12	4.5927354e+00	3.3801612e-01	2.1776000e-06	8.2394061e-05	1.8956677e+02	6.0221379e+01	3.66
2.22e-02	85184	12	4.6027307e+00	3.3568882e-01	1.6433519e-06	8.5057256e-05	3.7564701e+02	1.2788382e+02	3.36
2.00e-02	117649	12	4.6100567e+00	3.3375072e-01	1.7856406e-06	8.3877860e-05	5.4688192e+02	1.9344711e+02	3.13
1.33e-02	405224	12	4.6271236e+00	3.3112477e-01	1.4253964e-06	9.4831519e-05	6.0480811e+03	2.7076441e+03	2.31
H/h = 7									
4.76e-02	8000	10	4.0278777e+00	2.7337672e-01	8.9441640e-07	1.7922557e-05	1.6547308e+01	6.1764433e+00	3.09
2.86e-02	39304	13	5.4673578e+00	3.5695085e-01	1.8632010e-06	6.0010630e-05	1.1561640e+02	2.7395060e+01	4.82
2.04e-02	110592	13	5.5149158e+00	3.7819166e-01	3.0511319e-06	1.9522704e-04	4.7056129e+02	1.0500799e+02	4.94
1.79e-02	166375	14	5.5282256e+00	3.7353771e-01	1.1119864e-06	5.0358146e-05	8.3388720e+02	1.8523984e+02	4.88
1.59e-02	238328	13	5.5349489e+00	3.7419685e-01	3.5566436e-06	2.1887354e-04	1.5567999e+03	3.5961221e+02	4.64
1.43e-02	328509	14	5.5455106e+00	3.7319490e-01	8.9481406e-07	4.9891936e-05	2.6042800e+03	6.3866459e+02	4.29

Tablica 3.8: Wyniki działania jednopoziomowego algorytmu Dirichleta-Neumanna szukania przybliżenia dokładnego rozwiązania $u(x,y,z) = 10^4 x\,(x-1)\left(x-\frac{1}{2}\right) y\,(y-1)\left(y-\frac{1}{3}\right) z\,(z-1)\left(z-\frac{1}{4}\right)$ przy stałym stosunku $\frac{H}{h}$ - wersja z nieciągłymi wartościami na szkielecie.

h	n	iter	cond	e_T^{avg}	$e_{\max}$	e_{l^2}	t_{sek}	t_{par}	$s_{\max}$
					H/h = 5				
6.67e-02	2744	17	1.3398522e+01	4.5080236e-01	1.4669863e-05	1.9072202e-04	1.3461014e+01	9.3989750e+00	1.67
5.00e-02	6859	17	1.2392453e+01	4.5248622e-01	1.0575412e-05	2.6073533e-04	1.6086239e+01	4.4610858e+00	5.12
4.00e-02	13824	17	8.8993481e+00	4.4986999e-01	3.3129557e-05	1.2400617e-03	2.9342274e+01	6.6314439e+00	5.70
3.33e-02	24389	20	1.2459834e+01	5.0995407e-01	3.3259481e-05	1.7145380e-03	5.8276157e+01	1.2394230e+01	5.75
2.86e-02	39304	23	1.6907815e+01	5.5983109e-01	1.8632323e-05	1.1630452e-03	1.1190038e+02	1.9051721e+01	7.59
2.50e-02	59319	28	2.2498008e+01	6.1088615e-01	1.1225109e-05	8.8303021e-04	2.0486936e+02	2.9921487e+01	8.73
2.22e-02	85184	31	2.9305679e+01	6.4524073e-01	9.2466991e-06	7.5691891e-04	3.2363361e+02	4.3194579e+01	9.54
2.00e-02	117649	36	3.7513513e+01	6.8228846e-01	7.2305537e-06	6.3741054e-04	4.7663176e+02	5.6184886e+01	10.6
1.67e-02	205379	45	5.8082218e+01	7.3651561e-01	5.3461545e-06	5.4431607e-04	1.0451549e+03	1.0791557e+02	12.1
1.00e-02	970299	86	2.1327135e+02	8.5428893e-01	3.9159205e-06	6.8224899e-04	8.6702898e+03	6.9131243e+02	15.3
					H/h = 7				
4.76e-02	8000	20	1.8981462e+01	5.1014333e-01	1.3619669e-05	2.4090854e-04	2.3982243e+01	6.3205299e+00	4.60
3.57e-02	19683	19	1.6728253e+01	4.9654075e-01	1.7731093e-05	6.0674083e-04	6.3982105e+01	1.2710565e+01	6.12
2.86e-02	39304	19	1.1608051e+01	4.8694085e-01	3.0303949e-05	1.5523393e-03	1.1656215e+02	1.8687345e+01	7.20
2.38e-02	68921	22	1.5074427e+01	5.4097231e-01	2.6628016e-05	1.8130079e-03	2.5426808e+02	3.3446328e+01	9.00
2.04e-02	110592	26	1.9515517e+01	5.8785894e-01	1.4133467e-05	1.0741887e-03	4.8828760e+02	5.4452259e+01	10.3
1.79e-02	166375	29	2.5018518e+01	6.2164071e-01	1.3945487e-05	1.3164245e-03	8.2532341e+02	8.1308446e+01	11.5
1.59e-02	238328	32	3.1609805e+01	6.5000006e-01	1.2137163e-05	1.6491050e-03	1.3253093e+03	1.1742243e+02	12.9
1.43e-02	328509	35	3.9323261e+01	6.7773893e-01	1.9191536e-05	2.5586936e-03	1.8490023e+03	1.4962188e+02	13.8
					H/h = 9				
3.70e-02	17576	22	1.7920983e+01	5.3631706e-01	2.1956113e-05	7.4208518e-04	1.0550663e+02	2.1065241e+01	6.43
2.78e-02	42875	21	2.0651412e+01	5.2811244e-01	2.0265493e-05	9.8490490e-04	2.9720183e+02	4.1470574e+01	9.34
2.22e-02	85184	21	1.4426162e+01	5.2131539e-01	2.7707510e-05	1.8208245e-03	5.1014775e+02	4.8202095e+01	12.2
1.85e-02	148877	24	1.7876283e+01	5.6661589e-01	2.4814709e-05	2.2061425e-03	1.0916090e+03	7.8217624e+01	15.7
1.59e-02	238328	27	2.2450083e+01	6.0482715e-01	1.9741868e-05	2.2030702e-03	1.9800615e+03	1.2157373e+02	17.9
1.39e-02	357911	31	2.8170795e+01	6.4144970e-01	1.5106372e-05	2.2239157e-03	3.4305503e+03	1.7299385e+02	21.8
1.23e-02	512000	34	3.4862488e+01	6.7225950e-01	1.7775049e-05	2.7985150e-03	5.4660067e+03	2.5063804e+02	23.5
1.11e-02	704969	38	4.2548300e+01	6.9830071e-01	1.3932790e-05	2.5970417e-03	8.0997612e+03	3.5187884e+02	24.6

Przejdźmy teraz do porównania czasów działania analizowanych algorytmów numerycznych. Oczywiście w przypadku dopuszczenia nieciągłości na brzegach podobszarów, sekwencyjny czas działania t_{sek} wydłuży się. Jest to bezpośrednią konsekwencją wykonania znacznie większej liczby iteracji potrzebnych do uzyskania żądanego przybliżenia. Dużo ważniejszy z punktu widzenia metod opartych na dekompozycji obszaru jest jednak nie czas sekwencyjny, ale równoległy t_{par}. W tabelach 3.9 i 3.10 porównane zostały czasy działania obu wersji algorytmów. Pierwsza z tabel zawiera dane eksperymentów dla podziałów na osiem i dwadzieścia siedem podobszarów, druga natomiast dane dla podziałów na większą liczbę podobszarów. Z wykresów 3.22a i 3.22b można odczytać, że dla małej liczby podobszarów czasy działania obu algorytmów są porównywalne. Dla większej liczby podobszarów (zob. rys. 3.22c i 3.22d) szybszy okazuje się algorytm z ciągłymi wartościami na szkielecie. Podkreślmy jednak, że komputer, na którym wykonywane były eksperymenty były tylko jeden, zatem wykresy te nie uwzględniają czasu poświęconego na komunikację między procesorami. Jeżeli procesory nie miałyby pamięci współdzielonej, a łącze, przez które się ze sobą komunikują ma niską przepustowość, to algorytm z nieciągłymi wartościami na brzegach podobszarów będzie szybszy.

Na rysunku 3.23 przedstawione zostały wykresy funkcji speed-up dla podziału na 64 podobszary. Przypomnijmy, iż speed-up, to zależność stosunku czasu obliczeń na wielu procesorach do czasu obliczeń na jednym procesorze od liczby procesorów. Przebieg funkcji na tych wykresach świadczy o dobrych własnościach zrównoleglenia.

Maksymalny speed-up dla danego podziału, podawany w tabelach z wynikami eksperymentów, uzyskiwany jest w przypadku, gdy liczba procesorów jest równa liczbie podobszarów typu Neumanna. Na rysunku 3.24 przedstawione zostały wykresy zależności maksymalnego speed-up od parametru h drobnej triangulacji przy ustalonym stosunku H/h (zob. rysunek 3.19). Dla algorytmu z ciągłymi wartościami na brzegach podobszarów istnieje optymalny podział, dla którego zrównoleglenie jest najlepsze. Jest to zgodne z przewidywaniami, bowiem wraz z rosnącą liczbą podobszarów i malejącym parametrem h, więcej czasu zabiera rozwiązanie globalnego problemu, który nie jest tak podatny na zrównoleglenie.

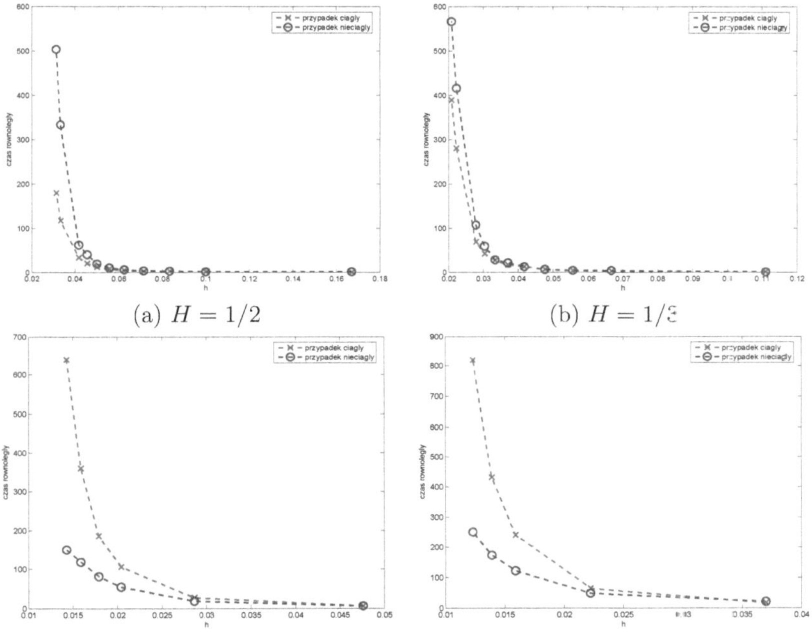

(a) $H = 1/2$ (b) $H = 1/3$

(c) $H/h = 7$ (d) $H/h = 9$

Rysunek 3.22: Porównanie równoległych czasów działania algorytmu z ciągłymi i nieciągłymi wartościami na szkielecie dla małej – (a), (b) – i dużej – (c), (d) – liczby podobszarów.

Dla algorytmu z nieciągłymi wartościami na szkielecie natomiast przyspieszenie obliczeń związane z ich zrównolegleniem, jest tym większe im większa jest liczba podobszarów, na jakie podzielony został wyjściowy obszar. W algorytmie tym nie trzeba rozwiązywać globalnego problemu, a wszystkie obliczenia można wykonać całkowicie niezależnie na poszczególnych podobszarach.

Tablica 3.9: Porównanie czasów działania jednopoziomowych algorytmów Dirichleta-Neumanna szukania przybliżenia dokładnego rozwiązania $u(x,y,z) = 10^4 x\,(x-1)\left(x-\frac{1}{2}\right) y\,(y-1)\left(y-\frac{1}{3}\right) z\,(z-1)\left(z-\frac{1}{4}\right)$ w wersji z ciągłymi i nieciągłymi wartościami na szkielecie dla liczby podobszarów $N \in \{8, 27\}$.

		przypadek ciągły				przypadek nieciągły				
h	n	iter	cond	t_{sek}	t_{par}	iter	cond	t_{sek}	t_{par}	$\frac{t_{par}^{\text{nieciągły}}}{t_{par}^{\text{ciągły}}}$
$N = 2^3 = 8$, H = 1/2										
1.67e-01	125	7	2.4437703e+00	6.7833e-01	3.4438e-01	16	1.2157589e+01	1.4274e+00	9.3059e-01	2.7022
1.00e-01	729	7	2.8824338e+00	1.4836e+00	9.2090e-01	23	2.7361921e+01	2.1390e+00	1.0438e+00	1.1335
8.33e-02	1331	9	6.8370033e+00	2.6491e+00	1.9215e+00	26	3.5331122e+01	4.8176e+00	2.6679e+00	1.3884
7.14e-02	2197	8	3.2442046e+00	3.9723e+00	2.3537e+00	28	4.3368250e+01	6.8575e+00	3.0509e+00	1.2962
6.25e-02	3375	8	3.4025711e+00	7.2475e+00	4.0083e+00	30	5.1486124e+01	1.3866e+01	5.6645e+00	1.4132
5.56e-02	4913	9	3.5489957e+00	1.4114e+01	6.9420e+00	31	5.9578902e+01	2.6431e+01	9.9286e+00	1.4302
5.00e-02	6859	9	3.6852311e+00	2.5675e+01	1.1664e+01	33	6.7856844e+01	5.2424e+01	1.8624e+01	1.5967
4.55e-02	9261	9	3.8126881e+00	4.6699e+01	1.9510e+01	34	7.6051475e+01	1.1759e+02	3.9793e+01	2.0396
4.17e-02	12167	9	3.9325065e+00	8.2402e+01	3.2687e+01	35	8.4233740e+01	1.9040e+02	6.1506e+01	1.8817
3.33e-02	24389	12	1.1861225e+01	3.4674e+02	1.1724e+02	40	1.0937543e+02	1.1024e+03	3.3317e+02	2.8417
3.13e-02	29791	12	1.2272418e+01	5.4327e+02	1.7927e+02	41	1.1763545e+02	1.6671e+03	5.0324e+02	2.8070
$N = 3^2 = 9$, H = 1/3										
1.11e-01	512	8	2.8407618e+00	2.2135e+00	6.8824e-01	13	7.2277686e+00	2.2157e+00	5.4937e-01	0.7982
6.67e-02	2744	9	3.5010198e+00	4.9914e+00	2.1984e+00	17	1.3398522e+01	7.7278e+00	3.5291e+00	1.6053
5.56e-02	4913	13	1.3192585e+01	8.7435e+00	3.3212e+00	19	1.6646061e+01	1.2346e+01	3.7637e+00	1.1332
4.76e-02	8000	10	4.0278777e+00	1.6547e+01	6.1764e+00	20	1.8981462e+01	2.3982e+01	6.3205e+00	1.0233
4.17e-02	12167	10	4.2550166e+00	3.5516e+01	1.2442e+01	21	1.9457048e+01	4.9252e+01	1.2438e+01	0.9997
3.70e-02	17576	11	4.4635475e+00	6.5239e+01	1.6625e+01	22	1.7920983e+01	1.0550e+02	2.1065e+01	1.2670
3.33e-02	24389	11	4.6563960e+00	1.2131e+02	2.6425e+01	21	1.6769397e+01	1.5777e+02	2.7819e+01	1.0528
3.03e-02	32768	11	4.8359108e+00	2.1920e+02	4.1608e+01	22	1.8619707e+01	3.6297e+02	5.8874e+01	1.4150
2.78e-02	42875	11	5.0039354e+00	4.0114e+02	6.8931e+01	23	2.0473834e+01	7.1489e+02	1.0706e+02	1.5533
2.22e-02	85184	18	2.1522359e+01	2.2221e+03	2.8001e+02	25	2.6056467e+01	3.3431e+03	4.1585e+02	1.4851
2.08e-02	103823	17	2.2169019e+01	3.2261e+03	3.8874e+02	26	2.7921751e+01	4.8199e+03	5.6631e+02	1.4568

Tablica 3.10: Porównanie czasów działania jednopoziomowych algorytmów Dirichleta-Neumanna szukania przybliżenia dokładnego rozwiązania $u(x, y, z) = 10^4 x (x-1) \left(x - \frac{1}{2}\right) y (y-1) \left(y - \frac{1}{3}\right) z (z-1) \left(z - \frac{1}{4}\right)$ w wersji z ciągłymi i nieciągłymi wartościami na szkielecie dla liczby podobszarów $N > 27$.

		przypadek ciągły				przypadek nieciągły				
h	n	iter	cond	t_{sek}	t_{par}	iter	cond	t_{sek}	t_{par}	$\frac{t_{par}^{\text{nieciągły}}}{t_{par}^{\text{ciągły}}}$
H/h = 3										
6.67e-02	2744	10	3.3916655e+00	1.1307e+01	2.4422e+00	16	7.0090472e+00	1.2169e+01	2.3990e+00	0.9823
4.76e-02	8000	10	3.4377956e+00	3.4192e+01	7.9285e+00	23	1.5083534e+01	4.4201e+01	4.5913e+00	0.5791
4.17e-02	12167	10	3.4495236e+00	6.4822e+01	1.5366e+01	28	2.1117332e+01	7.8414e+01	6.8355e+00	0.4448
3.70e-02	17576	10	3.4585382e+00	8.6749e+01	2.3365e+01	32	2.8903428e+01	1.2554e+02	9.8579e+00	0.4219
3.33e-02	24389	10	3.4653091e+00	1.1633e+02	3.5648e+01	38	3.9201514e+01	2.0580e+02	1.4597e+01	0.4095
H/h = 5										
4.00e-02	13824	12	4.5321215e+00	3.0595e+01	9.8644e+00	17	8.8993481e+00	2.9342e+01	6.6314e+00	0.6723
2.86e-02	39304	12	4.5803410e+00	1.1575e+02	3.6916e+01	23	1.6907815e+01	1.1190e+02	1.9051e+01	0.5161
2.50e-02	59319	12	4.5927354e+00	1.8956e+02	6.0221e+01	28	2.2498008e+01	2.0486e+02	2.9921e+01	0.4969
2.22e-02	85184	12	4.6027307e+00	3.7564e+02	1.2788e+02	31	2.9305679e+01	3.2363e+02	4.3194e+01	0.3378
2.00e-02	117649	12	4.6100567e+00	5.4688e+02	1.9344e+02	36	3.7513513e+01	4.7663e+02	5.6184e+01	0.2904
H/h = 7										
2.86e-02	39304	13	5.4673578e+00	1.1561e+02	2.7395e+01	19	1.1608051e+01	1.1656e+02	1.8687e+01	0.6821
2.04e-02	110592	13	5.5149158e+00	4.7056e+02	1.0500e+02	26	1.9515517e+01	4.8828e+02	5.4452e+01	0.5186
1.79e-02	166375	14	5.5282256e+00	8.3388e+02	1.8523e+02	29	2.5018518e+01	8.2532e+02	8.1308e+01	0.4389
1.59e-02	238328	13	5.5349489e+00	1.5567e+03	3.5961e+02	32	3.1609805e+01	1.3253e+03	1.1742e+02	0.3265
1.43e-02	328509	14	5.5455106e+00	2.6042e+03	6.3866e+02	35	3.9323261e+01	1.8490e+03	1.4962e+02	0.2343
H/h = 9										
3.70e-02	17576	11	4.4635475e+00	6.5239e+01	1.6625e+01	22	1.7920983e+01	1.0550e+02	2.1065e+01	1.2670
2.22e-02	85184	14	6.2575703e+00	4.6654e+02	6.3637e+01	21	1.4426162e+01	5.1014e+02	4.8202e+01	0.7575
1.50e-02	238328	15	6.3069276e+00	1.8638e+03	2.4027e+02	27	2.2450083e+01	1.9800e+03	1.2157e+02	0.5060
1.39e-02	357911	15	6.3187729e+00	3.3458e+03	4.3096e+02	31	2.8170795e+01	3.4305e+03	1.7299e+02	0.4014
1.23e-02	512000	15	6.3282521e+00	6.4694e+03	8.1892e+02	34	3.4862488e+01	5.4660e+03	2.5063e+02	0.3061

Przeprowadzone zostały również serie eksperymentów mające na celu sprawdzenie szybkości zbieżności algorytmu Dirichleta-Neumanna w trzech wymiarach z elementami mieszanymi. W tym celu jednostkowy sześcian dzielono na sześcienne podobszary przyjmując, że warunek brzegowy Neumanna określony jest na ścianach: przedniej, prawej i górnej, wraz z ich brzegami. Uwzględniając zerowy warunek brzegowy Dirichleta zadany na brzegu obszaru Ω, wszystkie podobszary mają przypisany typ mieszany z wyjątkiem podobszaru leżącego przy górnym, prawym, przednim wierzchołku obszaru, który jest typu Dirichleta.

Pierwsza seria testów numerycznych przy ustalonym parametrze H (patrz rys. 3.13), których wyniki zebrane zostały w tabelach 3.11 i 3.12, potwierdziła rezultaty teoretyczne, zarówno dla małej jak i dla dużej liczby podobszarów. Wskaźniki uwarunkowania zadanie zależą bowiem od parametru drobnej triangulacji h następująco:

$$A + B\log\frac{1}{h} + C\log^2\frac{1}{h}, \tag{3.168}$$

gdzie stałe A, B, C nie zależą od h. Widać to wyraźnie na wykresach z rysunków 3.25 i 3.26.

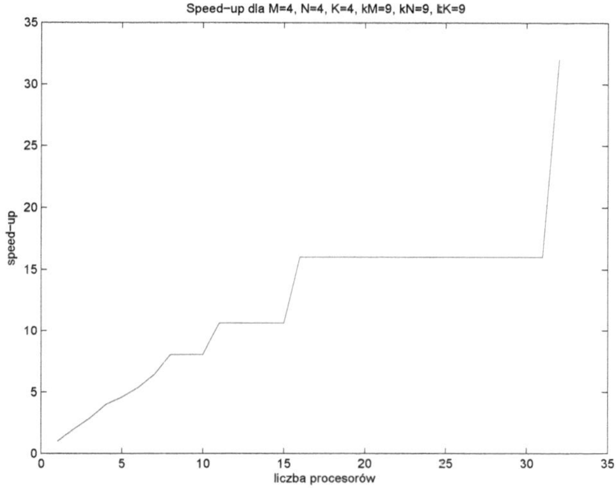

(a) algorytm z ciągłymi wartościami na szkielecie

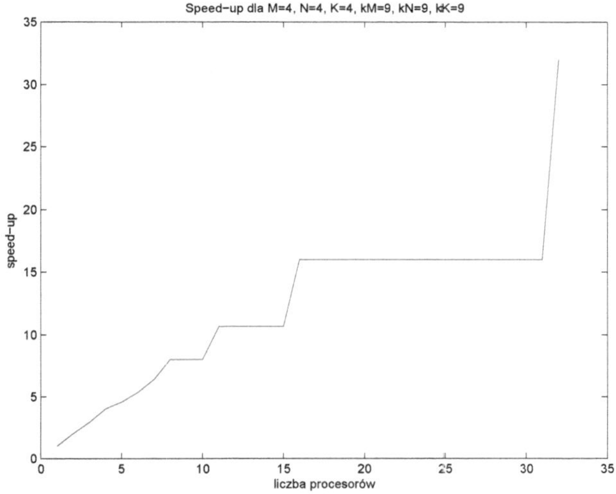

(b) algorytm z nieciągłymi wartościami na szkielecie

Rysunek 3.23: Speed-up jednopoziomowej metody Dirichleta-Neumanna w 3D dla podziału na 64 podobszary i 42875 niewiadome.

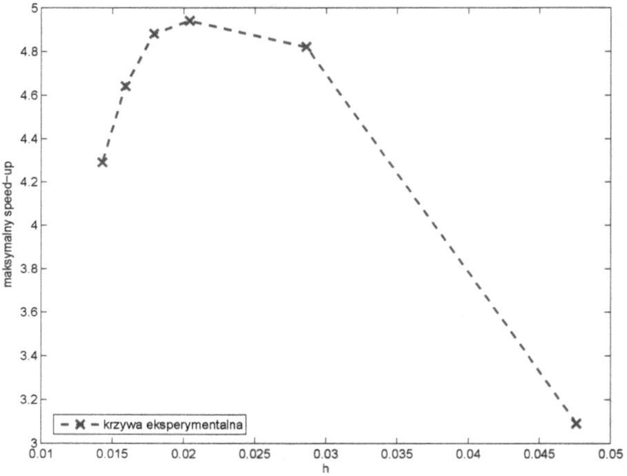

(a) algorytm z ciągłymi wartościami na szkielecie

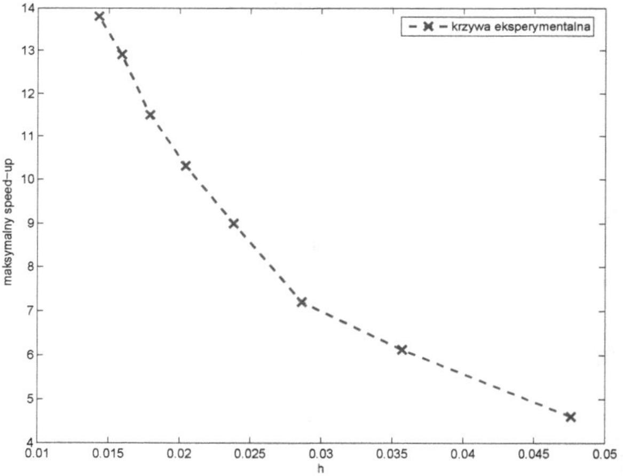

(b) algorytm z nieciągłymi wartościami na szkielecie

Rysunek 3.24: Wykres zależności maksymalnego speed-up od parametru h drobnej triangulacji dla jednopoziomowej metody Dirichleta-Neumanna w 3D przy ustalonym stosunku $H/h = 7$.

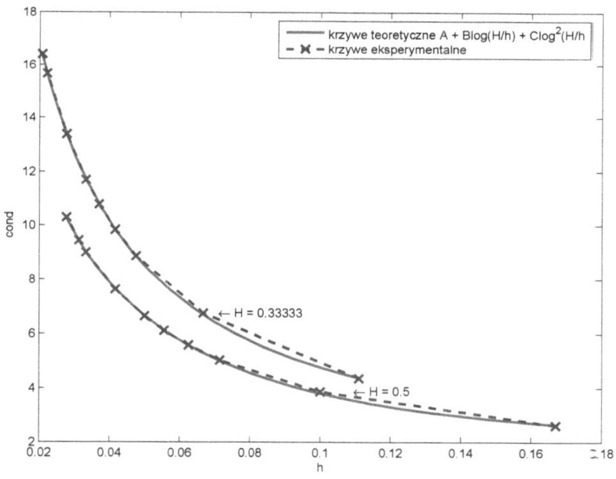

Rysunek 3.25: Porównanie teoretycznych i eksperymentalnych wartości wskaźnika uwarunkowania zadania z elementami mieszanymi w zależności od parametru drobnej siatki h przy ustalonej wielkości parametru grubej siatki $H \in \{1/2, 1/3\}$.

Tablica 3.11: Wyniki działania jednopoziomowego algorytmu Dirichleta-Neumanna szukania przybliżenia dokładnego rozwiązania $u(x,y,z) = 10^4 x\,(x-1)\left(x-\frac{1}{2}\right) y\,(y-1)\left(y-\frac{1}{3}\right) z\,(z-1)\left(z-\frac{1}{4}\right)$ przy stałym parametrze H – wersja z elementami mieszanymi i liczbą podobszarów $N \in \{8, 27\}$.

h	n	iter	cond	e_T^{avg}	$e_{\max}$	e_{l^2}	t_{sek}	t_{par}	$s_{\max}$
$N = 2^3 = 8$, H = 1/2									
1.67e-01	125	9	2.6113311e+00	2.2719831e-01	9.9433158e-01	2.4910642e+00	1.5806956e+00	9.0018201e-01	3.59
1.00e-01	729	10	3.8656072e+00	2.8347792e-01	1.3610399e+00	6.8867925e+00	1.6959949e+00	8.4525310e-01	3.88
7.14e-02	2197	11	5.0282807e+00	2.9403774e-01	1.4748389e+00	1.2748659e+01	4.5901543e+00	2.2830155e+00	3.50
6.25e-02	3375	11	5.5813180e+00	3.1707649e-01	1.5297819e+00	1.6134267e+01	8.1610517e+00	3.7572250e+00	3.58
5.56e-02	4913	12	6.1180380e+00	3.1803895e-01	1.6083343e+00	1.9789433e+01	1.5214970e+01	6.2835615e+00	3.87
5.00e-02	6859	12	6.6369967e+00	3.2946563e-01	1.6556866e+00	2.3695399e+01	2.7556807e+01	1.0404422e+01	4.16
4.17e-02	12167	12	7.6278660e+00	3.4771951e-01	1.7555052e+00	3.2200758e+01	8.7398236e+01	2.8549219e+01	4.77
3.33e-02	24389	13	9.0134363e+00	3.6326041e-01	1.8481405e+00	4.6525458e+01	4.4054125e+02	1.2643301e+02	5.57
3.13e-02	29791	14	9.4531403e+00	3.7512227e-01	1.8854724e+00	5.1683381e+01	7.3087427e+02	2.0438926e+02	5.79
2.78e-02	42875	14	1.0298073e+01	3.8676766e-01	1.9297520e+00	6.2532889e+01	1.6498762e+03	4.5202052e+02	5.93
$N = 3^3 = 27$, H = 1/3									
1.11e-01	512	11	4.3649718e+00	3.1358506e-01	2.2448389e+00	5.9301186e+00	4.3281529e+00	1.0107072e+00	18.3
6.67e-02	2744	14	6.7451549e+00	3.8702444e-01	2.8176014e+00	1.7646180e+01	4.7965046e+00	1.7768932e+00	12.8
4.76e-02	8000	16	8.8762915e+00	4.2635793e-01	3.0407532e+00	3.3411895e+01	1.3128597e+01	3.6500877e+00	12.2
4.17e-02	12167	16	9.8417940e+00	4.4476657e-01	3.1001244e+00	4.2543140e+01	2.4874620e+01	5.6609809e+00	12.3
3.70e-02	17576	17	1.0778526e+01	4.6020621e-01	3.1571818e+00	5.2414295e+01	4.9992177e+01	9.1927872e+00	13.3
3.33e-02	24389	18	1.1697805e+01	4.7942228e-01	3.1814979e+00	6.2973922e+01	9.7303596e+01	1.4164668e+01	14.5
2.78e-02	42875	19	1.3383904e+01	5.0135236e-01	3.2381941e+00	8.5996751e+01	3.4037219e+02	3.5438264e+01	17.3
2.22e-02	85184	20	1.5658495e+01	5.2440525e-01	3.2765572e+00	1.2483123e+02	1.8273647e+03	1.3676947e+02	20.5
2.08e-02	103823	21	1.6410868e+01	5.2598865e-01	3.2857635e+00	1.3882714e+02	2.9713974e+03	2.0965715e+02	21.3

Tablica 3.12: Wyniki działania jednopoziomowego algorytmu Dirichleta-Neumanna szukania przybliżenia dokładnego rozwiązania $u(x,y,z) = 10^4 x\,(x-1)\left(x-\frac{1}{2}\right) y\,(y-1)\left(y-\frac{1}{3}\right) z\,(z-1)\left(z-\frac{1}{4}\right)$ przy stałym parametrze H - wersja z elementami mieszanymi i liczbą podobszarów $N > 27$.

h	n	iter	cond	e_T^{avg}	$e_{\max}$	e_{l^2}	t_{sek}	t_{par}	$s_{\max}$
$N = 5^3 = 125$, H = 1/5									
6.67e-02	2744	15	9.6233643e+00	4.1174868e-01	2.3282052e+00	1.4081579e+01	1.1271533e+01	1.6788327e+00	89.60
4.00e-02	13824	19	1.5773521e+01	4.8534413e-01	2.7604583e+00	4.2179561e+01	2.7083750e+01	6.7307158e+00	64.77
3.33e-02	24389	20	1.8501697e+01	5.0960061e-01	2.8518432e+00	5.9919656e+01	4.8372474e+01	1.1715843e+01	56.73
2.86e-02	39304	21	2.1055858e+01	5.2981017e-01	2.9287670e+00	7.9731621e+01	9.2154937e+01	1.9042184e+01	52.81
2.00e-02	117649	24	2.7922588e+01	5.7267658e-01	3.0996288e+00	1.4988014e+02	7.1679258e+02	5.8642036e+01	59.83
1.67e-02	205379	26	3.1948109e+01	5.9071831e-01	3.1671783e+00	2.0441414e+02	2.7041646e+03	1.2194818e+02	74.12
1.33e-02	405224	28	3.7373567e+01	6.1142957e-01	3.2294615e+00	2.9631319e+02	1.4161694e+04	3.3596077e+02	88.97
$N = 8^3 = 512$, H = 1/8									
4.17e-02	12167	21	2.2731086e+01	5.1876619e-01	2.6254123e+00	2.9766499e+01	6.6838819e+01	1.2266677e+01	328.5
2.50e-02	59319	26	3.7627175e+01	5.9439923e-01	3.1805535e+00	8.8860634e+01	2.0648035e+02	6.9217628e+01	180.0
2.08e-02	103823	28	4.4241768e+01	6.1366209e-01	3.2726012e+00	1.2603158e+02	4.0115011e+02	1.2672316e+02	149.6
1.79e-02	166375	30	5.0513326e+01	6.3464611e-01	3.3240008e+00	1.6748209e+02	7.8198480e+02	2.0608382e+02	135.2
1.25e-02	493039	34	6.6759430e+01	6.6754912e-01	3.3935826e+00	3.1398793e+02	6.1959077e+03	6.9067142e+02	138.3
1.04e-02	857375	36	7.6174087e+01	6.8511200e-01	3.4215762e+00	4.2774354e+02	2.1140381e+04	1.2678519e+03	184.4
$N = 10^3 = 1000$, H = 1/10									
3.33e-02	24389	24	3.4136758e+01	5.8295265e-01	2.7876671e+00	4.2068874e+01	1.7591913e+02	4.9776020e+01	494.1
2.00e-02	117649	31	5.7206420e+01	6.4603406e-01	3.3515400e+00	1.2542772e+02	7.2135317e+02	3.5130614e+02	196.9
1.67e-02	205379	34	6.7669727e+01	6.6635493e-01	3.4254170e+00	1.7780842e+02	1.4937562e+03	6.8262667e+02	151.8
1.43e-02	328509	36	7.6859329e+01	6.8157346e-01	3.4624778e+00	2.3619640e+02	3.0595203e+03	1.1251925e+03	131.0
1.00e-02	970299	41	1.0108891e+02	7.1581173e-01	3.5009914e+00	4.4246850e+02	2.1583773e+04	4.0028075e+03	127.6

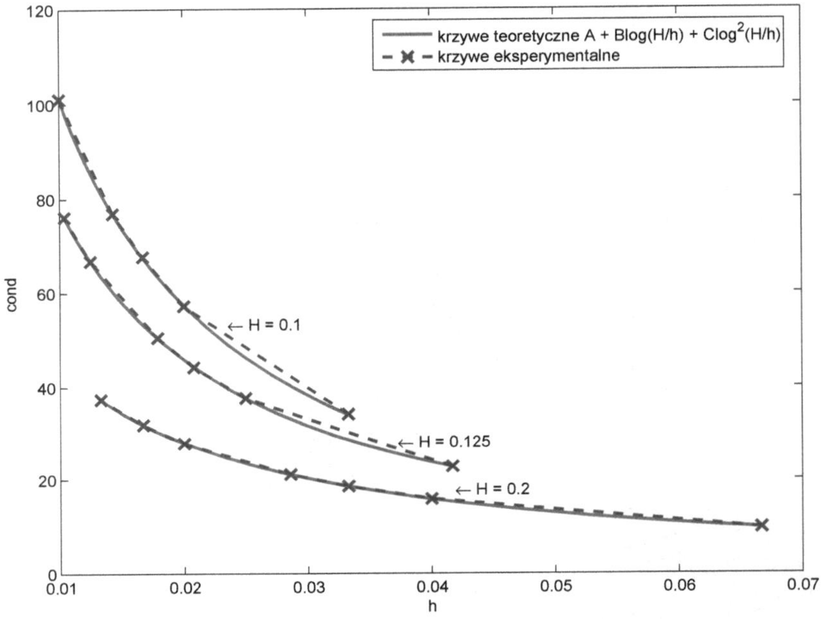

Rysunek 3.26: Porównanie teoretycznych i eksperymentalnych wartości wskaźnika uwarunkowania zadania z elementami mieszanymi w zależności od parametru drobnej siatki h przy ustalonej wielkości parametru grubej siatki $H < 1/3$.

W drugiej serii testów ustalonym parametrem było h (patrz rys. 3.16). Wyniki eksperymentów numerycznych zebrane są w tabeli 3.13. Do zawartych tam danych dopasowane zostały liniową metodą najmniejszych kwadratów krzywe teoretyczne:

$$H^{-2}\left(A + B\log H + C\log^2 H\right), \tag{3.169}$$

gdzie stałe A, B, C nie zależą od parametru grubej siatki H. Wykresy krzywych eksperymentalnych i teoretycznych przedstawione są na rysunku 3.27.

Tablica 3.13: Wyniki działania jednopoziomowego algorytmu Dirichleta-Neumanna szukania przybliżenia dokładnego rozwiązania $u(x, y, z) = 10^4 x\,(x-1)\left(x-\frac{1}{2}\right) y\,(y-1)\left(y-\frac{1}{3}\right) z\,(z-1)\left(z-\frac{1}{4}\right)$ przy stałym parametrze h – wersja z mieszanymi elementami.

H	N	iter	cond	e_T^{avg}	$e_{\max}$	e_{l^2}	t_{sek}	t_{par}	$s_{\max}$
n = 12167, h = 4.1666667e-02									
1/2	8	12	7.6278660e+00	3.4771951e-01	1.7555052e+00	3.2200758e+01	8.7398236e+01	2.8549219e+01	4.7674
1/3	27	16	9.8417940e+00	4.4476657e-01	3.1001244e+00	4.2543140e+01	2.4874620e+01	5.6609809e+00	12.342
1/4	64	17	1.2533311e+01	4.6014422e-01	2.9976139e+00	4.1467462e+01	1.9533641e+01	5.0935969e+00	30.189
1/6	216	19	1.7793373e+01	5.0115781e-01	3.0736256e+00	3.5919425e+01	3.3062008e+01	7.5368191e+00	122.59
1/8	512	21	2.2731086e+01	5.1876619e-01	2.6254123e+00	2.9766499e+01	6.6838819e+01	1.2266677e+01	328.53
1/12	1728	23	3.0130960e+01	5.4915326e-01	1.7134942e+00	1.8574743e+01	2.0591658e+02	3.0231347e+01	1213.3
n = 103823, h = 2.0833333e-02									
1/4	64	22	2.1528397e+01	5.3924531e-01	3.3264075e+00	1.4190268e+02	1.0189235e+03	5.9211904e+01	40.046
1/6	216	25	3.2793170e+01	5.8422645e-01	3.3111344e+00	1.3572118e+02	4.0461718e+02	6.4103191e+01	81.496
1/8	512	28	4.4241768e+01	6.1366209e-01	3.2726012e+00	1.2603158e+02	4.0115011e+02	1.2672316e+02	14.957
1/12	1728	33	6.5298608e+01	6.6162267e-01	3.1306026e+00	1.0553546e+02	9.9191611e+02	5.4054567e+02	34.293
1/16	4096	37	8.0861786e+01	6.8894192e-01	2.8005546e+00	8.6238722e+01	2.5170351e+03	1.6453063e+03	63.647
n = 205379, h = 1.6666667e-02									
1/5	125	26	3.1948109e+01	5.9071831e-01	3.1671783e+00	2.0441414e+02	2.7041646e+03	1.2194818e+02	74.120
1/6	216	27	3.8957990e+01	6.0789220e-01	3.3383292e+00	2.0041761e+02	1.6380287e+03	1.3925096e+02	89.219
1/10	1000	34	6.7669727e+01	6.6635493e-01	3.4254170e+00	1.7780842e+02	1.4937562e+03	6.8262667e+02	151.76
1/12	1728	36	7.9575075e+01	6.8812759e-01	3.2815983e+00	1.6579684e+02	2.1557230e+03	1.2529003e+03	210.97
1/15	3375	40	9.4515920e+01	7.0953617e-01	3.1950162e+00	1.4822173e+02	4.0933591e+03	2.8662719e+03	326.00

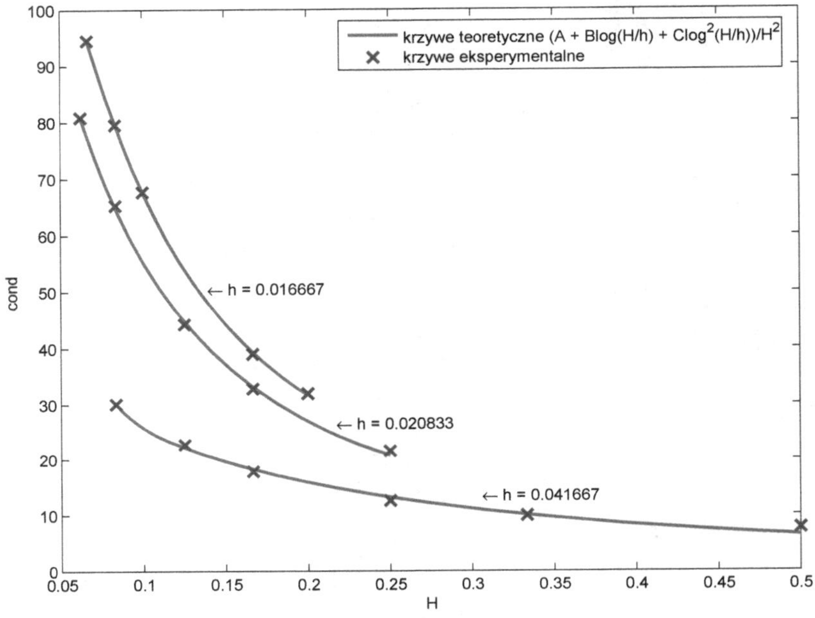

Rysunek 3.27: Porównanie teoretycznych i eksperymentalnych wartości wskaźnika uwarunkowania zadania z elementami mieszanymi w zależności od parametru grubej siatki H przy ustalonej wielkości parametru drobnej siatki h.

Przy ustalonym stosunku H/h parametrów triangulacji (patrz rys. 3.19) przeprowadzona została trzecia seria testów, której wyniki zebrane są w tabeli 3.14. Do danych eksperymentalnych dopasowane zostały krzywe teoretyczne postaci:

$$H^{-2}C, \tag{3.170}$$

gdzie stała C nie zależy od parametrów H i h. Otrzymane wykresy przedstawione są na rysunku 3.28. Wszystkie z trzech przeprowadzonych serii testów numerycz-

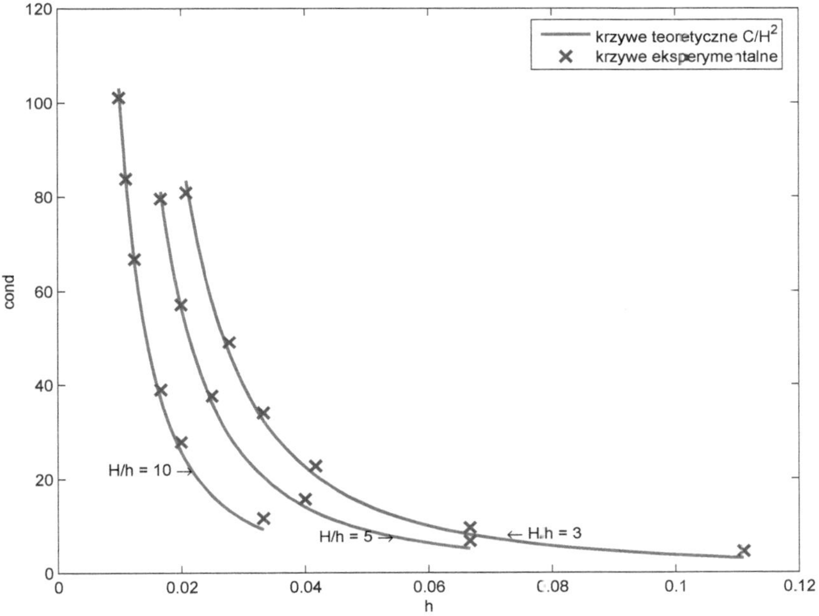

Rysunek 3.28: Porównanie teoretycznych i eksperymentalnych wartości wskaźnika uwarunkowania zadania z elementami mieszanymi w zależności od parametru grubej siatki H przy ustalonym stosunku H/h.

nych potwierdzają oszacowanie otrzymane w twierdzeniu 3.4, to jest

$$\mathrm{cond}(T) \leq CH^{-2}\left(1 + \log\frac{H}{h}\right)^2.$$

Tablica 3.14: Wyniki działania jednopoziomowego algorytmu Dirichleta-Neumanna szukania przybliżenia dokładnego rozwiązania $u(x,y,z) = 10^4 x(x-1)\left(x-\frac{1}{2}\right) y(y-1)\left(y-\frac{1}{3}\right) z(z-1)\left(z-\frac{1}{4}\right)$ przy stałym stosunku $\frac{H}{h}$ - wersja z mieszanymi elementami.

h	n	iter	cond	e_T^{avg}	$e_{\max}$	e_{l^2}	t_{sek}	t_{par}	$s_{\max}$
H/h = 3									
1.11e-01	512	11	4.3649718e+00	3.1358506e-01	2.2448389e+00	5.9301186e+00	4.3281529e+00	1.0107072e+00	18.34
6.67e-02	2744	15	9.6233643e+00	4.1174868e-01	2.3282052e+00	1.4081579e+01	1.1271533e+01	1.6788327e+00	89.60
4.17e-02	12167	21	2.2731086e+01	5.1876619e-01	2.6254123e+00	2.9766499e+01	6.6838819e+01	1.2266677e+01	328.5
3.33e-02	24389	24	3.4136758e+01	5.8295265e-01	2.7876671e+00	4.2068874e+01	1.7591913e+02	4.9776020e+01	494.2
2.78e-02	42875	29	4.9017734e+01	6.2304951e-01	2.7479130e+00	5.5651806e+01	4.4280418e+02	1.7801186e+02	614.7
2.08e-02	103823	37	8.0861786e+01	6.8894192e-01	2.8005546e+00	8.6238722e+01	2.5170351e+03	1.6453063e+03	636.5
H/h = 5									
6.67e-02	2744	14	6.7451549e+00	3.8702444e-01	2.8176014e+00	1.7646180e+01	4.7965046e+00	1.7768932e+00	12.78
4.00e-02	13824	19	1.5773521e+01	4.8534413e-01	2.7604583e+00	4.2179561e+01	2.7083750e+01	6.7307158e+00	64.77
2.50e-02	59319	26	3.7627175e+01	5.9439923e-01	3.1805535e+00	8.8860634e+01	2.0648035e+02	6.9217628e+01	180.0
2.00e-02	117649	31	5.7206420e+01	6.4603406e-01	3.3515400e+00	1.2542772e+02	7.2135317e+02	3.5130614e+02	196.9
1.67e-02	205379	36	7.9575075e+01	6.8812759e-01	3.2815983e+00	1.6579684e+02	2.1557230e+03	1.2529003e+03	211.0
H/h = 10									
3.33e-02	24389	18	1.1697805e+01	4.7942228e-01	3.1814979e+00	6.2973922e+01	9.7303596e+01	1.4164668e+01	14.50
2.00e-02	117649	24	2.7922588e+01	5.7267658e-01	3.0996288e+00	1.4988014e+02	1.1951376e+03	9.7372381e+01	60.59
1.67e-02	205379	27	3.8957990e+01	6.0789220e-01	3.3383292e+00	2.0041761e+02	1.6380287e+03	1.3925096e+02	89.22
1.25e-02	493039	34	6.6759430e+01	6.6754912e-01	3.3935826e+00	3.1398793e+02	6.1959077e+03	6.9067142e+02	138.3
1.11e-02	704969	38	8.3802191e+01	6.9618016e-01	3.3807888e+00	3.7647251e+02	1.1961551e+04	1.8660577e+03	127.3
1.00e-02	970299	41	1.0108891e+02	7.1581173e-01	3.5009914e+00	4.4246850e+02	2.1583773e+04	4.0028075e+03	127.6

3.5 Lematy pomocnicze

W podrozdziale tym zostały zebrane definicje i lematy, które zostały wykorzystane do konstrukcji i analizy metod Dirichleta-Neumanna w trzech wymiarach opisanych w tym rozdziale. Zaczniemy od przytoczenia lematów związanych ze ścianami, krawędziami i wierzchołkami podobszarów. Pierwszy lemat jest nieco mniej rozbudowaną wersją lematu 4.26 z [45]. Przytoczymy go tutaj bez dowodu.

Lemat 3.3
Rozpatrzmy konforemną i regularną triangulację $\mathcal{T}^h(\Omega_i)$ wielościanu $\Omega_i \subset \mathbb{R}^3$ o średnicy H_i. Niech $\mathcal{F}$ będzie jedną z jego ścian. Wówczas dla funkcji $v \in V_h(\Omega_i)$:

$$\|v\|^2_{H^{1/2}_{00}(\mathcal{F})} \leq C\left(1+\log\frac{H_i}{h}\right)^2 \|v\|^2_{H^{1/2}(\partial\Omega_i)}.$$

Przypomnijmy wprowadzone w podrozdziale 2.5 definicje kawałkami liniowych i ciągłych na szkielecie funkcji $\theta_\mathcal{E}$ i $\theta_\mathcal{V}$, które zerują się we wszystkich punktach nodalnych szkieletu poza tymi, które należą odpowiednio do krawędzi $\mathcal{E}$ lub są równe wierzchołkowi $\mathcal{V}$, w których przyjmują wartość jeden. Dla uproszczenia zapisu będziemy używać oznaczeń $\mathcal{H}_i\theta_\mathcal{E}u$ i $\mathcal{H}_i\theta_\mathcal{V}u$ na rozszerzenie dyskretnie harmoniczne funkcji zadanej na brzegu $\partial\Omega_i$ podobszaru Ω_i przez wartości funkcji u odpowiednio na krawędzi $\mathcal{E}$ i w wierzchołku $\mathcal{V}$ w miejsce $\mathcal{H}_i\left(I^h\left(\theta_\mathcal{E}u\right)\right)$ i $\mathcal{H}_i\left(I^h\left(\theta_\mathcal{V}u\right)\right)$. Określony na punktach nodalnych drobnej siatki $\mathcal{T}^h(\Omega)$ interpolant I^h jest kawałkami liniowy i ciągły. Dodatkowo wprowadzimy definicję funkcji $\theta_\mathcal{F} \in V_h(\Gamma)$, która przyjmuje wartość jeden w wewnętrznych punktach nodalnych ściany $\mathcal{F}$, a znika we wszystkich pozostałych punktach nodalnych szkieletu. Tak jak dla funkcji $\theta_\mathcal{E}$ i $\theta_\mathcal{V}$ przyjmiemy oznaczenie:

$$\mathcal{H}_i\theta_\mathcal{F}u := \mathcal{H}_i\left(I^h\left(\theta_\mathcal{F}u\right)\right). \tag{3.171}$$

Wprowadzone powyżej definicje i oznaczenia wykorzystamy w sformułowaniu kolejnych lematów. Następny z nich podaje oszacowanie wyrazów związanych z krawędziami podobszarów. Stanowi on połączenie lematów 4.16 i 4.19 z książki [45].

Lemat 3.4

Rozpatrzmy konforemną i regularną triangulację $\mathcal{T}^h(\Omega_i)$ wielościanu $\Omega_i \subset \mathbb{R}^3$ o średnicy H_i. Niech $\mathcal{E}$ będzie jedną z jego krawędzi. Dla każdej funkcji v z przestrzeni $V_h(\Omega_i)$ przez $\overline{v}_{\mathcal{E}}$ oznaczmy jej wartość średnią całkową na krawędzi $\mathcal{E}$. Wówczas

$$|\mathcal{H}_i\theta_{\mathcal{E}}v|^2_{H^{1/2}(\partial\Omega_i)} \le C\left(1+\log\frac{H_i}{h}\right)\|v\|^2_{H^{1/2}(\partial\Omega_i)}$$

oraz

$$|\mathcal{H}_i\theta_{\mathcal{E}}\left(v-\overline{v}_{\mathcal{E}}\right)|^2_{H^{1/2}(\partial\Omega_i)} \le C\left(1+\log\frac{H_i}{h}\right)|v|^2_{H^{1/2}(\partial\Omega_i)}.$$

Za [45, lemat 4.21]) podamy także przydatną niestandardową wersję nierówności typu Poincaré (patrz A.1 w dodatku A):

Lemat 3.5

Rozpatrzmy konforemną i regularną triangulację $\mathcal{T}^h(\Omega_i)$ wielościanu $\Omega_i \subset \mathbb{R}^3$ o średnicy H_i. Niech $\mathcal{E}$ będzie jedną z jego krawędzi. Dla każdej funkcji v z przestrzeni $V_h(\Omega_i)$ przez $\overline{v}_{\mathcal{E}}$ oznaczmy jej wartość średnią całkową na krawędzi $\mathcal{E}$. Wówczas

$$\|v-\overline{v}_{\mathcal{E}}\|^2_{L^2(\partial\Omega_i)} \le CH_i\left(1+\log\frac{H_i}{h}\right)|v|^2_{H^{1/2}(\partial\Omega_i)}.$$

Następny lemat zawiera oszacowanie funkcji opartych na wartości w wierzchołku:

Lemat 3.6

Rozpatrzmy konforemną i regularną triangulację $\mathcal{T}^h(\Omega_i)$ wielościanu $\Omega_i \subset \mathbb{R}^3$ o średnicy H_i. Niech $\mathcal{V}$ będzie wierzchołkiem podobszaru Ω_i. Wówczas dla funkcji $v \in V_h(\Omega_i)$:

$$|\mathcal{H}_i\theta_{\mathcal{V}}u|^2_{H^{1/2}(\partial\Omega_i)} \le C\left(1+\log\frac{H_i}{h}\right)\|v\|^2_{H^{1/2}(\partial\Omega_i)}.$$

Dowód tego lematu jest podobny do dowodu lematu 3.4 i opiera się na nierówności odwrotnej oraz równoważności między normami $\|u\|^2_{L^2(\Omega_i)}$ i $h\,\|u\|^2_{L^2(\mathcal{W}_i)}$ dla funkcji u należących do przestrzeni elementu skończonego, gdzie

$$\mathcal{W}_i = \bigcup_{\mathcal{E}\in\mathcal{E}_i}\overline{\mathcal{E}}. \tag{3.172}$$

Przejdziemy teraz do podania oszacowań związanych z kawałkami liniowym, ciągłym interpolantem określonym na wierzchołkach siatki $\mathcal{T}^H(\Omega)$:

$$I^H : V^h(\Omega) \rightarrow V^H(\Omega).$$

Lemat ten podajemy bez dowodu za [45, lemat 4.12].

Lemat 3.7

Rozpatrzmy zgodne, konforemne i regularne triangulacje $\mathcal{T}^H(\Omega)$ i $\mathcal{T}^h(\Omega)$ wielościanu $\Omega \subset \mathbb{R}^3$, gdzie $h \leq H$. Niech I^H będzie kawałkami liniowym, ciągłym interpolantem opartym na podziale obszaru Ω na wielościany. Istnieje wówczas taka stała C, niezależna od wielkości podobszarów, że dla funkcji $v \in V_h(\Omega_i)$:

$$\left|I^H v\right|^2_{H^1(\Omega_i)} \leq C\frac{H}{h} |v|^2_{H^1(\Omega_i)}$$

oraz

$$\left\|v - I^H v\right\|^2_{L^2(\Omega_i)} \leq C\frac{H}{h} H^2 |v|^2_{H^1(\Omega_i)}.$$

W dwóch wymiarach oszacowania dla interpolantu I^H nie zależały od stosunku $\frac{H}{h}$, a tylko od logarytmu od tego stosunku (porównaj lemat 2.4). W trzech wymiarach dostajemy liniową zależność od $\frac{H}{h}$, więc użycie w analizie zbieżności algorytmu tego operatora prowadziłoby do uzyskania ograniczenia, które nie byłoby optymalne. Przypomnijmy bowiem, że w projektowanych optymalnych algorytmach dopuszczamy co najwyżej polilogarytmiczną zależność od liczby podobszarów (patrz podrozdział 1.3). Znane są operatory, dla których można uzyskać lepsze oszacowania niż w lemacie 3.7 (porównaj na przykład operatory Q^H z lematu 4.14 czy $\widetilde{I}^H$ z podrozdziału 3.5 w [45]). Na potrzeby analizy algorytmu z podrozdziału 3.1 zdefiniujmy własny *quasi-interpolant* $\widetilde{I}_i^H$ określony dla danego podobszaru Ω_i oraz funkcji $v \in V(\Gamma)$ następująco:

$$\widetilde{I}_i^H v = \max_{j \in \mathcal{N}_i \cap \mathcal{N}_N} \overline{v}_j, \tag{3.173}$$

gdzie

$$\overline{v}_j = \frac{1}{|\partial\Omega_j|} \int_{\partial\Omega_j} v(x)\, dx, \tag{3.174}$$

jest średnią całkową z funkcji v po brzegu podobszaru Ω_i, a $|\partial\Omega_i|$ oznacza miarę zbioru $\partial\Omega_i$. W lemacie 3.1 podane zostały oszacowania związane z tak zdefiniowanym quasi-interpolantem.

4 Zastosowania metod Dirichleta-Neumanna w zagadnieniach parabolicznych

Opisane w poprzednich rozdziałach metody Dirichleta-Neumanna w zamierzeniu służą do rozwiązywania zagadnień powstałych w wyniku dyskretyzacji eliptycznych równań różniczkowych cząstkowych. W wielu miejscach monografii znajdują się informacje na temat możliwych uogólnień samej metody uwzględniających osłabienie różnych założeń związanych głównie z obszarem, jego brzegiem oraz triangulacjami. Możliwie są również generalizacje związane z samym równaniem, np. poprzez rezygnację z ciągłości czy symetryczności współczynników. W tym rozdziale przedstawiony zostanie inny rodzaj uogólnienia metody poprzez rozszerzenie zakresu jej stosowalności. Krótko opisana zostanie idea, jak można zastosować metody Dirichleta-Neumanna do rozwiązywania dyskretyzacji parabolicznych równań różniczkowych cząstkowych. Przedstawiony zostanie również jednowymiarowy przykład takiego zagadnienia, które często pojawia się w praktyce obliczeniowej z dziedziny matematyki finansowej.

4.1 Schematy różnicowe dla równań parabolicznych

W celu przedstawienia idei stosowalności metod Dirichleta-Neumanna do rozwiązywania zagadnień parabolicznych ograniczymy się do opisu modelowego zagadnienia parabolicznego drugiego rzędu. W miejsce uogólnionej definicji, jak w przypadku zagadnienia eliptycznego (2.1), przedstawimy sformułowanie zagadnienia początkowo-brzegowego w postaci operatorowej, na którą łatwiej będzie przełożyć klasyczny model Blacka-Scholesa opisany w następnym podrozdziale. Będziemy rozpatrywać zagadnienie (za [40]):

dla danego ograniczonego obszaru $\Omega \subset \mathbb{R}^d$, dla $d = 1, 2$

znaleźć $u \in [0, T] \times \Omega$ takie, że:

$$\begin{cases} \frac{\partial u}{\partial t} + Lu = f & \text{dla } (t, x) \in (0, T] \times \Omega, \\ Bu = g, & \text{na } (0, T] \times \partial\Omega, \\ u_{|t=0} = u_0, & \text{na } \Omega, \end{cases} \qquad , \tag{4.1}$$

gdzie $f = f(t, x)$, $g = g(t, x)$ i $u_0 = u_0(x)$ są danymi funkcjami określającymi warunki początkowo-brzegowe, operator L jest eliptyczny (według definicji z poprzednich rozdziałów monografii), zaś operator B odpowiada za ograniczenia brzegowe nałożone na rozwiązanie. Dodatkowo zakładamy, że brzeg obszaru Ω jest lipschitzowsko ciągły (zob. [1]). Twierdzenia dotyczące istnienia oraz jednoznaczności rozwiązań zagadnienia (4.1) można znaleźć w wielu pozycjach książkowych, m.in. [22], [31].

W tym rozdziale skupimy się na przedstawieniu idei rozwiązywania zagadnień parabolicznych bez wchodzenia w szczegóły teorii oraz implementacji. Nie licząc analitycznych sposobów rozwiązywania zagadnień parabolicznych, sposoby przybliżone stosowane w praktyce opierają się o rozwiązanie dyskretyzacji zagadnienia. W odróżnieniu jednak od zagadnień eliptycznych dyskretyzacji musi podlegać zarówno komponent przestrzenny, jak i czasowy. Oba te komponenty mogą być rozpatrywane niezależnie. W przypadku części przestrzennej zagadnienia (4.1) istnieje kilka popularnych sposobów dyskretyzacji, przede wszystkim

- metoda różnic skończonych,
- metoda elementu skończonego,
- metoda spektralna.

W rozdziałach monografii poświęconych zagadnieniom eliptycznym wykorzystywana była druga z metod, to jest MES. Można ją zastosować praktycznie bez wielkich zmian również w tym przypadku. Dyskretyzacji podlegać będą zarówno przestrzeń rozwiązań (część przestrzenna), operatory (L, B), jak również warunki początkowo-brzegowe (f, g, u_0). Analogicznie jak w przypadku zagadnienia eliptycznego, po tym kroku dyskretyzacji otrzymujemy następującą postać głównego równania zagadnienia (4.1)

$$\frac{\partial u_h}{\partial t} + L_h u_h = f_h \text{ dla } t \in (0, T], \tag{4.2}$$

przy czym rozwiązaniem jest funkcja $u_h\colon [0, T] \to V_h(\Omega)$.

Kolejnym krokiem jest dyskretyzacja przedziału czasowego, która zważywszy na tylko jeden wymiar oraz ciągły zakres zmiennej czasowej (przedział domknięty), jest zadaniem łatwym w porównaniu do dyskretyzacji obszaru przestrzennego. Tak postawione zagadnienie dyskretne można rozwiązać jedną z wielu opracowanych przez lata metod (porównaj [40]). Do klasycznych metod należy z pewnością zaliczyć schematy ze stałym krokiem całkowania dla równań różniczkowych zwyczajnych. Z najprostszych, a zarazem często stosowanych klasycznych schematów można wymienić schemat zamknięty Eulera oraz schemat Cranka-Nicolsona. Kluczowa część obu wymienionych schematów opiera się na rozwiązywaniu na każdej warstwie czasowej układu liniowych równań algebraicznych powstałych w wyniku dyskretyzacji komponentu przestrzennego. Przedstawmy dokładniej ideę tych schematów numerycznych.

Rozważmy równomierną dyskretyzację przedziału czasowego $[0, T]$ na M części. Oznaczmy poszczególne warstwy czasowe przez $t_0, t_1, \ldots, t_M$. Poszczególne kroki schematu można przedstawić w następujący sposób:

1. na podstawie warunku początkowego u_0 (znane wartości rozwiązania w war-

stwie czasowej dla $t = 0$) oraz danych warunków brzegowych wyznacz wartości u_1 dla warstwy czasowej w t_1; wymaga to rozwiązania dyskretnego zagadnienia eliptycznego,

2. dla $i = 1, 2, \ldots, M - 1$ wykonaj:
   na podstawie obliczonego w poprzednim kroku przybliżenia rozwiązania u_i wyznacz, z uwzględnieniem warunków brzegowych, wartości u_{i+1} dla $t = i + 1$; wymaga to rozwiązania układu liniowych równań algebraicznych.

Działanie schematu sprowadza się zatem do wielokrotnego rozwiązania zagadnień eliptycznych. Metody Dirichleta-Neumanna, które zostały opisane w poprzednich rozdziałach tej monografii, stanowią jedną z propozycji sposobów rozwiązywania tych układów równań na każdej z warstw czasowych. Wszystkie ich zalety opisane do tej pory, ze względu na wielokrotne ich wykonywanie (liczba obliczeń zależy od kroku dyskretyzacji przedziału czasowego) stają się bardziej wyraźne.

Schematy różnią się między sobą dokładnością aproksymacji, szybkością obliczeń, a przede wszystkim stabilnością. Wybór odpowiedniego schematu wykracza poza zakres tematyczny tej monografii. Bliższe informacje na temat schematów rozwiązywania równań różniczkowych można znaleźć np. w [33] lub [8]. Najważniejszą kwestią, z punktu widzenia tej monografii, jest przydatność rozwiązywania zagadnień eliptycznych przy rozwiązywaniu zagadnień parabolicznych – stanowią one najbardziej złożony obliczeniowo etap metody, stąd poprawienie szybkości działania lub dokładności takiego etapu przełoży się bezpośrednio na przyspieszenie lub poprawę jakości aproksymacji całej metody.

Teoria oraz opisy eksperymentów numerycznych związanych z rozwiązywaniem dyskretyzacji zagadnień eliptycznych z wykorzystaniem metod typu Dirichleta-Neumanna zostały dokładnie przedstawione w poprzednich rozdziałach. Dla pełniejszego obrazu omawianej tematyki, w ostatnim podrozdziale tej monografii zarysowany zostanie problem z pogranicza teorii równań różniczkowych cząstkowych i matematyki finansowej. Problem ten, bez wchodzenia w teoretyczne szczegóły, ma w zamierzeniu poszerzyć wiedzę na temat rozwiązywania równań różniczkowych poprzez przedstawienie kontekstu, w jakim metody i algorytmy rozwiązywania wykorzystywane są w praktyce obliczeniowej.

4.2 Jednowymiarowy model Blacka-Scholesa

Zastosowania równań różniczkowych cząstkowych można znaleźć w wielu dziedzinach nauki. Klasycznie podawane przykłady wywodzą się na ogół z fizyki. I tak najpopularniejszym przykładem równania eliptycznego jest równanie Poissona lub jego szczególny – jednorodny – przypadek: równanie Laplace'a. Opisują one m.in. potencjał pola grawitacyjnego czy pola elektrostatycznego. Najczęściej podawanym fizycznym przykładem równania parabolicznego jest równanie przewodnictwa cieplnego (dyfuzji), opisujące przepływ ciepła dla zadanego początkowego stanu oraz przy określonych warunkach brzegowych. Wychodząc poza klasycznie podawane fizyczne przykłady, ten podrozdział monografii poświęcimy na przedstawienie przykładu zastosowania numerycznych metod rozwiązywania równań różniczkowych cząstkowych w matematyce finansowej.

Matematyka finansowa jest bardzo dynamicznie rozwijającą się dziedziną matematyki stosowanej. W ostatnich dziesięcioleciach, a w dwudziestym pierwszym wieku w szczególności, duże znaczenie zyskała inżynieria finansowa, będąca dyscypliną wchodzącą w skład matematyki finansowej. Celem inżynierii finansowej jest analiza instrumentów rynków finansowych, a przede wszystkim modelowanie, pomiar ryzyka i wycena instrumentów pochodnych. Poziom skomplikowania pod względem matematycznym i obliczeniowym zagadnień inżynierii finansowej rośnie wraz ze wzrostem wymagań rynków finansowych. Większy rozmiar danych wejściowych, wymóg dokładniejszej aproksymacji rozwiązań oraz restrykcyjne ograniczenia czasowe stanowią podstawowe motywacje do konstrukcji szybszych i dokładniejszych algorytmów.

Jedną z bardziej znanych pozycji literatury, w której zebrane zostały podstawowe informacje na temat kontraktów terminowych, instrumentów pochodnych oraz opcji jest książka Hulla [26]. W ostatnich latach wydanych zostało wiele monografii traktujących o sposobach rozwiązywania problemów inżynierii finansowej, np. [24], [27], [37], [43].

Kontrakty opcyjne, zwane w skrócie opcjami, to prawo przysługujące nabywcy (posiadaczowi) opcji wobec jej wystawcy (sprzedawcy) do zrealizowania opisanej umową transakcji związanej z kupnem bądź sprzedażą w ustalonym terminie określonej ilości instrumentu podstawowego po ustalonej cenie wykonania. Opcja jest tylko prawem, a nie obowiązkiem realizacji transakcji, stąd posiadacz zrealizuje transakcję tylko, jeżeli będzie to dla niego korzystne. Do podstawowych kontraktów opcyjnych należą tak zwane opcje waniliowe (ang. *plain vanilla option*), w których instrument podstawowy jest kupowany (opcja kupna, ang. *call*) lub sprzedawany (opcja sprzedaży, ang. *put*) w określonej cenie wykonania K. Jeżeli przez S_t oznaczymy cenę instrumentu podstawowego w chwili realizacji opcji t, to wartość opcji można określić wzorem

- dla opcji kupna:

$$(S_t - K)^+ = \max\{S_t - K, 0\}, \tag{4.3}$$

- dla opcji sprzedaży:

$$(K - S_t)^+ = \max\{K - S_t, 0\}. \tag{4.4}$$

Na rynkach finansowych stosowanych jest szereg innych kontraktów opcyjnych zwanych opcjami egzotycznymi. Stanowią one z reguły modyfikacje opcji waniliowych. Do najbardziej znanych należą:

- opcje azjatyckie,
- opcje barierowe,
- opcje lookback,
- opcje binarne.

Definicje, własności teoretyczne oraz szczegóły związane ze stosowaniem i wyceną opcji egzotycznych można znaleźć między innymi w [25] lub [34].

Model Blacka-Scholesa-Mertona jest matematycznym modelem rynków finansowych służącym do wyceny instrumentów pochodnych. Za opublikowane w 1973 roku przez Fischera Blacka i Myrona Scholesa oraz niezależnie od nich przez Roberta Mertona, przełomowe prace zawierające wzór wyceny europejskiej opcji kupna na akcję bez dywidendy autorzy doczekali się w 1997 roku nagrody Nobla z ekonomii[1]. Ten stosunkowo nieskomplikowany matematycznie model jest często wykorzystywany w praktyce mimo, iż jego założenia nie odzwierciedlają rynkowej rzeczywistości. Do założeń modelu Blacka-Scholesa-Mertona należą:

- Brak możliwości arbitrażu na rynku finansowym, czyli zerowe prawdopodobieństwo osiągnięcia zysku bez ryzyka poniesienia straty.
- Brak kosztów transakcyjnych oraz podatków.
- Rynek finansowy działa w sposób ciągły.
- Instrumenty podstawowe są doskonale podzielne.
- Krótkoterminowa wolna od ryzyka stopa procentowa jest stała, a uczestnicy rynku mogą pożyczać i inwestować środki według tej samej wolnej od ryzyka stopy procentowej.
- W okresie ważności opcji akcje bazowe dla danego kontraktu nie przynoszą dywidend.
- Ceny akcji bazowych mają rozkład logarytmiczno-normalny o stałych parametrach μ i σ. Oznacza to, że ceny instrumentów podstawowych S_t są procesami spełniającymi następujące stochastyczne równanie:

$$dS_t = rS_t dt + \sigma S_t dW_t, \tag{4.5}$$

gdzie

  - r jest wysokością stopy procentowej wolnej od ryzyka dla terminu wygaśnięcia opcji (współczynnik dryftu),
  - σ jest współczynnikiem zmienności ceny instrumentu bazowego (współczynnik dyfuzji, ang. *volatility*),
  - W_t jest procesem Wienera (patrz np. [27]).

[1]Formalnie nagrodę Szwedzkiej Akademii Nauk otrzymali Scholes i Merton, gdyż Black zmarł w 1995 roku.

Stosując lemat Ito (patrz [27]) do stochastycznego równania (4.5) otrzymujemy paraboliczne równanie różniczkowe cząstkowe

$$\frac{\partial V(s,t)}{\partial t} + rs\frac{\partial V(s,t)}{\partial s} + \frac{1}{2}\sigma^2 s^2 \frac{\partial^2 V(s,t)}{\partial s^2} - rV(s,t) = 0, \tag{4.6}$$

którego rozwiązaniem jest funkcja $V\colon (0,\infty) \times [0,T] \to \mathbb{R}$. Jest ona wyznaczona jednoznacznie dla zadanych warunków początkowego[2]

$$V(s,T) = h(s) \text{ dla } s > 0. \tag{4.7}$$

oraz brzegowych:

$$\lim_{s\to 0} V(s,t) = g_0(t) \text{ dla } t \in [0,T] \tag{4.8}$$

i

$$\lim_{s\to \infty} V(s,t) = g_\infty(t) \text{ dla } t \in [0,T]. \tag{4.9}$$

Funkcje h, g_0 oraz g_∞ muszą być zgodne w punktach wspólnych, to jest dla $t = T$ i $s \to 0$ oraz $s \to \infty$. Co więcej muszą one spełniać warunki wynikające z teorii i praktyki ekonomicznej.

Otrzymane zagadnienie nazywane jest równaniem Blacka-Scholesa, a jego rozwiązanie przy odpowiednich założeniach (patrz m.in. lemat Ito) jest równoważne wyjściowemu równaniu (4.5). Równanie Blacka-Scholesa jest przykładem zagadnienia (4.1) przedstawionego w poprzednim podrozdziale, do którego można zastosować metody, które są tematem tej monografii. Jednowymiarowe równanie Blacka-Scholesa (4.6) można uogólnić na większą liczbę wymiarów, ale ze względu na prostotę przedstawienia idei pozostaniemy przy przypadku jednowymiarowym[3]. W niektórych przypadkach można wyznaczyć rozwiązanie równania różniczkowego cząstkowego w sposób analityczny. Rozwiązanie takie można podać między innymi dla europejskich opcji kupna i sprzedaży. Znane są one pod nazwą wzoru Blacka-Scholesa.

Jedno z możliwych wyprowadzeń wzoru Blacka-Scholesa sprowadza się do przekształcenia do klasycznego równania przewodnictwa cieplnego poprzez zamianę

[2]De facto jest to warunek końcowy.

[3]Ze względu na zmienną czasową samo zadanie należy rozpatrywać jako dwuwymiarowe.

zmiennych. Dla europejskiej opcji kupna wzór Blacka-Scholesa przyjmuje postać:

$$
\begin{aligned}
V(s,t) = {} & s\Phi\left(\frac{\ln\frac{s}{K}+\left(r+\frac{\sigma^2}{2}\right)T}{\sigma\sqrt{T}}\right) \\
& - Ke^{-rT}\Phi\left(\frac{\ln\frac{s}{K}+\left(r-\frac{\sigma^2}{2}\right)T}{\sigma\sqrt{T}}\right),
\end{aligned}
\tag{4.10}
$$

gdzie Φ oznacza dystrybuantę standardowego rozkładu normalnego.

Rozwiązanie równania przewodnictwa cieplnego wyrażone w zmiennych wyjściowych dla europejskiej opcji sprzedaży opisane jest formułą:

$$
\begin{aligned}
V(s,t) = {} & Ke^{-rT}\Phi\left(\frac{-\ln\frac{s}{K}-\left(r-\frac{\sigma^2}{2}\right)T}{\sigma\sqrt{T}}\right) \\
& - s\Phi\left(\frac{-\ln\frac{s}{K}-\left(r+\frac{\sigma^2}{2}\right)T}{\sigma\sqrt{T}}\right).
\end{aligned}
\tag{4.11}
$$

Dla zdecydowanej większości modeli wyceny opcji nie istnieją jednak rozwiązania opisane w sposób analityczny. Jako przykłady należy przede wszystkim wymienić:

- amerykańskie opcje kupna i sprzedaży,
- opcje azjatyckie,
- opcje z niestandardowym sposobem wyznaczania wysokości wypłaty.

Często stosowanym w praktyce sposobem, uzyskania przybliżonego rozwiązania zagadnienia Blacka-Scholesa jest metoda symulacji Monte Carlo. Szczegóły związane z symulacjami komputerowymi i ich wykorzystaniem do generowania rozwiązań równań stochastycznych można znaleźć np. w [27].

Alternatywnym podejściem jest wyznaczenie rozwiązania równania różniczkowego stosując algorytmy numeryczne – od najprostszych związanych z drzewami dwumianowymi po bardziej wyrafinowane schematy różnicowe. W dalszej części podrozdziału przedstawione zostaną opisy najprostszych i jednocześnie najczęściej używanych schematów różnicowych: schemat zamknięty Eulera oraz schemat Cranka-Nicolsona. Dla celów porównawczych zamieszczony został również opis schematu otwartego Eulera.

W celu zastosowania schematu różnicowego należy w pierwszej kolejności dokonać dyskretyzacji przestrzeni rozwiązań. Dla ułatwienia opisu ograniczono się do jednowymiarowego przypadku, to jest produktu kartezjańskiego zmiennej przestrzennej $s \in (0, \infty)$ oraz zmiennej czasowej $t \in [0, T]$. Nieskończony przedział otwarty związany ze zmienną przestrzenną ograniczymy do skończonego, domkniętego przedziału $[S_{\min}, S_{\max}]$. Istnieją co prawda metody (np. metoda elementów brzegowych), które dopuszczają istnienie nieograniczonych przedziałów, ale w praktyce realnie przyjmowane wartości zmiennych są ograniczone. Wystarczy zatem taki dobór wartości określających końce przedziałów, aby w jego wnętrzu znalazły się wszystkie prawdopodobne wartości s. Niech M oznacza liczbę równych podprzedziałów na jakie został podzielony przedział przestrzenny, zaś N liczbę równych podprzedziałów powstałych z wyniku dekompozycji przedziału czasowego. Wprowadźmy dodatkowo następujące oznaczenia:

- $h = \frac{S_{\max} - S_{\min}}{M}$ – krok siatki przestrzennej,
- $\tau = \frac{T}{N}$ – krok siatki czasowej,
- $V_i^j = V(S_{\min} + ih, j\tau)$ dla $i = 0, 1, 2, \ldots, M$, $j = 0, 1, 2, \ldots, N$,
- $h_i = h(S_{\min} + ih)$ dla $i = 0, 1, 2, \ldots, M$,

Używając każdego z opisanych w dalszej części podrozdziału schematów, wyznaczone zostanie przybliżenie (lepsze lub gorsze) rozwiązania równania różniczkowego cząstkowego w punktach nodalnych siatki. Im drobniejsza siatka, tym lepszego przybliżenia rozwiązania należy oczekiwać. Oczywiście jednocześnie wiąże się to na ogół z większą złożonością obliczeniową.

Kolejnym krokiem, po dyskretyzacji obszaru, jest dyskretyzacja zagadnienia. Wiemy już, że z powodzeniem można użyć metody elementu skończonego. Aby nie powtarzać opisów z poprzednich rozdziałów, tym razem wykorzystamy alternatywną metodę, znaną pod nazwą różnic skończonych, która dla regularnych siatek oraz obszarów (tak jak w przypadku prezentowanego zadania) jest równoważna MES. I tak do członu związanego z czasem można użyć aproksymacji różnicowej drugiego rzędu:

$$\frac{\partial V(s,t)}{\partial t} = \frac{V_i^j - V_i^{j-1}}{\tau}. \tag{4.12}$$

Człon równania (4.6) zawierający pochodne po zmiennej przestrzennej można aproksymować wykorzystując pochodną centralną:

$$\frac{\partial V(s,t)}{\partial s} = \frac{V_{i+1}^j - V_{i-1}^j}{2h}, \tag{4.13}$$

zaś składnik zawierający pochodną drugiego rzędu standardowo (patrz np. [31]) przez

$$\frac{\partial^2 V(s,t)}{\partial s^2} = \frac{V_{i-1}^j - 2V_i^j + V_{i+1}^j}{h^2}. \tag{4.14}$$

Podstawiając do wspólnego równania otrzymujemy aproksymację

$$\begin{aligned} &\frac{V_i^j - V_i^{j-1}}{\tau} + r(ih)\frac{V_{i+1}^j - V_{i-1}^j}{2h} \\ &\quad + \frac{1}{2}\sigma^2(ih)^2\frac{V_{i-1}^j - 2V_i^j + V_{i+1}^j}{h^2} - rV_i^j = 0, \end{aligned} \tag{4.15}$$

dla $i = 0, 1, 2, \ldots, M$, $j = 0, 1, 2, \ldots, N$. Otrzymana aproksymacja jest rzędu $\mathcal{O}(\tau, h^2)$. Po uporządkowaniu wyrazów otrzymujemy równanie

$$\begin{aligned} V_i^{j-1} = &\underbrace{(0.5i\tau(\sigma^2 i - r))}_{aa_i} V_{i-1}^j \\ &+ \underbrace{(1 + \tau(\sigma^2 i^2 + r))}_{bb_i} V_i^j + \underbrace{(0.5i\tau(\sigma^2 i + r))}_{cc_i} V_{i+1}^j, \end{aligned} \tag{4.16}$$

które po uwzględnieniu warunków brzegowych – V_0^j, V_M^j – oraz wprowadzonych oznaczeń można zapisać w postaci macierzowej

$$\begin{bmatrix} V_1^{j-1} \\ V_2^{j-1} \\ V_3^{j-1} \\ \vdots \\ V_{M-2}^{j-1} \\ V_{M-1}^{j-1} \end{bmatrix} = \begin{bmatrix} bb_1 & cc_1 & 0 & \cdots & 0 & 0 \\ aa_2 & bb_2 & cc_2 & \cdots & 0 & 0 \\ 0 & aa_3 & bb_3 & \cdots & 0 & 0 \\ \vdots & \vdots & \vdots & \ddots & \vdots & \vdots \\ 0 & 0 & 0 & \cdots & bb_{M-2} & cc_{M-2} \\ 0 & 0 & 0 & \cdots & aa_{M-1} & bb_{M-1} \end{bmatrix} \begin{bmatrix} V_1^j \\ V_2^j \\ V_3^j \\ \vdots \\ V_{M-2}^j \\ V_{M-1}^j \end{bmatrix} + \begin{bmatrix} aa_1 V_0^j \\ 0 \\ 0 \\ \vdots \\ 0 \\ cc_{M-1} V_M^j \end{bmatrix} \tag{4.17}$$

dla $j = 1, 2, \ldots, N-1, N$. Otrzymane równanie w połączeniu z warunkiem początkowym

$$V_i^N = h_i \text{ dla } i = 0, 1, 2, \ldots, M \tag{4.18}$$

nazywane jest schematem otwartym Eulera lub też schematem jawnym Eulera (ang. *Euler explicit method*). Znane są warunki stabilności numerycznej tego schematu (patrz np. [31]). Najbardziej restrykcyjnym ograniczeniem w praktyce okazuje się być

$$\tau \leq \frac{1}{\sigma^2 M^2} \iff N \geq \sigma^2 T M^2 \tag{4.19}$$

Plusem otwartego schematu Eulera jest szybkość jego działania. Każda z N iteracji wymaga bowiem tylko wykonania mnożenia macierzy przez wektor oraz operacji sumowania wektorów. Minusem tej metody jest natomiast jej niestabilność wyrażona w postaci konieczności przyjęcia dużo mniejszego kroku czasowego w stosunku do kroku przestrzennego. Ze względu na tę właśnie wadę metoda ta nie jest praktycznie wykorzystywana i została przedstawiona jedynie w celach porównawczych do metod charakteryzujących się lepszymi własnościami numerycznymi. Metodą, w której nie występuje wada braku stabilności przy dużym kroku czasowym w stosunku do kroku przestrzennego jest schemat zamknięty (niejawny) Eulera (ang. *Euler implicit method*). Podstawowa różnica polega na wykorzystaniu przy aproksymacjach poszczególnych składników równania (4.6) wartości z (nieznanej jeszcze w danym momencie) warstwy czasowej[4] oznaczonej indeksem $j-1$ w miejsce wartości z wyznaczonej już warstwy j. W ten sposób

[4] Warto podkreślić, iż równanie Blacka-Scholesa jest równaniem z wstecznym czasem.

po dyskretyzacji otrzymujemy układ równań

$$\begin{aligned} \frac{V_i^j - V_i^{j-1}}{\tau} &+ r(ih)\frac{V_{i+1}^{j-1} - V_{i-1}^{j-1}}{2h} \\ &+ \frac{1}{2}\sigma^2(ih)^2\frac{V_{i-1}^{j-1} - 2V_i^{j-1} + V_{i+1}^{j-1}}{h^2} - rV_i^{j-1} = 0, \end{aligned} \tag{4.20}$$

dla $i = 0, 1, 2, \ldots, M$, $j = 0, 1, 2, \ldots, N$. Tak jak w przypadku schematu otwartego aproksymacja jest rzędu $\mathcal{O}(\tau, h^2)$. Po uporządkowaniu wyrazów otrzymujemy równanie

$$\begin{aligned} V_i^j = &\underbrace{\left(0.5i\tau(r - \sigma^2 i)\right)}_{a_i} V_{i-1}^{j-1} \\ &+ \underbrace{\left(1 + \tau(\sigma^2 i^2 + r)\right)}_{b_i} V_i^{j-1} + \underbrace{\left(-0.5i\tau(r + \sigma^2 i)\right)}_{c_i} V_{i+1}^{j-1}, \end{aligned} \tag{4.21}$$

które po uwzględnieniu wartości na brzegu, to jest V_0^{j-1} oraz V_M^{j-1} można zapisać w formie macierzowej

$$\begin{bmatrix} b_1 & c_1 & 0 & \cdots & 0 & 0 \\ a_2 & b_2 & c_2 & \cdots & 0 & 0 \\ 0 & a_3 & b_3 & \cdots & 0 & 0 \\ \vdots & \vdots & \vdots & \ddots & \vdots & \vdots \\ 0 & 0 & 0 & \cdots & b_{M-2} & c_{M-2} \\ 0 & 0 & 0 & \cdots & a_{M-1} & b_{M-1} \end{bmatrix} \begin{bmatrix} V_1^{j-1} \\ V_2^{j-1} \\ V_3^{j-1} \\ \vdots \\ V_{M-2}^{j-1} \\ V_{M-1}^{j-1} \end{bmatrix} = \begin{bmatrix} V_1^{j} \\ V_2^{j} \\ V_3^{j} \\ \vdots \\ V_{M-2}^{j} \\ V_{M-1}^{j} \end{bmatrix} - \begin{bmatrix} a_1 V_0^{j-1} \\ 0 \\ 0 \\ \vdots \\ 0 \\ c_{M-1} V_M^{j-1} \end{bmatrix} \tag{4.22}$$

dla $j = 1, 2, \ldots, N-1, N$. Schemat zamknięty Eulera jest stabilny dla wszystkich wartości kroku czasowego τ oraz przestrzennego h. Wyznaczenie wartości na każdej warstwie czasowej wymaga rozwiązania układu równań z kwadratową macierzą rozmiaru $M - 1$. W przypadku, gdy zmienna przestrzenna jest jednowymiarowa macierz ta jest macierzą trójdiagonalną, a rozwiązanie układu równań mozna wykonać w czasie liniowym względem rozmiaru macierzy korzystając z algorytmu przeganiania (patrz np. [31]). W przestrzeniach wielowymiarowych struktura macierzy nie jest tak korzystna pod względem obliczeniowym, ale w dalszym ciągu mamy do czynienia z macierzami rozrzedzonymi o określonej strukturze. Do rozwiązania tak uzyskanych dyskretyzacji równań różniczkowych można z powodzeniem wykorzystać przedstawione w tej monografii równoległe metody Dirichleta-Neumanna. W zależności od dostępnej liczby procesorów, pamięci, struktury sieci komputerowej, a przede wszystkim kształtu obszaru można dobrać odpowiednią metodę iteracyjną – optymalną lub quasi-optymalną.

Rząd aproksymacji schematów można poprawiać poprzez zastosowanie dokładniejszych aproksymacji poszczególnych składowych równania różniczkowego cząstkowego. Takie działania pociągają za sobą jednak zwiększenie złożoności obliczeniowej otrzymanego algorytmu. Kompromisem jest schemat łączący w sobie zalety obu schematów Eulera: szybkości działania metody otwartej i stabilności metody niejawnej. Otrzymany w ten sposób schemat nosi nazwę Cranka-Nicolsona i ma rząd aproksymacji $\mathcal{O}(\tau^2, h^2)$. Metoda ta powstaje w wyniku zsumowania równań opisujących oba schematy Eulera, to jest równań (4.15) i (4.20):

$$\begin{aligned}
&\left(\frac{V_i^j - V_i^{j-1}}{\tau} + r(ih)\frac{V_{i+1}^j - V_{i-1}^j}{2h}\right.\\
&\qquad\left.+\frac{1}{2}\sigma^2(ih)^2\frac{V_{i-1}^j - 2V_i^j + V_{i+1}^j}{h^2} - rV_i^j\right) +\\
&\left(\frac{V_i^j - V_i^{j-1}}{\tau} + r(ih)\frac{V_{i+1}^{j-1} - V_{i-1}^{j-1}}{2h}\right.\\
&\qquad\left.+\frac{1}{2}\sigma^2(ih)^2\frac{V_{i-1}^{j-1} - 2V_i^{j-1} + V_{i+1}^{j-1}}{h^2} - rV_i^{j-1}\right) = 0
\end{aligned} \tag{4.23}$$

lub równoważnie

$$\begin{aligned}
&\underbrace{\left(0.5i\tau(\sigma^2 i - r)\right)}_{aa_i} V_{i-1}^j + \underbrace{\left(-2 - \tau(\sigma^2 i^2 + r)\right)}_{bb_i} V_i^j\\
&+\underbrace{\left(0.5i\tau(\sigma^2 i + r)\right)}_{cc_i} V_{i+1}^j = \underbrace{\left(-0.5i\tau(\sigma^2 i - r)\right)}_{a_i} V_{i-1}^{j-1}\\
&+\underbrace{\left(-2 + \tau(\sigma^2 i^2 + r)\right)}_{b_i} V_i^{j-1} + \underbrace{\left(-0.5i\tau(\sigma^2 i + r)\right)}_{c_i} V_{i+1}^{j-1},
\end{aligned} \tag{4.24}$$

Schemat Cranka-Nicolsona jest stabilny numerycznie dla wszystkich wartości τ i h. Można go zapisać w postaci równania macierzowego dla $j = 1, 2, \ldots, N-1, N$:

$$\begin{bmatrix} b_1 & c_1 & 0 & \cdots & 0 & 0 \\ a_2 & b_2 & c_2 & \cdots & 0 & 0 \\ 0 & a_3 & b_3 & \cdots & 0 & 0 \\ \vdots & \vdots & \vdots & \ddots & \vdots & \vdots \\ 0 & 0 & 0 & \cdots & b_{M-2} & c_{M-2} \\ 0 & 0 & 0 & \cdots & a_{M-1} & b_{M-1} \end{bmatrix} \begin{bmatrix} V_1^{j-1} \\ V_2^{j-1} \\ V_3^{j-1} \\ \vdots \\ V_{M-2}^{j-1} \\ V_{M-1}^{j-1} \end{bmatrix} = \tag{4.25}$$

$$\begin{bmatrix} bb_1 & cc_1 & 0 & \cdots & 0 & 0 \\ aa_2 & bb_2 & cc_2 & \cdots & 0 & 0 \\ 0 & aa_3 & bb_3 & \cdots & 0 & 0 \\ \vdots & \vdots & \vdots & \ddots & \vdots & \vdots \\ 0 & 0 & 0 & \cdots & bb_{M-2} & cc_{M-2} \\ 0 & 0 & 0 & \cdots & aa_{M-1} & bb_{M-1} \end{bmatrix} \begin{bmatrix} V_1^{j} \\ V_2^{j} \\ V_3^{j} \\ \vdots \\ V_{M-2}^{j} \\ V_{M-1}^{j} \end{bmatrix} + \begin{bmatrix} aa_1 V_0^j \\ 0 \\ 0 \\ \vdots \\ 0 \\ cc_{M-1} V_M^j \end{bmatrix} - \begin{bmatrix} a_1 V_0^{j-1} \\ 0 \\ 0 \\ \vdots \\ 0 \\ c_{M-1} V_M^{j-1} \end{bmatrix}.$$

Jedna iteracja w schemacie Cranka-Nicolsona związana z konkretną warstwą czasową wymaga wyznaczenia prawej strony równania, na które składa się mnożenie przez macierz oraz operacje dodawania i odejmowania wektorów, a następnie rozwiązania układu liniowych równań algebraicznych. Rozwiązanie tego układu, będącego wynikiem dyskretyzacji zagadnienia różniczkowego cząstkowego, można uzyskać z wykorzystaniem metod Dirichleta-Neumanna. Dla jednowymiarowego przypadku rozwiązanie wydaje się trywialne, ale dla zadań o większej liczby wymiarów, złożoność obliczeniowa problemu drastycznie rośnie i znajomość efektywnych metod numerycznych rozwiązywania takich zagadnień jest w najwyższej mierze pożądana.

Do prawidłowego działania schematu niezbędne jest określenie warunków początkowo-brzegowych. W przypadku klasycznego modelu Blacka-Scholesa (4.6) i europejskiej opcji kupna warunki te po dyskretyzacji można zdefiniować na wiele sposobów. Przykładowy opis może mieć postać:

$$
\begin{aligned}
&h_i = h(S_{\min} + ih) = \max\{S_{\min} + ih - K, 0\}, \text{ dla } i = 0, 1, 2, \ldots, M, \\
&V_0^j = 0, \text{ dla } j = 0, 1, \ldots, N, \\
&V_M^j = S_{\max} - Ke^{-r\tau(N-j)}, \text{ dla } j = 0, 1, \ldots, N.
\end{aligned}
\tag{4.26}
$$

W przypadku opcji sprzedaży analogiczna dyskretyzacja warunków początkowo-brzegowych ma postać

$$
\begin{aligned}
&h_i = h(S_{\min} + ih) = \max\{K - S_{\min} - ih, 0\}, \text{ dla } i = 0, 1, 2, \ldots, M, \\
&V_0^j = S_{\max} - Ke^{-r\tau(N-j)}, \text{ dla } j = 0, 1, \ldots, N, \\
&V_M^j = 0, \text{ dla } j = 0, 1, \ldots, N.
\end{aligned}
\tag{4.27}
$$

W celu uzyskania dokładnej aproksymacji rozwiązania zagadnienia (4.6) niezbędne jest użycie wystarczająco drobnej dyskretyzacji, co przekłada się wprost na duży rozmiar macierzy. O ile w przypadku klasycznego jednowymiarowego równania koszt obliczeń związany z wykorzystaniem danego schematu jest akceptowalny, o tyle w przypadku zwiększenia liczby zmiennych lub uogólnienia równania np. poprzez uzmiennienie współczynników, wzrost złożoności obliczeniowej jest zauważalny i zaczyna być mocno ograniczający. Stąd tak istotna jest konstrukcja nowych, bardziej efektywnych złożonościowo algorytmów numerycznego rozwiązywania modelu Blacka-Scholesa oraz jego uogólnień. W takich właśnie nietrywialnych obliczeniowo przypadkach metody równoległego rozwiązywania dyskretyzacji zagadnień stanowią jedne z najlepiej sprawdzających się w praktyce obliczeniowej metod. Z pewnością wartą uwagi podklasą tych metod są metody Dirichleta-Neumanna.

A Teoria przestrzeni Sobolewa

Często problemy opisywane przez eliptyczne równania różniczkowe cząstkowe drugiego rzędu z zadanymi warunkami brzegowymi, można łatwiej rozwiązać przeformułowując je do postaci słabej i korzystając z teorii przestrzeni Sobolewa. Z ogólną teorią tych przestrzeni można zapoznać się między innymi w [1]. Ograniczymy się do przedstawienia definicji i twierdzeń niezbędnych do konstrukcji i analizy algorytmów zawartych w tej monografii. Większość faktów została przytoczona za [45, appendix A].

Niech Ω będzie ograniczonym obszarem w $\mathbb{R}^2$ lub $\mathbb{R}^3$. Zakładamy przy tym, że brzeg obszaru Ω, oznaczany przez $\partial\Omega$, jest lipschitzowsko ciągły (zob. [45, str. 337], [32, roz. 2]). W monografii tej potrzebne nam będą przestrzenie Sobolewa skonstruowane na bazie przestrzeni $L^2(\Omega)$ złożonej ze wszystkich funkcji, które są całkowalne z kwadratem na Ω (w sensie Lebesgue'a)[1]:

$$L^2(\Omega) = \left\{ u\colon\ \Omega \to \mathbb{R},\ \int_\Omega |u|^2\, dx < \infty \right\}. \tag{A.1}$$

Przestrzeń ta jest przestrzenią Hilberta (zob. [36, str. 51]) z iloczynem skalarnym:

$$(u, v)_{L^2(\Omega)} = \int_\Omega uv\, dx \tag{A.2}$$

[1] Ogólną definicję przestrzeni Sobolewa można znaleźć m.in. w [22, str. 242].

i związaną z nim normą:

$$\|u\|^2_{L^2(\Omega)} = (u,u)_{L^2(\Omega)} = \int_\Omega |u|^2\, dx. \tag{A.3}$$

Standardowo przestrzeń Sobolewa $H^k(\Omega)$ definiuje się jako zbiór tych funkcji u z przestrzeni $L^2(\Omega)$, które mają słabe pochodne $D^\alpha u$ (zob. [22, str. 240]) dla wszystkich wielowskaźników $\alpha = (\alpha_1, \alpha_2, \ldots, \alpha_d)$ o długości

$$|\alpha| = \alpha_1 + \alpha_2 + \ldots + \alpha_d \leq k, \tag{A.4}$$

gdzie d oznacza wymiar przestrzeni, zaś $\alpha_i \geq 0$ dla każdego $i = 1, 2, \ldots, d$. Iloczyn skalarny w przestrzeni $H^k(\Omega)$ jest zdefiniowany w następujący sposób:

$$(u,v)_{H^k(\Omega)} = \sum_{|\alpha|\leq k} (D^\alpha u, D^\alpha v)_{L^2(\Omega)}, \tag{A.5}$$

a norma jako

$$\|u\|^2_{H^k(\Omega)} = (u,u)_{H^k(\Omega)} = \sum_{|\alpha|\leq k} \|D^\alpha u\|^2_{L^2(\Omega)}. \tag{A.6}$$

Odpowiadająca jej seminorma to:

$$|u|^2_{H^k(\Omega)} = \sum_{|\alpha|=k} \|D^\alpha u\|^2_{L^2(\Omega)}. \tag{A.7}$$

Dla przypadku $k = 1$ dostajemy zatem:

$$\|u\|^2_{H^1(\Omega)} = |u|^2_{H^1(\Omega)} + \|u\|^2_{L^2(\Omega)} = \int_\Omega |\nabla u|^2\, dx + \int_\Omega |u|^2\, dx, \tag{A.8}$$

gdzie ∇u oznacza gradient funkcji u. Zakładamy tutaj, że podanych powyżej definicji norm w przestrzeniach Sobolewa używamy tylko dla obszarów Ω o średnicy rzędu jeden. Dla obszarów Ω o zadanej średnicy H będziemy stosować definicję przeskalowanego kwadratu normy przestrzeni Sobolewa, który dla w przypadku normy $\|\cdot\|^2_{H^1(\Omega)}$ przyjmie postać:

$$\|u\|^2_{H^1(\Omega)} = \int_\Omega |\nabla u|^2 \, dx + \frac{1}{H^2}\int_\Omega |u|^2 \, dx. \tag{A.9}$$

Wspomnijmy, iż takie normy i seminormy z dodanymi wagami są konieczne przy dowodach twierdzeń, przykładowo w [6] i [7] zostały użyte przy wyprowadzeniu dolnych oszacowań wskaźników uwarunkowań dla kilku znanych algorytmów opartych na dekompozycji obszaru.

Wprowadźmy jeszcze parę definicji. Przez $C_0^\infty(\Omega)$ oznaczmy przestrzeń funkcji nieskończenie wiele razy różniczkowalnych $C^\infty(\Omega)$ o zwartym nośniku w Ω. $H_0^1(\Omega)$ definiujemy jako domknięcie przestrzeni $C_0^\infty(\Omega)$ w normie $H^1(\Omega)$. Przestrzeń $H^{1/2}(\partial\Omega)$ natomiast składa się z wszystkich takich funkcji u określonych na $\partial\Omega$, gdzie Ω jest obszarem w $\mathbb{R}^d$ o średnicy równej jeden, że

$$\|u\|^2_{H^{1/2}(\partial\Omega)} = |u|^2_{H^{1/2}(\partial\Omega)} + \|u\|^2_{L^2(\partial\Omega)} < \infty, \tag{A.10}$$

gdzie $|u|_{H^{1/2}(\partial\Omega)}$ jest seminormą określoną w następujący sposób:

$$|u|_{H^{1/2}(\partial\Omega)} = \left(\int_{\partial\Omega}\int_{\partial\Omega} \frac{|u(x)-u(y)|^2}{|x-y|^d} \, dxdy\right)^{1/2}. \tag{A.11}$$

Dla obszarów o średnicy H, analogicznie jak w (A.9), będziemy stosować nieco inną, przeskalowaną w stosunku (A.10) definicję:

$$\|u\|^2_{H^{1/2}(\partial\Omega)} = |u|^2_{H^{1/2}(\partial\Omega)} + \frac{1}{H}\|u\|^2_{L^2(\partial\Omega)}. \tag{A.12}$$

Z podanymi powyżej przestrzeniami wiąże się kilka podstawowych lematów i twierdzeń, wykorzystywanych w teoretycznej analizie algorytmów opartych na metodzie dekompozycji obszaru.

Twierdzenie A.1 (o śladzie)
Niech Ω będzie ograniczonym obszarem z brzegiem lipschitzowsko ciągłym. Wów-

czas operator

$$\gamma\colon\ C^\infty(\overline{\Omega}) \to C^\infty(\partial\Omega)$$

obcinający funkcję do wartości na brzegu obszaru, może być rozszerzony w sposób ciągły, do operatora

$$\gamma\colon\ H^1(\Omega) \to H^{1/2}(\partial\Omega).$$

Co więcej dla funkcji u ciągłej na $\overline{\Omega}$ zachodzi $\gamma u = u_{|\partial\Omega}$ oraz

$$\|u\|_{H^{1/2}(\partial\Omega)} \leq C\,\|u\|_{H^1(\Omega)}\,,$$

przy czym stała C zależy tylko od kształtu obszaru Ω.

Dowód tego twierdzenia można znaleźć w [12] (porównaj też [45, str. 342]).

Twierdzenie A.2 (o rozszerzeniu)
Niech Ω będzie ograniczonym obszarem z brzegiem lipschitzowsko ciągłym. Wówczas istnieje ciągłe, liniowe odwzorowanie

$$\mathcal{R}\colon\ H^{1/2}(\partial\Omega) \to H^1(\Omega)$$

takie, że

$$\gamma(\mathcal{R}u) = u$$

dla $u \in H^{1/2}(\partial\Omega)$ i operatora γ z twierdzenia A.1. Dla $u \in H^{1/2}(\partial\Omega)$ zatem:

$$\|\mathcal{R}u\|_{H^1(\Omega)} \leq C\,\|u\|_{H^{1/2}(\partial\Omega)}\,,$$

gdzie stała C zależy tylko od kształtu obszaru Ω.

Nierówności typu Poincaré i Friedrichsa będą również wykorzystywane w przedstawionej w tej monografii teorii związanej z dekompozycją obszaru. Podstawowe nierówności i wnioski z nich podajemy za [45].

Lemat A.1 (nierówność Poincaré)
Niech $\Omega \subset \mathbb{R}^d$ będzie ograniczonym obszarem z brzegiem lipschitzowsko ciągłym.

Wówczas istnieją stałe C_1 i C_2, które zależą tylko od obszaru Ω takie, że dla każdej funkcji $u \in H^1(\Omega)$

$$\|u\|^2_{L^2(\Omega)} \leq C_1 \, |u|^2_{H^1(\Omega)} + C_2 \left(\int_\Omega u \, dx \right)^2 .$$

Wniosek z nierówności Poincaré stanowi poniższy

Lemat A.2

Niech $\Omega \subset \mathbb{R}^d$ będzie obszarem z brzegiem lipschitzowsko ciągłym, $M = \int_\Omega 1 \, dx$ i niech dla funkcji u

$$\overline{u} = \frac{1}{M} \int_\Omega u \, dx$$

oznacza wartość średnią funkcji u na Ω. Wówczas

$$\|u - \overline{u}\|_{L^2(\Omega)} \leq C_1 \, |u|_{H^1(\Omega)}$$

oraz

$$\|u - \overline{u}\|_{H^{1/2}(\partial\Omega)} \leq C_2 \, |u|_{H^{1/2}(\partial\Omega)} .$$

Lemat A.3 (nierówność Friedrichsa)

Niech $\Omega \subset \mathbb{R}^d$ będzie obszarem z brzegiem lipschitzowsko ciągłym i niech $\Gamma \subseteq \partial\Omega$ będzie zbiorem o niezerowej $(d-1)$-wymiarowej mierze. Wówczas istnieją stałe C_1 i C_2, które zależą tylko od Ω i Γ takie, że

$$\|u\|^2_{L^2(\Omega)} \leq C_1 \, |u|^2_{H^1(\Omega)} + C_2 \, \|u\|^2_{L^2(\Gamma)} .$$

W szczególności jeżeli $u = 0$ na Γ, to

$$\|u\|^2_{L^2(\Omega)} \leq C_1 \, |u|^2_{H^1(\Omega)}$$

i stąd

$$|u|^2_{H^1(\Omega)} \leq \|u\|^2_{H^1(\Omega)} \leq (C_1 + 1) \, |u|^2_{H^1(\Omega)} .$$

Opierając się na twierdzeniu o śladzie A.1 można analogicznie zdefiniować ciągły operator z $H^1(\Omega)$ w $H^{1/2}(\Gamma)$, gdzie Γ jest podzbiorem $\partial\Omega$ o dodatniej mierze.

Zdefiniujmy jeszcze przestrzeń $H_{00}^{1/2}(\Gamma)$ złożoną ze wszystkich funkcji należących do $H^{1/2}(\Gamma)$, które po rozszerzeniu zerami na $\partial\Omega \setminus \Gamma$ należą do $H^{1/2}(\partial\Omega)$. Warto dodać, iż jest to istotna podprzestrzeń $H^{1/2}(\Gamma)$. Normę w $H_{00}^{1/2}(\Gamma)$ można określić następująco:

$$\|u\|^2_{H_{00}^{1/2}(\Gamma)} = |u|^2_{H^{1/2}(\Gamma)} + \int_\Gamma \frac{u^2(x)}{\operatorname{dist}(x, \partial\Gamma)}\, dx, \tag{A.13}$$

gdzie $\operatorname{dist}(x, \partial\Gamma)$ oznacza odległość punktu x od $\partial\Gamma \subset \partial\Omega$. Sformułujmy w postaci lematu równoważność norm $\|\cdot\|_{H^{1/2}}$ i $\|\cdot\|_{H_{00}^{1/2}}$ (zob. [45, lemat A.8, remark A.9]):

Lemat A.4

Niech $\Omega \subset \mathbb{R}^d$ będzie obszarem z brzegiem lipschitzowsko ciągłym i niech $\Gamma \subseteq \partial\Omega$ będzie zbiorem o niezerowej $(d-1)$-wymiarowej mierze. Wówczas istnieją stałe c, C takie, że dla każdej funkcji $u \in H_{00}^{1/2}(\Gamma)$ zachodzi

$$c\,\|\mathrm{E}u\|_{H^{1/2}(\partial\Omega)} \le \|u\|_{H_{00}^{1/2}(\Gamma)} \le C\,\|\mathrm{E}u\|_{H^{1/2}(\partial\Omega)},$$

gdzie $\mathrm{E}u$ oznacza rozszerzenie zerem funkcji u na $\partial\Omega$.

Z lematu tego wynika, że jeżeli $u \in H^{1/2}(\partial\Omega)$ znika prawie wszędzie na $\partial\Omega \setminus \Gamma$, to normy $\|\cdot\|_{H^{1/2}}$ i $\|\cdot\|_{H_{00}^{1/2}}$ są równoważne. Co więcej, wtedy

$$\|u\|_{H^{1/2}(\Gamma)} \le \|u\|_{H^{1/2}(\partial\Omega)} \le C\,\|u\|_{H_{00}^{1/2}(\Gamma)}. \tag{A.14}$$

Spis rysunków

Spis tablic

Bibliografia

[1] R. A. Adams:
Sobolev spaces,
Academic Press, New York, 1975r.

[2] M. Ben-Ari:
Podstawy Programowania współbieżnego i rozproszonego,
Wydawnictwa Naukowo-Techniczne, Warszawa, 1996r.

[3] M. Bernardelli:
Metody Dirichleta-Neumanna równoległego rozwiązywania dyskretyzacji zagadnień eliptycznych,
rozprawa doktorska, Wydział Matematyki, Informatyki i Mechaniki Uniwersytetu Warszawskiego, Warszawa, 2008r.

[4] D. Braess:
Finite elements. Theory, fast solvers, and applications in solid mechanics,
Second Edition, Cambridge University Press, 2001r.

[5] S. C. Brenner:
The condition number of the Schur complement in domain decomposition,
Numer. Math. 83: 187-203, 1999r.

[6] S. C. Brenner, L. Sung:
Lower bounds for nonoverlapping domain decomposition preconditioners in two dimensions,

Mathematics Of Computation, Vol. 69, No. 232, pp. 1319-1339, 12 April 2000r.

[7] S. C. Brenner, Q. He:
Lower bounds for three-dimensional nonoverlapping domain decomposition algorithms,
Numer. Math. 93: 445-470, 2003r.

[8] J. C. Butcher:
Numerical methods for ordinary differential equations,
John Wiley & Sons Ltd., Chichester, wydanie drugie, 2008r.

[9] X. Cai, O. B. Widlund:
Domain decomposition algorithms for indefinite elliptic problems,
SIAM J. Sci. Statist. Comput. 13(1): 243-258, January 1992r.

[10] T. F. Chan, B. F. Smith, J. Zou:
Overlapping Schwarz methods on unconstructured meshes using non-maching coarse grids,
Technical Report 94-8, UCLA, Dept. Of Mathematics, 1994r.

[11] P. G. Ciarlet:
The Finite Element Method For Elliptic Problems,
North-Holland Publishing Company Amsterdam-New York-Oxford, 1978r.

[12] Z. Ding:
A proof of the trace theorem of Sobolev spaces on lipschitz domains,
Proceedings of the American Mathematical Society, Vol. 124, No. 2, February 1996r.

[13] M. Dryja:
A capacitance matrix method for Dirichlet problem on polygon region,
Numer. Math. 39: 51-64, 1982r.

[14] M. Dryja, W. Proskurowski, O. Widlund:
Method of domain decomposition with cross points for elliptic finite element

problems,
Blagovest Sendov, editor „Optimal Algorithms", pages 97-111, Sofia, Bulgaria, 1986. Bulgarian Academy of Sciences.

[15] M. Dryja:
A method of domain decomposition for three-dimensional finite element elliptic problems
In R. Glowinski, G. H. Golub, G. A. Meurant and J. Périaux, editors, *First International Symposium on Domain Decomposition Methods for Partial Differential Equations*, pages 43-61, Philadelphia, PA, 1988r. SIAM

[16] M. Dryja, J. i M. Jankowscy:
Przegląd metod i algorytmów numerycznych. Część 2.
Wydanie drugie poprawione. Wydawnictwa Naukowo-Techniczne, Warszawa 1988r.

[17] M. Dryja, O. B. Widlund:
Some domain decomposition algorithms for elliptic problems
In L. Hayes and D. Kincaid, editors, *Iterative Methods for Large Linear Systems* pages 273-291.
Academic Press, San Diego, California, 1989r.

[18] M. Dryja, O. B. Widlund:
Towards a unified theory of domain decomposition algorithms for elliptic problems
In T. Chan, R. Glowinski, J. Périaux and O. Widlund, editors, *Third International Symposium on Domain decomposition Methods for partial Differential Equations* pages 3-21.
SIAM, Philadelphia, 1990r.

[19] M. Dryja, O. B. Widlund:
Domain decomposition algorithms with small overlap.
SIAM J. Sci. Comput., Vol. 15, No. 3, pp. 604-620, May 1994r.

[20] M. Dryja, B. F. Smith, O. B. Widlund:
Schwarz analysis of iterative substructuring algorithms for elliptic problems in three dimensions
SIAM J. Numer. Anal., Vol. 31, No. 6. pp. 1662-1694, December 1994r.

[21] M. Dryja, O. B. Widlund:
Schwarz methods of Neumann-Neumann type for threedimensional elliptic finite element problems
Comm. Pure Appl. Math., 48 (1995), pp. 121-155

[22] L. C. Evans:
Równania różniczkowe cząstkowe,
Wydawnictwo Naukowe PWN, Warszawa 2002r.

[23] Ch. Farhat, F. X. Roux:
A Method of Finite Element Tearing and Interconnecting and its Parallel Solution Algorithm,
Internat. J. Numer. Methods Engrg., 32, str. 1205-1227, 1991r.

[24] Ch. Fries:
Mathematical Finance. Theory, modeling, implementation,
Wiley, 2007r.

[25] E. G. Haug:
The Complete Guide to Option Pricing Formulas,
McGraw-Hill, 2007r.

[26] J. C. Hull:
Futures, Options and Other Derivatives,
Sixth Edition, Prentice Hall, 2006r.

[27] M. Jeanblanc, M. Yor, M. Chesney:
Mathematical Methods for Financial Markets,
Springer, 2009r.

[28] C. Johnson:
Numerical solution of partial differential equations by the finite element method,
Cambridge University Press, Cambridge, 1987r.

[29] A. Klawonn, O. Widlund:
FETI and Neumann-Neumann iterative substructuring methods: connections and new results,
Technical Report TR1999-796, Department of Computer Science, Courant Institute, December 22, 1999r.

[30] A. Klawonn, O. Widlund, M. Dryja:
Dual-primal FETI methods for three-dimensional elliptic problems with heterogeneous coefficients.
SIAM J. Numer. Anal., 40(1), str. 159-179, April 2002r.

[31] P. Knabner, L. Angerman:
Numerical Methods for Elliptic and Parabolic Partial Differential Equations,
Springer, 2003r.

[32] M. Křížek, P. Neittaanmäki:
Finite element approximation of variational problems and applications,
Longman Academic, Scientific & Technical, Harlow, UK, 1990r

[33] A. Krupowicz:
Metody numeryczne zagadnien pocz¸atkowych równan rózniczkowych zwyczajnych,
Państwowe Wydawnictwo Naukowe, Warszawa, 1986r.

[34] A. E. Kyprianou, W. Schoutens, P. Wilmott:
Exotic Option Pricing and Advanced Levy Models,
John Wiley & Sons, 2005r.

[35] J. Li, O. Widlund:

FETI-DP, BDDC, and Block Cholesky Methods,
January 5, 2005r.

[36] W. Mlak:
Wstęp do teorii przestrzeni Hilberta,
PWN, Warszawa 1987r.

[37] A. Pascucci:
PDE and Martingale Methods in Option Pricing,
Springer, 2011r.

[38] C. Pechstein:
Finite and Boundary Element Tearing and Interconnecting Solvers for Multiscale Problems,
Springer LNCSE Series, Vol. 90, 2013r.

[39] J. S. Przemieniecki:
Theory of Matrix Structural Analysis,
Dover, New York, 1985r., Reprint of McGraw-Hill, 1968r.

[40] A. Quarteroni, A. Valli:
Numerical Approximation of Partial Differential Equations
Springer-Verlag, Berlin 1994r.

[41] A. Quarteroni, A. Valli:
Domain Decomposition Methods for Partial Differential Equations,
Clarendon Press, Oxford 1999r.

[42] Y. Saad:
Numerical Methods For Sparse Linear Systems,
Second Edition, SIAM 2003r.

[43] R. Seydel:
Tools for Computational Finance,
Third Edition, Springer, 2006r.

[44] B. F. Smith, P. E. Bjorstad, W. D. Groop:
Domain Decomposition. Parallel Multilevel Methods for Elliptic Partial Differential Equations,
Cambridge University Press, Cambridge 1996r.

[45] A. Toselli, O. Widlund:
Domain Decomposition Methods: Algorithms and Theory,
April 2004r.

Kolibri 360 GmbH
Ferdinand-Jühlke-Straße 7
99095 Erfurt, Deutschland
produktsicherheit@kolibri360.de

Druck:
CPI Druckdienstleistungen GmbH
im Auftrag der
Kolibri 360 GmbH
Ferdinand-Jühlke-Str. 7
99095 Erfurt